全国高等职业教育“十二五”规划教材
中国电子教育学会推荐教材
全国高职高专院校规划教材·精品与示范系列

网页设计与制作项目化教程

胡　平　李知菲　主　编
胡芳芳　邓　伟　副主编
王成福　主　审

電子工業出版社
Publishing House of Electronics Industry
北京·BEIJING

内 容 简 介

本书是以 Dreamweaver 软件为平台、以培养学生的网站网页设计与制作能力为主线进行编写的项目化教材，由两所国家示范院校与网站策划设计企业共同编写。全书包括 4 个项目：项目 1 为简单网站的设计与制作，项目 2 为使用布局技术网站的设计与制作，项目 3 为综合网站的设计与制作。在教学过程中，内容难度依次递增，并将传统教学的知识点融入到实际项目中去，激发学生的学习兴趣，同时可将学生学习每个项目的设计与制作技巧，有目的性地应用于企业的真实项目，使教学内容更加贴近实际应用和企业需求。项目 4 作为拓展项目，以任务书的形式布置给学生，由学生自主完成。

本书内容新颖实用，可操作性强，是高职高专院校对应课程的教材，也可作为应用型本科、成人教育、自学考试、开放大学、中职学校及培训班的教材，同时也是网页设计技术人员的参考书。

本书配有免费的电子教学课件、考核题参考答案、书中项目所需素材及**精品课网站**，详见前言。

图书在版编目（CIP）数据

网页设计与制作项目化教程 / 胡平，李知菲主编. —北京：电子工业出版社，2013.2
全国高等职业教育“十二五”规划教材
ISBN 978-7-121-19117-6

Ⅰ.①网… Ⅱ.①胡… ②李… Ⅲ.①网页制作工具—高等职业教育—教材 Ⅳ.①TP393.092

中国版本图书馆 CIP 数据核字（2012）第 286207 号

策划编辑：陈健德（E-mail:chenjd@phei.com.cn）
责任编辑：陈健德
印　　刷：涿州市京南印刷厂
装　　订：涿州市京南印刷厂
出版发行：电子工业出版社
　　　　　北京市海淀区万寿路 173 信箱　邮编　100036
开　　本：787×1 092　1/16　印张：13.75　字数：352 千字
版　　次：2013 年 2 月第 1 版
印　　次：2017 年 7 月第 6 次印刷
定　　价：32.00 元

凡所购买电子工业出版社图书有缺损问题，请向购买书店调换。若书店售缺，请与本社发行部联系，联系及邮购电话：（010）88254888。

质量投诉请发邮件至 zlts@phei.com.cn，盗版侵权举报请发邮件至 dbqq@phei.com.cn。

服务热线：（010）88258888。

职业教育　继往开来（序）

自我国经济在 21 世纪快速发展以来，各行各业都取得了前所未有的进步。随着我国工业生产规模的扩大和经济发展水平的提高，教育行业受到了各方面的重视。尤其对高等职业教育来说，近几年在教育部和财政部实施的国家示范性院校建设政策鼓舞下，高职院校以服务为宗旨、以就业为导向，开展工学结合与校企合作，进行了较大范围的专业建设和课程改革，涌现出一批示范专业和精品课程。高职教育在为区域经济建设服务的前提下，逐步加大校内生产性实训比例，引入企业参与教学过程和质量评价。在这种开放式人才培养模式下，教学以育人为目标，以掌握知识和技能为根本，克服了以学科体系进行教学的缺点和不足，为学生的顶岗实习和顺利就业创造了条件。

中国电子教育学会立足于工业和信息行业，为行业教育事业的改革和发展，为实施“科教兴国”战略做了许多工作。电子工业出版社作为国家职业教育教材出版大社，具有优秀的编辑人才队伍和丰富的职业教育教材出版经验，有义务和能力与广大的高职院校密切合作，参与创新职业教育的新方法，出版反映最新教学改革成果的新教材。中国电子教育学会经常与电子工业出版社开展交流与合作，在职业教育新的教学模式下，将共同为培养符合当今社会需要的、合格的职业技能人才而提供优质服务。

由电子工业出版社组织策划和编辑出版的“全国高职高专院校规划教材·精品与示范系列”，具有以下几个突出特点，特向全国的职业教育院校进行推荐。

（1）本系列教材的课程研究专家和作者主要来自教育部和各省市评审通过的多所示范院校。他们对教育部倡导的职业教育教学改革精神理解得透彻准确，并且具有多年的职业教育教学经验及工学结合、校企合作经验，能够准确地对职业教育相关专业的知识点和技能点进行横向与纵向设计，能够把握创新型教材的出版方向。

（2）本系列教材的编写以多所示范院校的课程改革成果为基础，体现重点突出、实用为主、够用为度的原则，采用项目驱动的教学方式。学习任务主要以本行业工作岗位群中的典型实例提炼后进行设置，项目实例较多，应用范围较广，图片数量较大，还引入了一些经验性的公式、表格等，文字叙述浅显易懂。增强了教学过程的互动性与趣味性，对全国许多职业教育院校具有较大的适用性，同时对企业技术人员具有操作参考性。

（3）根据职业教育的特点，本系列教材在全国独创性地提出“职业导航、教学导航、知识分布网络、知识梳理与总结”及“封面重点知识”等内容，有利于老师选择合适的教材并有重点地开展教学过程，也有利于学生了解该教材相关的职业特点和对教材内容进行高效率的学习与归纳总结。

（4）根据每门课程的内容特点，为方便教学过程对教材配备相应的电子教学课件、习题答案与操作指导、教学素材资源、程序源代码、教学网站支持等立体化教学资源。

职业教育要不断进行改革，创新型教材建设是一项长期而艰巨的任务。为了使职业教育能够更好地为区域经济和企业服务，殷切希望高职高专院校的各位职教专家和老师提出建议和撰写精品教材（联系邮箱:chenjd@phei.com.cn,电话:010-88254585），共同为我国的职业教育发展尽自己的责任与义务！

中国电子教育学会

前言

随着 Internet 的发展和普及，越来越多的单位和个人都建立了自己的网站，以便更好地进行各种信息交流或宣传自身，其中网站访问量是决定信息能否在更大范围进行传播与交流的关键指标，这在很大程度上是由网站页面的美观程度决定的。因此，设计和制作符合网站主题需要、效果美观的网页，也是许多网站设计与制作公司以及网页设计爱好者追求的目标。Adobe 公司的 Dreamweaver 软件是目前世界上最优秀的可视化网页设计制作工具和网站管理工具之一，借助 Dreamweaver 软件可以快速、轻松地完成网页设计与制作、网站维护的全过程。

本书是以 Dreamweaver 软件为平台、以培养学生的网站网页设计与制作能力为主线进行编写的项目化教材，由三所国家重点院校与网站策划设计企业共同编写。教材设置有 4 个项目：项目 1 作为起步项目，是作者与企业技术人员多次研讨后自行设计开发的；项目 2 为合作企业中少网络科技有限公司的真实设计项目；项目 3 为目前正在使用的由企业设计的南宁职业技术学院信息工程学院网站。在教学过程中，内容难度依次递增，并将传统教学的知识点融入到实际项目中去，激发学生的学习兴趣，同时可将学生学习每个项目的设计与制作技巧，有目的性地应用于企业的真实项目，使教学内容更加贴近实际应用和企业需求。项目 4 作为拓展项目，以任务书的形式布置给学生，由学生自主完成。

本书编写有如下特点：

1．结合校企合作经验设置内容，选取企业真实项目开展教学，可按照“做中学，学中做”的教学方法来引导学生学习。

2．引入 CDIO 工程教育模式，开展基于项目的教育和学习，让学生在完成具体项目的过程中学会相关工作技能，并构建有关的理论知识，发展职业能力。

3．课证融合，充分考虑了高等职业教育对理论知识学习的需要，并融合了相关职业资格证书对知识、技能和态度的要求。教材配有 Adobe 认证训练题目，方便学生参加职业技能考核。

4．设置有职业导航、教学导航、知识分布网络、知识梳理与总结，以方便教学。

本书由金华职业技术学院胡平和浙江师范大学李知菲担任主编，由金华职业技术学院胡芳芳和南宁职业技术学院邓伟担任副主编，由王成福教授担任主审。本书由胡平统稿，项目 1 由胡平编写，项目 2 由胡芳芳编写，项目 3 由邓伟编写，项目 4 由李知菲编写。在本书编写过程中，得到了龚永坚教授、陈海荣教授及中少网络科技有限公司的支持，本书还得到了楼小明、顾方和、徐安康等的无私帮助，在此向他们深表谢意。

为了方便教师教学，本书还配有免费的电子教学课件、考核题参考答案以及书中项目所需的素材，请有此需要的教师登录华信教育资源网（http://www.hxedu.com.cn）免费注册后再进行下载，在有问题时请在网站留言或与电子工业出版社联系（E-mail:hxedu@phei.com.cn）。读者也可通过精品课程网站（http://220.191.230.233:81/wl_jxzy.asp）浏览和参考更多的教学资源。

由于作者水平和经验有限，书中难免有疏漏和不当之处，敬请广大读者批评指正。

编者

目 录

职业导航

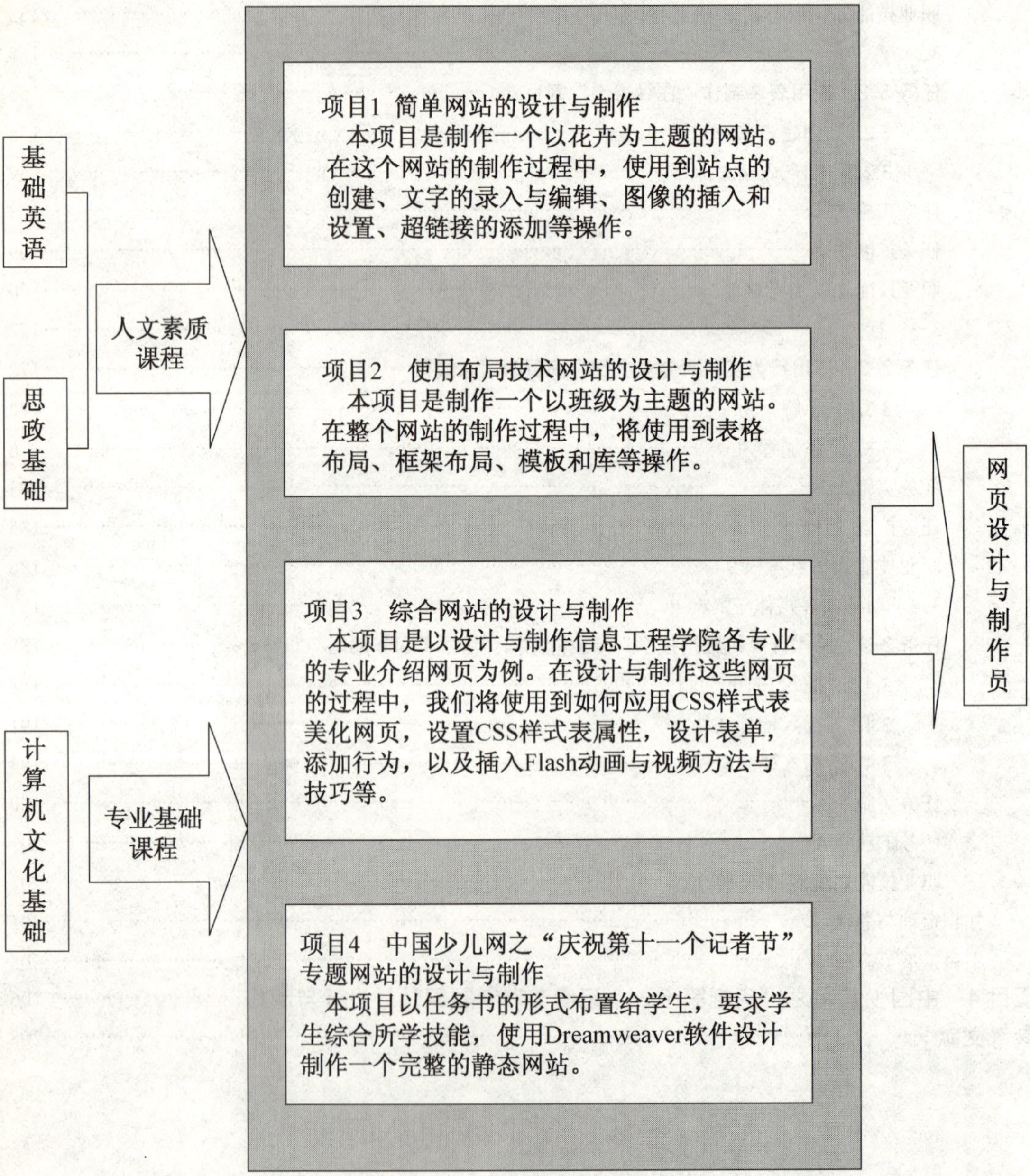

基础英语

思政基础

人文素质课程

计算机文化基础

专业基础课程

项目1 简单网站的设计与制作

本项目是制作一个以花卉为主题的网站。在这个网站的制作过程中，使用到站点的创建、文字的录入与编辑、图像的插入和设置、超链接的添加等操作。

项目2 使用布局技术网站的设计与制作

本项目是制作一个以班级为主题的网站。在整个网站的制作过程中，将使用到表格布局、框架布局、模板和库等操作。

项目3 综合网站的设计与制作

本项目是以设计与制作信息工程学院各专业的专业介绍网页为例。在设计与制作这些网页的过程中，我们将使用到如何应用CSS样式表美化网页，设置CSS样式表属性，设计表单，添加行为，以及插入Flash动画与视频方法与技巧等。

项目4 中国少儿网之“庆祝第十一个记者节”专题网站的设计与制作

本项目以任务书的形式布置给学生，要求学生综合所学技能，使用Dreamweaver软件设计制作一个完整的静态网站。

网页设计与制作员

项目 1 简单网站的设计与制作

教学导航

<table>
<tr><td rowspan="4">教</td><td>知识重点</td><td>1. 创建和管理本地站点;
2. 插入文本信息;
3. 插入图像;
4. 创建超链接</td></tr>
<tr><td>知识难点</td><td>1. 站点的创建和管理;
2. 各种链接的制作</td></tr>
<tr><td>推荐教学方式</td><td>任务驱动，项目引导，教学做一体化</td></tr>
<tr><td>建议学时</td><td>20 学时</td></tr>
<tr><td rowspan="3">学</td><td>推荐学习方法</td><td>结合教师讲授的新知识和新技能，通过实践完成相应的任务，并通过不断总结经验，提高操作技能</td></tr>
<tr><td>必须掌握的理论知识</td><td>1. 网络基础知识;
2. 网站设计制作的常用工具与基本流程;
3. HTML 的语法结构;
4. Dreamweaver 软件操作界面</td></tr>
<tr><td>必须掌握的技能</td><td>1. Dreamweaver 的基本操作;
2. 创建和管理本地站点;
3. 能创建简单的网站页面并进行链接</td></tr>
</table>

项目描述

本项目是制作一个以花卉为主题的网站。网站中介绍了花卉的文化、花卉的栽培方法、花语的含义，展示了花卉图片、花艺作品、盆景作品等。整个网站图文结合，配色鲜艳。

在这个网站项目的完成过程中，我们将使用到站点的创建、文字的录入与编辑、图像的插入和设置、超链接的添加等操作。这是我们使用 Dreamweaver 制作的第一个网站，下面让我们一起来操作和体会一下网站的制作流程。全书主要以目前使用量较大的 Dreamweaver CS5 为平台进行设计，其他版本软件的基本操作相类似，按照提示就能完成相应的设计与制作过程。

1-1　网页基础

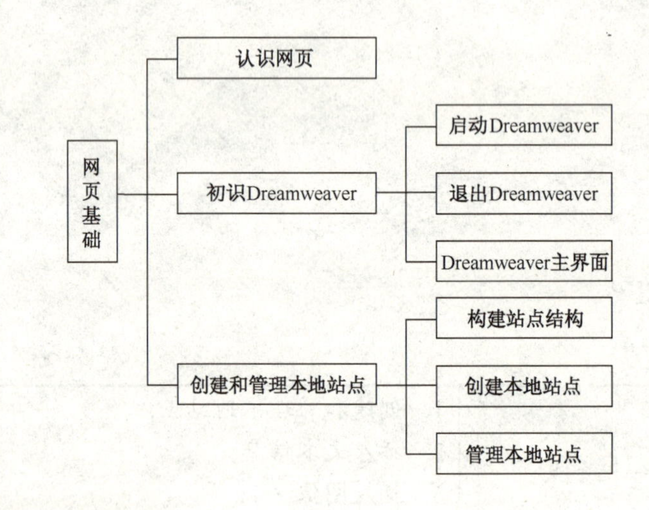

任务 1-1　创建花卉网站点

创建站点是开始制作网站的第一步，也是决定后续网页制作工作能否正常、顺利开展的关键一步。很多初学者会忽略这个步骤，等后续过程中出现问题时再返工回来，反而会增加工作量，因此要牢固掌握创建站点的技能。

本次任务就是要创建花卉网的站点。

1.1.1　认识网页

1. 基本概念与常用工具

网页：因特网中的文档又称为网页，网页中可以包含文本、图像、动画、音频、视频等信息。网页按其表现形式可以分为静态网页和动态网页。

网站：网站是网页的集合。通过超级链接将网站中多个网页建立联系，形成一个主题鲜明、风格一致的站点。通常，网站都有一个**主页**，也叫首页，就是我们在浏览器地址栏内输入某个网站的网址后看到的第一张网页。

进行网站设计制作的常用工具有：

（1）制作网页的专门工具：Dreamweaver、FrontPage。

（2）图像处理工具：Photoshop、Fireworks。

（3）动画制作工具：Flash、Swish。

（4）图标制作工具：小榕图标编辑器、超级图标。

（5）抓图工具：HyperSnap、HyperCam、Camtasia Studio。

（6）网站发布工具：CuteFTP。

2. 网站设计制作的基本流程

（1）网站规划：在进行网站制作前，首先要对网站的内容进行分类和规划。针对用户网站的需求，确定要做什么？怎么做？网站包括哪些栏目？接下来就开始素材的搜集和整理工作。

（2）定义站点。

（3）网站主页面的制作步骤如下。

① 页面规划：页面的规划就是对网页的版面进行布局，主要任务是将 web 页面分割成用于安排文字、图像等各种屏幕元素的各个区域，并设置页面属性。

② 布局设计：包括表格布局、框架布局和布局模式设置。

③ 使用 CSS 样式。

④ 插入图像。

⑤ 使用超链接。

（4）二级页面的制作步骤如下。

① 制作模板。

② 应用模板制作二级页面。

3. HTML 的语法结构

HTML 是 HyperText Markup Language 的缩写，意为超文本标记语言，是 Internet 中编写网页的主要标记语言。

HTML 语法的基本结构：

```
<html>
    <head>
      <title>网站标题</title>
    </head>
    <body>
      （此处是网页的正文内容）
    </body>
</html>
```

每一个 HTML 文档都是以<html>标记开始，以</html>标记结束。整个文档分成两个部分：<head>……</head>和<body>……</body>，其中，head 标记表示网页的头部，两个网页头部标记之间的内容不会显示在网页的正文中，一般包含关键字、描述语言、CSS 代码等，

其中 title 标记之间的内容就是网站的标题；body 标记表示网页的主体部分，我们插入的网页元素基本上都在这两个标记之间。

1.1.2 初识 Dreamweaver

1. 启动 Dreamweaver

从系统的【开始】菜单中选择【程序】→【Adobe Dreamweaver CS5】命令，如图 1-1 所示，就可以启动 Dreamweaver CS5。

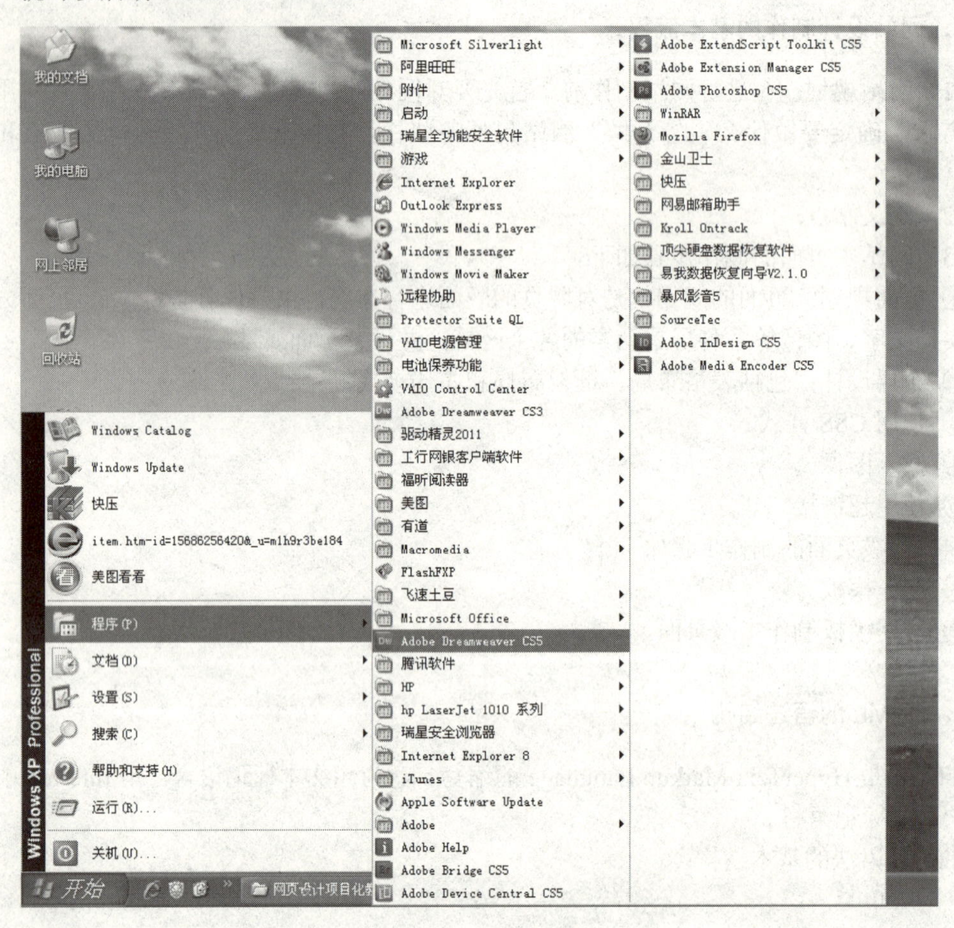

图 1-1　启动 Dreamweaver

选择启动命令后，系统弹出“Adobe Dreamweaver CS5”对话框，如图 1-2 所示。

2. 退出 Dreamweaver

常用的退出 Dreamweaver 的方法有以下三种：

（1）单击 Dreamweaver 界面右上角的“关闭”按钮；

（2）按下“Alt+F4”组合键；

（3）单击【文件】菜单下的【退出】命令。

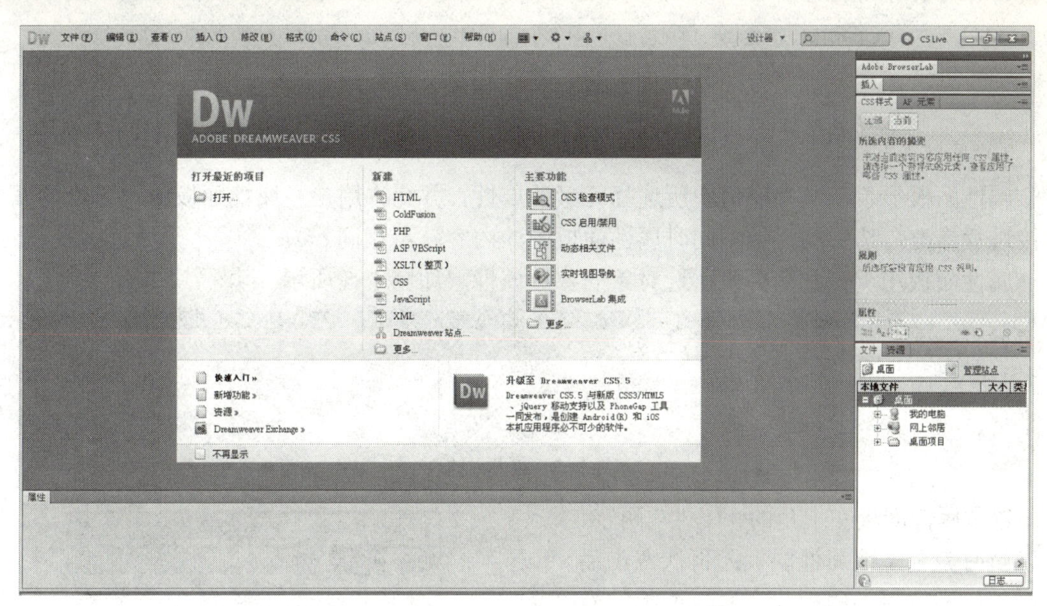

图 1-2　“Adobe Dreamweaver CS5”对话框

3. 认识 Dreamweaver 界面

Dreamweaver 界面包括菜单栏、属性面板、浮动面板等，如图 1-3 所示。

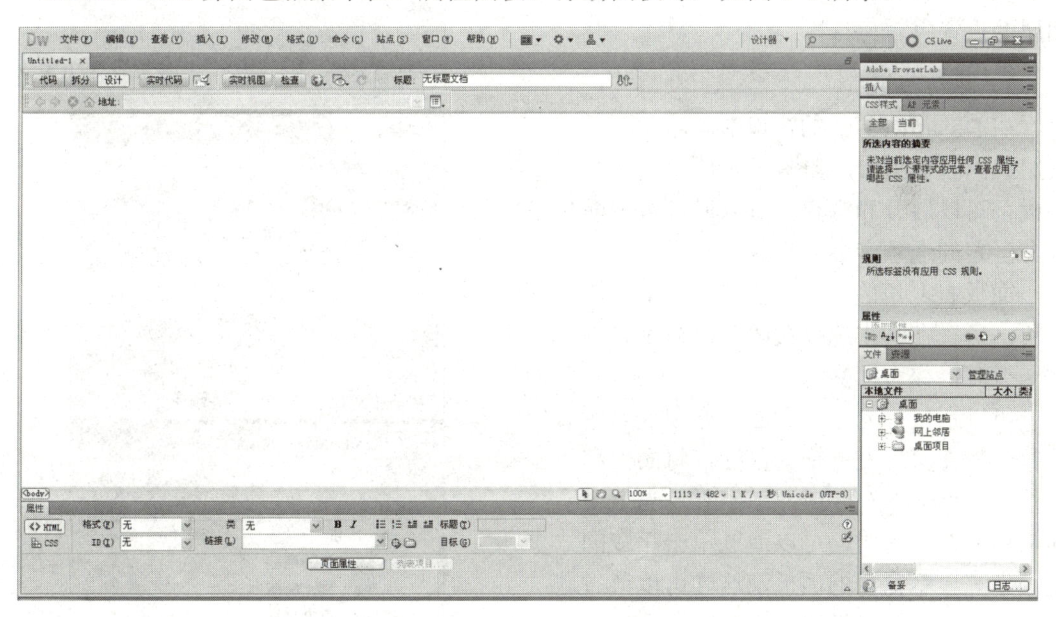

图 1-3　Dreamweaver 界面

1）菜单栏

菜单栏包括【文件】、【编辑】、【查看】、【插入】、【修改】、【格式】、【命令】、【站点】、【窗口】和【帮助】10 个菜单项，如图 1-4 所示，在进行操作时将根据功能需要选择不同的菜单项。

文件(F) 编辑(E) 查看(V) 插入(I) 修改(M) 格式(O) 命令(C) 站点(S) 窗口(W) 帮助(H)

图 1-4 菜单栏

2）属性面板

属性面板显示了文档窗口中所选择元素的属性，并允许用户在属性面板中对元素的属性直接进行修改，选中的元素不同时属性面板中的内容就不相同。

属性面板用于查看和更改所选对象的各种属性，如图 1-5 所示。

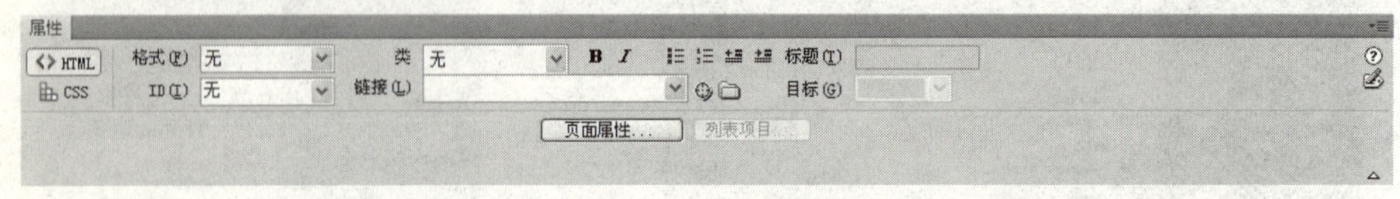

图 1-5 属性面板

双击属性面板左上角的“属性”两字，可以暂时完全隐藏属性面板；再次双击后可以重新展开属性面板。在属性面板的右下角有一个三角形标记，单击该标记可以折叠属性面板，即只显示属性面板中横线以上的内容，再次单击此标记可以展开属性面板的全部内容，以显示更多的扩展性和属性设置内容。

3）浮动面板

在 Dreamweaver 的窗口中，浮动面板被组织到面板组中，如图 1-6 所示。每个面板都可以展开和折叠，可以通过双击面板左上角的选项卡名来隐藏或显示面板。单击面板右上角的图标，会弹出一个快捷菜单，可以在其中选择关闭面板命令。选项卡有时也称为标签。

可以把鼠标光标放到面板选项卡名所在行，按住鼠标左键拖动鼠标，将面板和其他面板停靠在一起或取消停靠，当多个面板停靠在一起时，可以通过单击相应的选项卡来显示需要的面板，这样可以节省显示空间。也可以把鼠标光标放到面板选项卡名所在行，按住鼠标左键拖动鼠标，将面板单独提出来，浮动到文档窗口上方。

如果浮动面板没有显示在面板组中，可以打开【窗口】菜单，选择相应的命令来显示它。

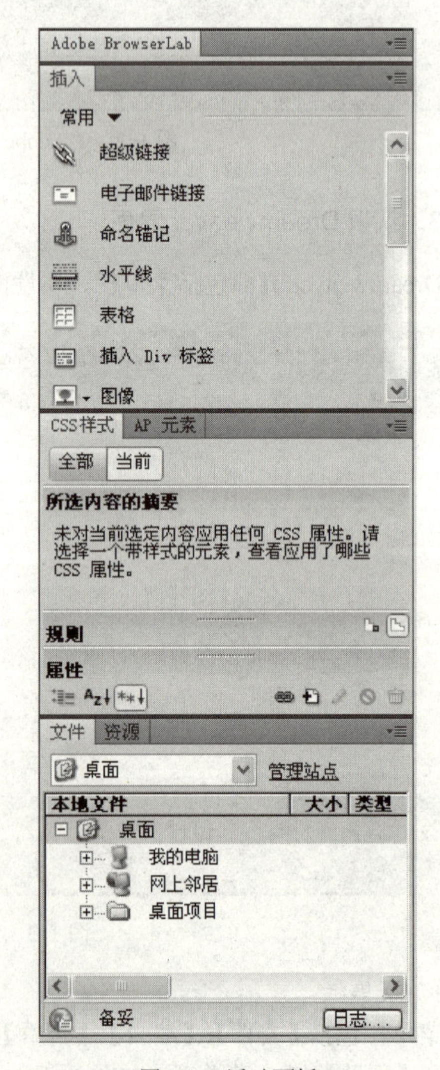

图 1-6 浮动面板

面板组中的“插入”面板组是使用频率较高的面板组，如图1-7所示，它包含用于创建和插入对象的按钮，包括8个面板：常用面板、布局面板、表单面板、数据面板、Spry面板、InContext Editing面板、文本面板、收藏夹面板，后面将根据操作需要给大家分别介绍相关面板的使用技巧。“插入”面板组也可以根据个人使用习惯，移动到窗口菜单栏的下方。面板有时也称为工具栏。

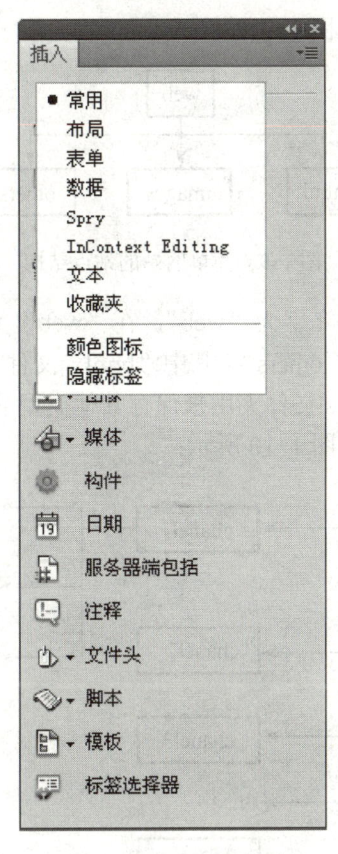

图1-7 “插入”面板组

4）状态栏

状态栏包括标签选择器、选取工具、手形工具、缩放工具、设置缩放比例、窗口大小弹出菜单、文档大小和估计下载时间，如图1-8所示。

<body> 100% 698 x 462 1 K / 1 秒 Unicode (UTF-8)

图1-8 状态栏

1.1.3 创建和管理本地站点

1. 构建站点结构

一般使用文件夹构建站点的结构。首先创建一个根文件夹（根目录），然后创建多个子文件夹，再将文档分门别类地存储到相应的文件夹下或者按栏目内容建立目录，对每个栏目

都相应建立一个文件夹。

注意：文件夹和文件的名称建议不要使用中文名，因为中文名在 HTML 文档中容易生成乱码，从而导致链接产生错误或背景图像显示不出来等问题。文件名尽量使用英文或汉语拼音。

简单网站的站点结构通常如图 1-9 所示：

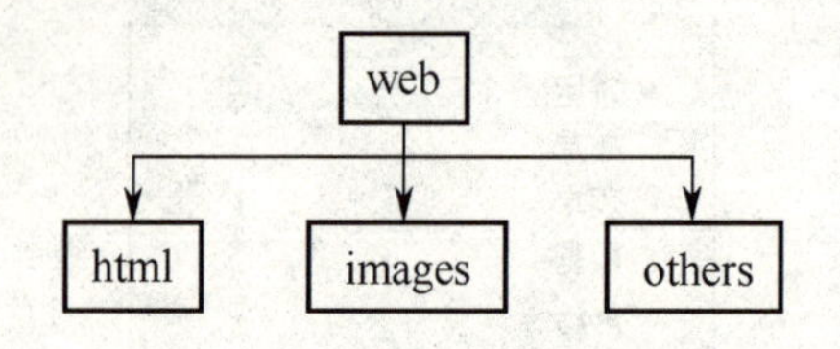

图 1-9　简单网站的站点结构

一般情况下，站点文件夹的名字为“web”，在“web”文件夹内创建三个子文件夹，分别命名为“html”、“images”和“others”，其中“html”文件夹用来保存网页文件，“images”文件夹用来保存图像文件，others 文件夹用来保存其他类型的文件。

复杂网站的站点结构通常如图 1-10 所示：

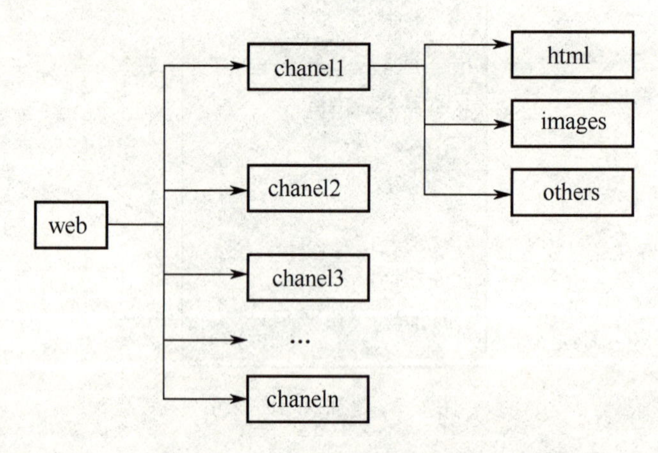

图 1-10　复杂网站站点结构

在站点文件夹“web”里，按照网站栏目的个数创建 *n* 个子文件夹，每个子文件夹对应一个栏目，在栏目文件夹里再分别创建“html”、“images”和“others”三个子文件夹，用来保存栏目内不同类型的文件。

2. 创建本地站点

在开始着手制作网页前，首先要在 Dreamweaver 中定义站点。网页只是网站的一个组成部分，所有设计的网页和相关文件都要放在站点中。定义站点的好处是：定义站点以后的所有操作都是在站点的统一监控下进行。如果使用了外部文件，Dreamweaver 就会自动检测并提示和询问是否将外部文件复制到站点内，以保持站点的完整性。如果某个文件夹或文件重新命名了，系统会自动更新所有的链接，以保证原有链接关系的完整性。

下面我们就在E:盘下创建一个站点，站点名字为“第一个站点”。

创建“第一个站点”的步骤如下。

（1）我们先在E:盘新建一个文件夹“site1”。

（2）然后在 Dreamweaver 中，单击菜单【站点】→【新建站点】命令，弹出如图1-11所示的“站点设置对象”对话框。在右边的“站点名称”文本框中输入要创建的站点名称“第一个站点”。

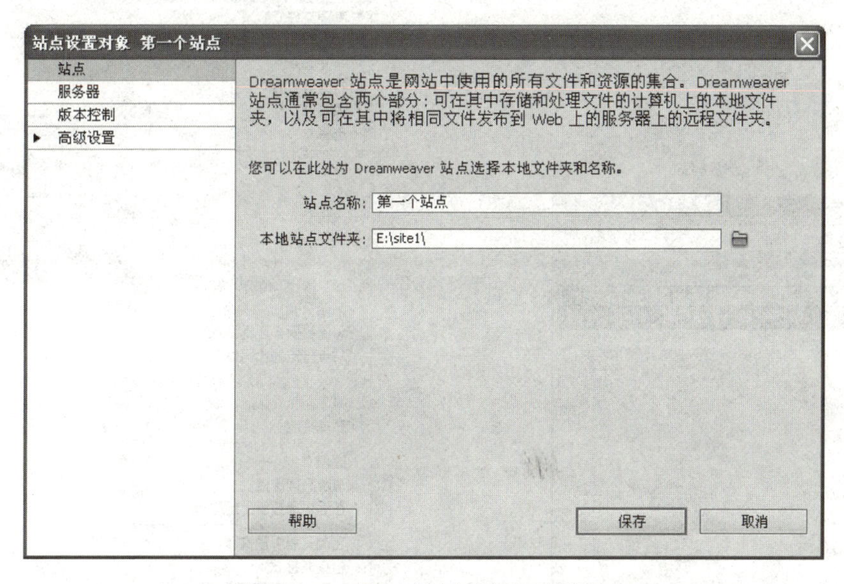

图1-11　“站点设置对象”对话框

（3）单击“本地站点文件夹”文本框右边的“文件夹”按钮，打开的如图1-12所示的“选择根文件夹”对话框，选择E:盘下的“site1”文件夹，单击“选择”按钮。回到“站点设置对象”对话框，单击“保存”按钮。

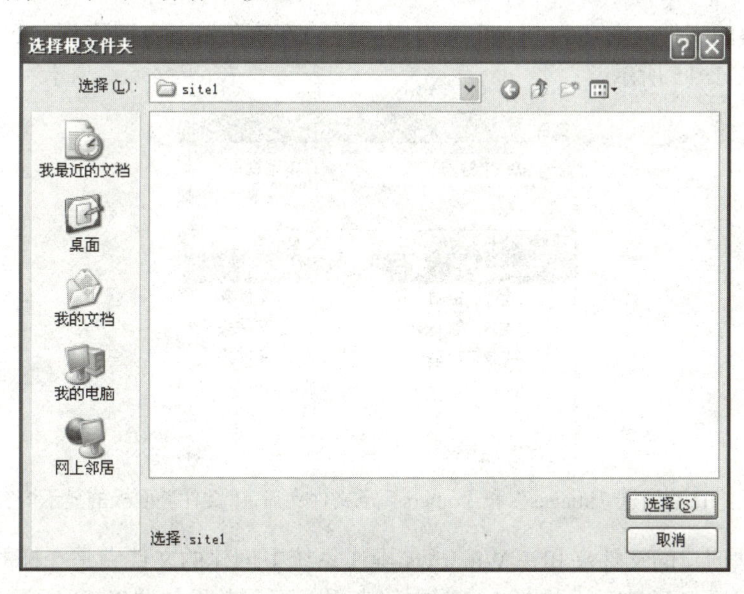

图1-12　【选择根文件夹】对话框

这样，我们就在 Dreamweaver 中创建了一个静态站点“第一个站点”。主界面的“文件”面板中会显示出刚才新建的站点，如图 1-13 所示。

（4）我们在 Dreamweaver 中创建站点文件夹“site1”内的几个子文件夹。

在“文件”面板中的站点上单击鼠标右键，此时站点行以蓝色背景显示，在弹出的快捷菜单中选择【新建文件夹】命令，如图 1-14 所示。

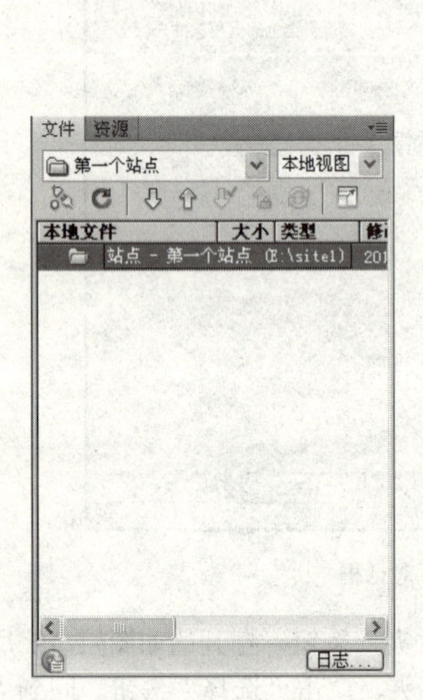

图 1-13 “文件”面板中显示新创建的“第一个站点”

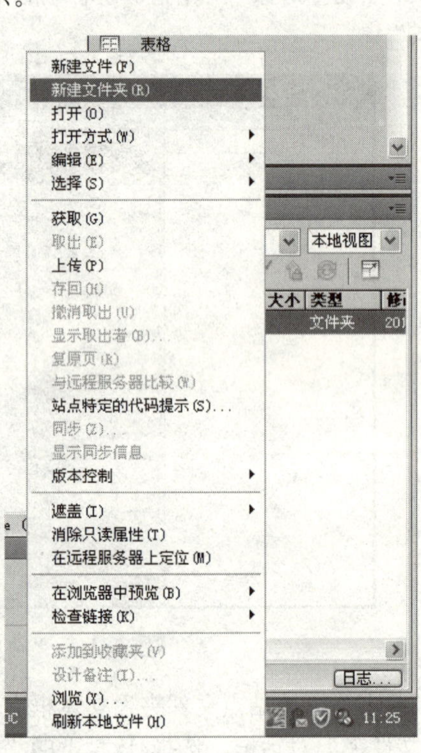

图 1-14 在“文件”面板内新建文件夹

（5）将新建的文件夹命名为“html”，再用同样的方法在站点内创建“images”和“others”子文件夹，如图 1-15 所示。

图 1-15 创建“images”和“others”子文件夹后，“文件”面板的显示内容

用这种方法创建的文件夹和在 Windows 操作系统中创建的文件夹是一样的，只是方法不同。我们现在可以打开 E:盘下的“site1”文件夹看一下，效果如图 1-16 所示。

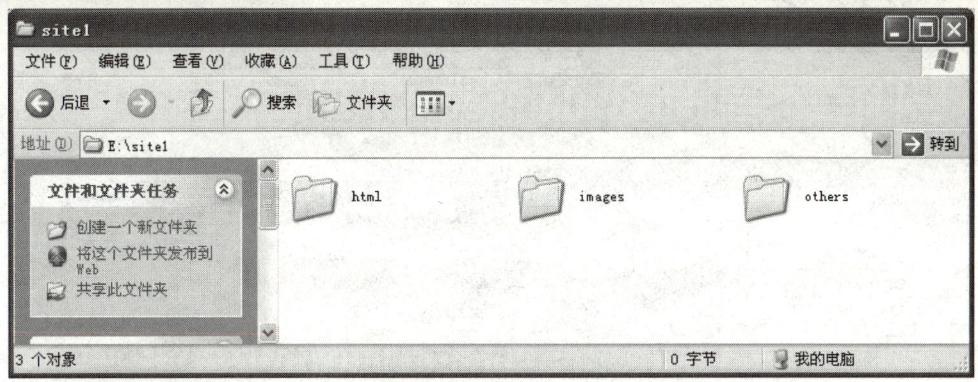

图 1-16 在 Dreamweaver 中创建文件夹后，在 Windows 操作系统中查看的效果

3. 管理站点

1）设置默认图像文件夹

设置默认图像文件夹的好处是：即使我们使用的图片是来自于站点以外的其他位置，只要设置了默认图像文件夹，Dreamweaver 会自动将图像保存到站点内指定的默认图像文件夹内。这样就简化了我们复制图像的工作，也尽量避免了由于使用了站点外的图像而导致网页图像无法显示的问题。下面我们为刚刚建好的站点设置一个默认图像文件夹，步骤如下。

（1）选择【站点】菜单下的【管理站点】命令，弹出如图 1-17 所示的“管理站点”对话框，目前只有一个站点，就是我们刚刚创建的“第一个站点”，它默认已被选择。

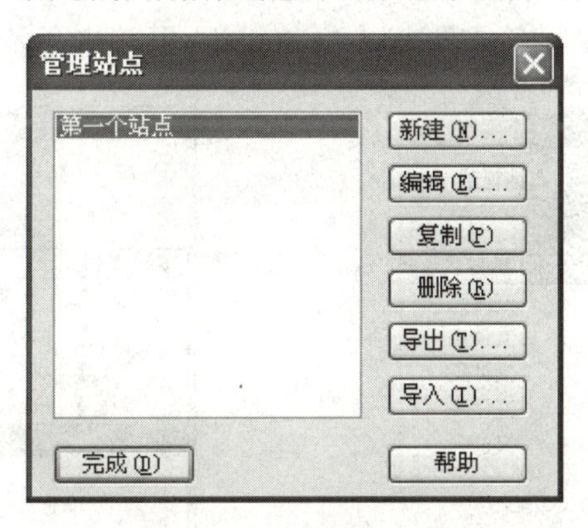

图 1-17 “管理站点”对话框

（2）单击“编辑”按钮，打开“站点设置对象”对话框，选择左侧的“高级设置”项，默认选择“本地信息”，在右边单击“默认图像文件夹”文本框右边的“文件夹”按钮，选择站点内的“images”文件夹，如图 1-18 所示，单击“保存”按钮。

（3）单击“管理站点”对话框中的“完成”按钮。

2）创建文件夹和文件

在“文件”面板中站点根目录上单击鼠标右键，从弹出的快捷菜单中单击菜单项【新建文件夹】或【新建文件】命令，接着给新的文件夹或文件命名。例如，现在我们给刚才创建的站点内再增加一个子文件夹“css”，我们就在“文件”面板中的“第一个站点”上单击鼠标右键，

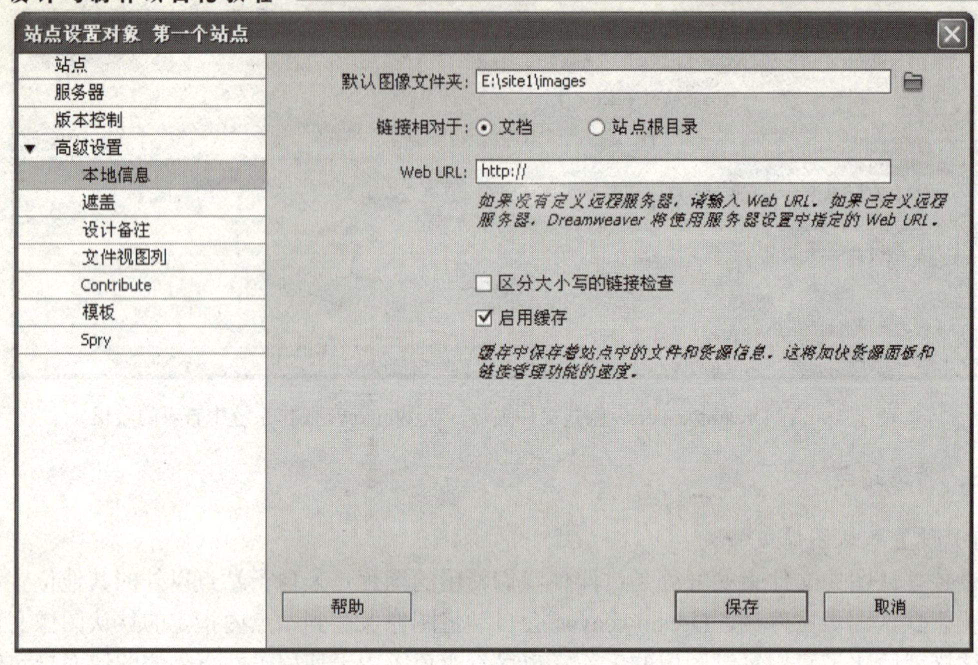

图 1-18 在站点内设置默认图像文件夹

在弹出的快捷菜单中选择【新建文件夹】，此时等待为文件夹命名，如图 1-19 所示。将文件夹的名字输入为“css”，再按 Enter 键即可，如图 1-20 所示。如果没有输入文件名而直接按 Enter 键，Dreamweaver 将自动给文件夹以“untitled”开头来命名。

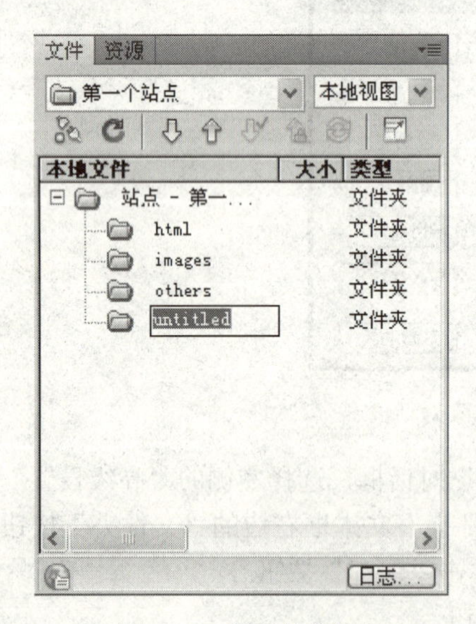

图 1-19 新建的文件夹

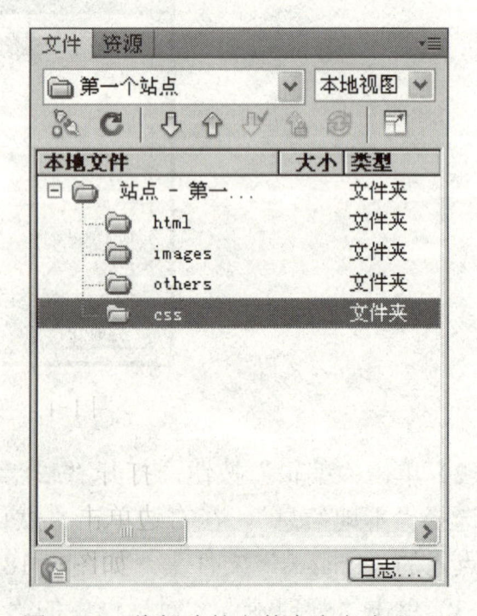

图 1-20 将新建的文件夹命名为“css”

3）重命名文件夹或文件

要重命名本地站点的文件夹或文件时，先选中需重命名的文件夹或文件，然后单击快捷菜单中的【编辑】→【重命名】命令，文件夹或文件的名称变为可编辑状态，重新输入新的

名称，按 Enter 键确认即可。比如，我们将上面站点内的“css”文件夹重命名为“style”文件夹：在“第一个站点”内的“css”文件夹上单击鼠标右键，在弹出的快捷菜单中选择【编辑】→【重命名】命令，如图 1-21 所示，把名字改成“style”即可，如图 1-22 所示。

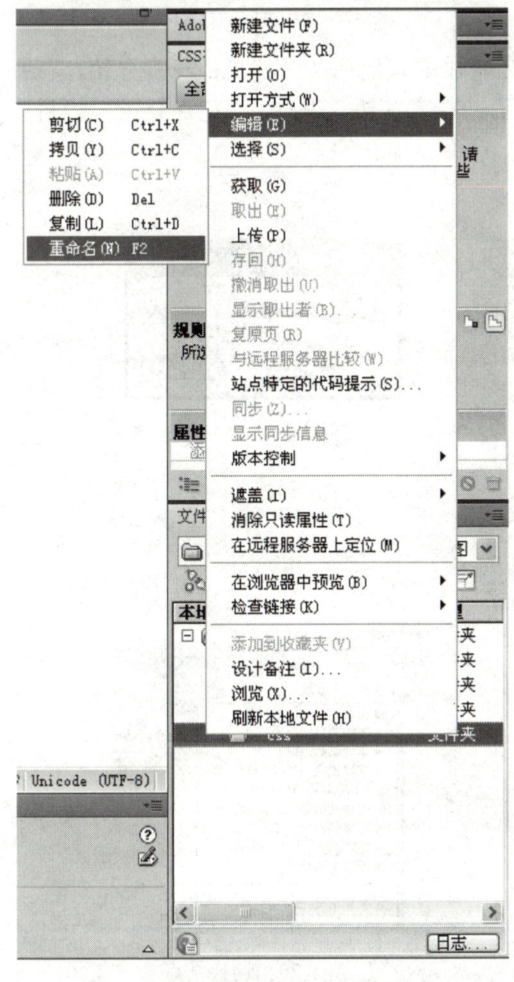

图 1-21　重命名文件夹

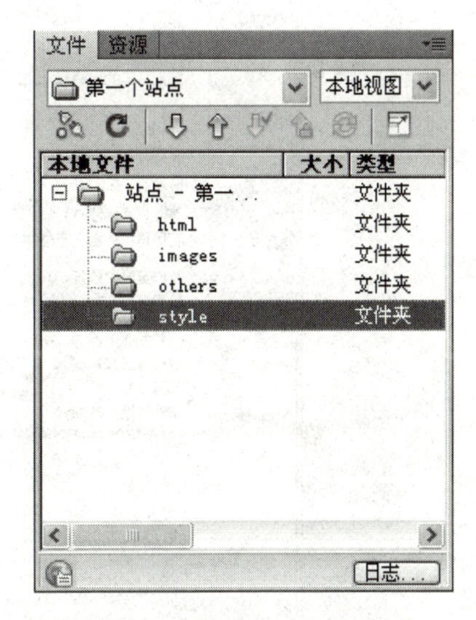

图 1-22　将文件夹重命名为 style

4）删除文件夹或文件

要从本地站点的文件列表中删除文件夹或文件，先选中要删除的文件夹或文件，然后选择快捷菜单中的【编辑】→【删除】命令或按 Delete 键，这时系统会弹出一个提示对话框，询问是否要真正删除文件夹或文件，单击“是”按钮确认后即可将文件夹或文件从本地站点中删除。比如，我们要将“style”文件夹删除掉，就在站点内的“style”文件夹上单击鼠标右键，在弹出的快捷菜单中选择【编辑】→【删除】命令，如图 1-23 所示，弹出一个对话框要我们确认是否要删除，单击“是”按钮即可，如图 1-24 所示。

5）切换站点

在“文件”面板左边的下拉列表框中选择某个已创建的站点，如图 1-25 所示，就可切换到对这个站点进行操作的状态。

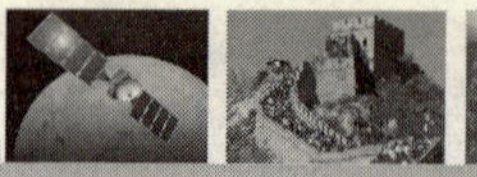

任务实施 1-1

1．构思网站栏目结构

本花卉网根据用户需求进行设计，其首页导航栏中共包括 7 个栏目：花卉介绍、花卉文化、花卉栽培、花卉图片、花艺作品、盆景展示、花言花语。其中，“花卉介绍”栏目中包括 6 张链接页面：茶花、菊花、君子兰、牡丹、月季、郁金香。

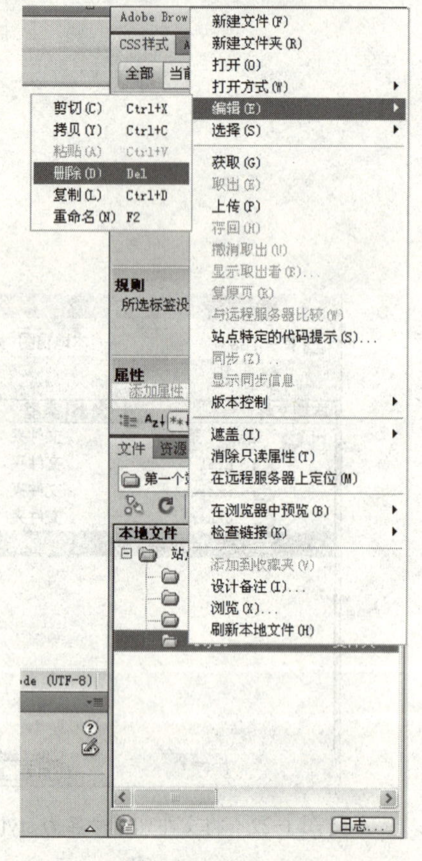

图 1-23　删除文件夹

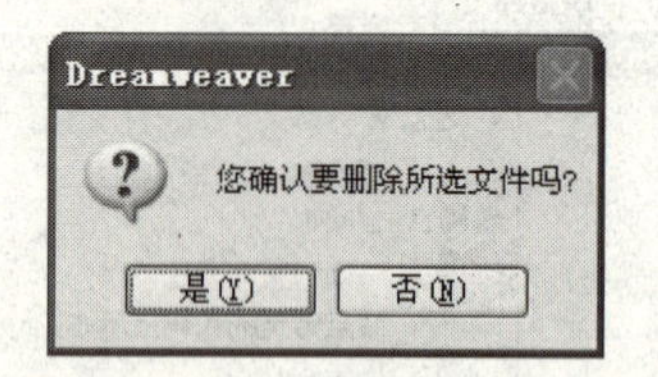

图 1-24　确认删除文件夹

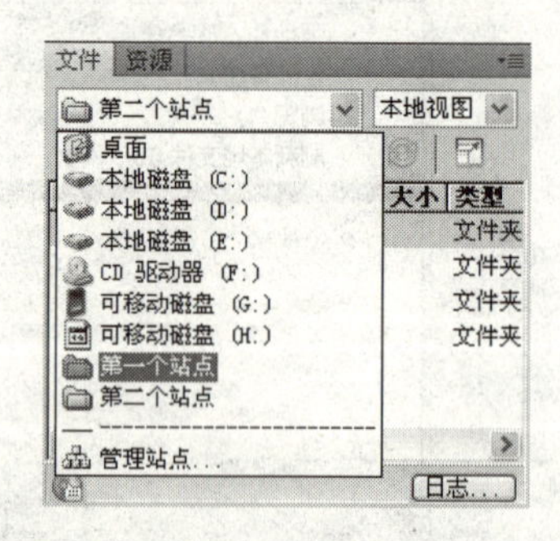

图 1-25　切换站点

该网站的栏目结构示意如表 1-1 所示。

表 1-1　花卉网的栏目结构

一级页面	二级页面	三级页面
首页 index.html	花卉介绍：huahuijieshao.html	茶花：chahua.html
		菊花：jvhua.html
		君子兰：junzilan.html
		牡丹：mudan.html
		月季：yueji.html
		郁金香：yujinxiang.html

续表

一级页面	二级页面	三级页面
首页 index.html	花卉文化：huahuiwenhua.html	
	花卉栽培：huahuizaipei.html	
	花卉图片：huahuitupian.html	
	花艺作品：huayizuopin.html	
	盆景展示：penjingzhanshi.html	
	花言花语：huayanhuayu.html	

根据网站策划确定的栏目结构，创建站点目录。一个网站的目录结构要求层次清晰、井然有序，也有利于日后的修改。本花卉网的结构不复杂，网站目录结构以及各文件夹所存放的文件类型如表 1-2 所示。

表 1-2　网站的目录结构及其存放的文件类型

站点文件夹名称	站点内的文件夹名称	存放的文件类型
huahuiweb	html	网页文件
	images	图像文件
	others	其他类型的文件
	index.html	首页

2．创建本地站点

（1）在 Dreamweaver 中创建花卉网本地站点。“文件”面板的内容如图 1-26 所示。

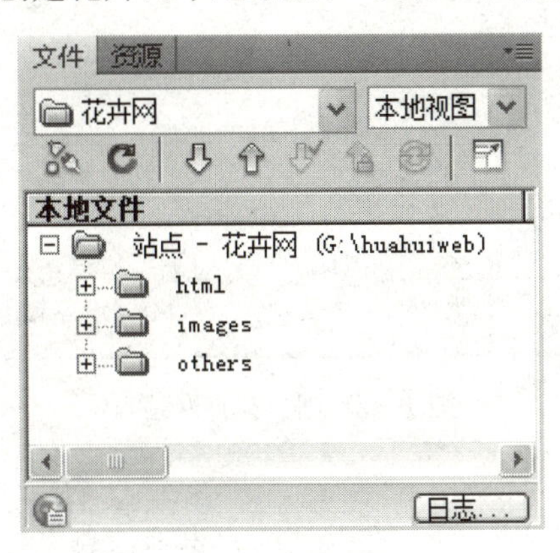

图 1-26　“文件”面板显示的花卉网站点

（2）在 G:盘新建一个文件夹“huahuiweb”，再在这个文件夹中新建三个子文件夹“html”、“images”、“others”，分别用来存放网页文件、图像文件和其他文件。效果如图 1-27 所示。

（3）创建站点：在 Dreamweaver 中，单击菜单【站点】→【新建站点】命令，弹出“站点设置对象”对话框，在“站点名称”文本框中输入“花卉网”；单击“本地站点文件夹”文本框后面的“文件夹”按钮，选择 G:盘的“huahuiweb”文件夹，如图 1-28 所示。

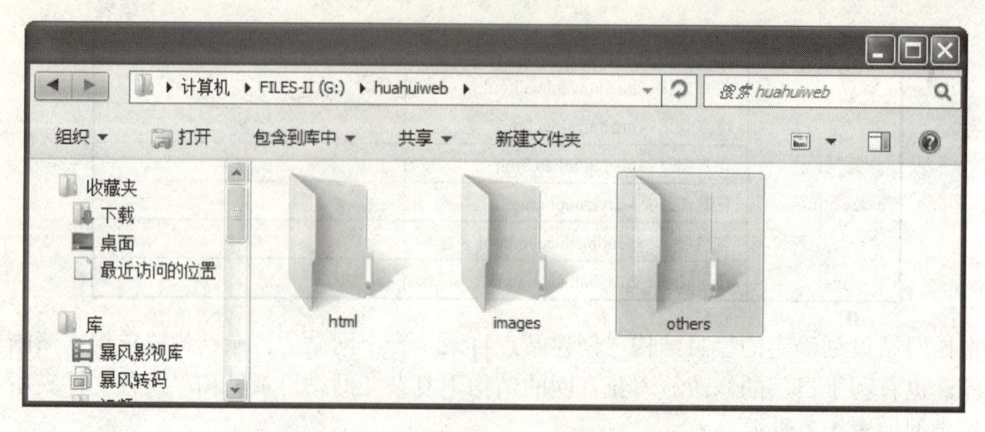

图 1-27　创建站点所需文件夹

图 1-28　创建花卉网站点

单击左边的“高级设置”列表项，在默认的“本地信息”参数设置中，单击“默认图像文件夹”文本框后面的“文件夹”按钮，选择站点内的“images”文件夹，如图 1-29 所示，单击“保存”按钮。

由于在站点内设置了默认的图像文件夹，如果使用了站点外的图像，Dreamweaver 就会自动将图像文件保存在指定文件夹下，也就是站点内的“images”文件夹下。

这样花卉网的本地站点就创建好了，在 Dreamweaver 软件界面的右侧“文件”面板上会显示出站点信息。

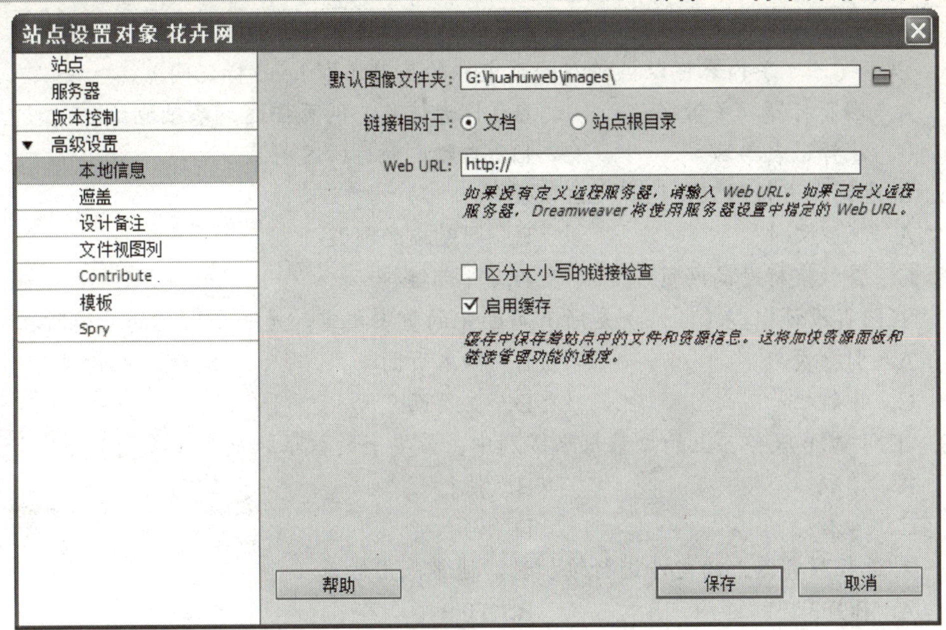

图 1-29　设置花卉网站点内默认的图像文件夹

职业技能知识点考核 1

1. 本地站点的所有文件和文件夹必须使用（　　），否则在上传到因特网上时可能导致浏览不正常。

   A. 小写字母　　B. 大写字母

   C. 数字　　D. 汉字

2. （　　）屏幕显示分辨率是目前上网用户最不可能采用的。

   A. 800 × 600　　B. 1024 × 768

   C. 640 × 480　　D. 以上答案都是不可能采用的

3. 网页的页面尺寸和（　　）有关，一般分辨率在 800 × 600 的情况下，页面的显示尺寸为（　　）个像素。

   A. 显示器的大小及分辨率，780 × 428

   B. 显示器的大小及分辨率，780 × 522

   C. 显示器及分辨率，800 × 600

   D. 显示器的大小及分辨率，800～560

4. 在 Dreamweaver 中，下面关于站点定义的说法错误的是（　　）。

   A. 首先定义新站点，打开站点定义设置窗口

   B. 在站点定义设置窗口的站点名称中填写网站的名称

   C. 在站点设置窗口中，可以设置本地网站的保存路径，但不可以设置图片的保存路径

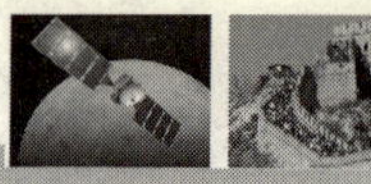

D. 本地站点的定义比较简单，基本上选择好目录就可以了

5. 以下（　　）内容可以被放在网页文件的头部（即 head 标记间）。

A. 网页标题、关键字　　B. 作者信息、网页描述、基础地址

C. 注释、表单域　　D. 自动刷新、CSS 样式

6. 本地站点进行超链接检查无法实现（　　）。

A. 孤立文件　　B. 网站中的断链

C. 查找空标题的网页　　D. 外部链接

7. 在网页设计中，（　　）是所有页面中的重中之重，是一个网站的灵魂所在。

A. 引导页　　B. 脚本页面

C. 导航栏　　D. 主页面

8. 下列 Web 服务器上的目录权限级别中，最安全的权限级别是（　　）。

A. 读取　　B. 执行

C. 脚本　　D. 写入

9. 对远程服务器上的文件进行维护时，通常采用的是（　　）。

A. POP3　　B. FTP

C. SMTP　　D. Gopher

10. 目前在 Internet 上应用最为广泛的服务是（　　）。

A. FTP 服务　　B. WWW 服务

C. Telnet 服务　　D. Gopher 服务

11. Internet 主机域名的一般格式是（　　）。

A. 主机名、单位名、类型名、国家名

B. 单位名、主机名、类型名、国家名

C. 主机名、单位名、国家名、类型名

D. 单位名、国家名、主机名、类型名

12. Web 安全色所能够显示的颜色种类为（　　）。

A. 4 种　　B. 16 种

C. 216 种　　D. 256 种

13. 为了标示一个 HTML 文件应该使用的 HTML 标记是（　　）。

A. <p></p>　　B. <boby></body>

C. <html></html>　　D. <table></table>

14. 在客户端网页脚本语言中最为通用的是（　　）。

A. JavaScript　　B. VB

C. Perl　　D. ASP

15. 浏览 Web 网页，应使用（　　）软件。

A. 资源管理器　　B. 浏览器软件

C. 电子邮件　　D. Office 2000

16. 国际性组织顶级域名为（　　）。

A. int　　B. org

C. net　　D. com

17. Internet 上使用的最重要的两个协议是（　　）。

    A. TCP 和 Telnet　　B. TCP 和 IP

    C. TCP 和 SMTP　　D. IP 和 Telnet

18. 下面说法错误的是（　　）。

    A. 规划目录结构时，应该在每个主目录下都建立独立的 images 目录

    B. 在制作站点时应突出主题色

    C. 人们通常所说的颜色，其实指的就是色相

    D. 为了使站点目录明确，应该采用中文目录

19. 在 Dreamweaver 中，最常用的表单处理脚本语言是（　　）。

    A. C　　B. Java

    C. ASP　　D. JavaScript

1-2 简单网页制作

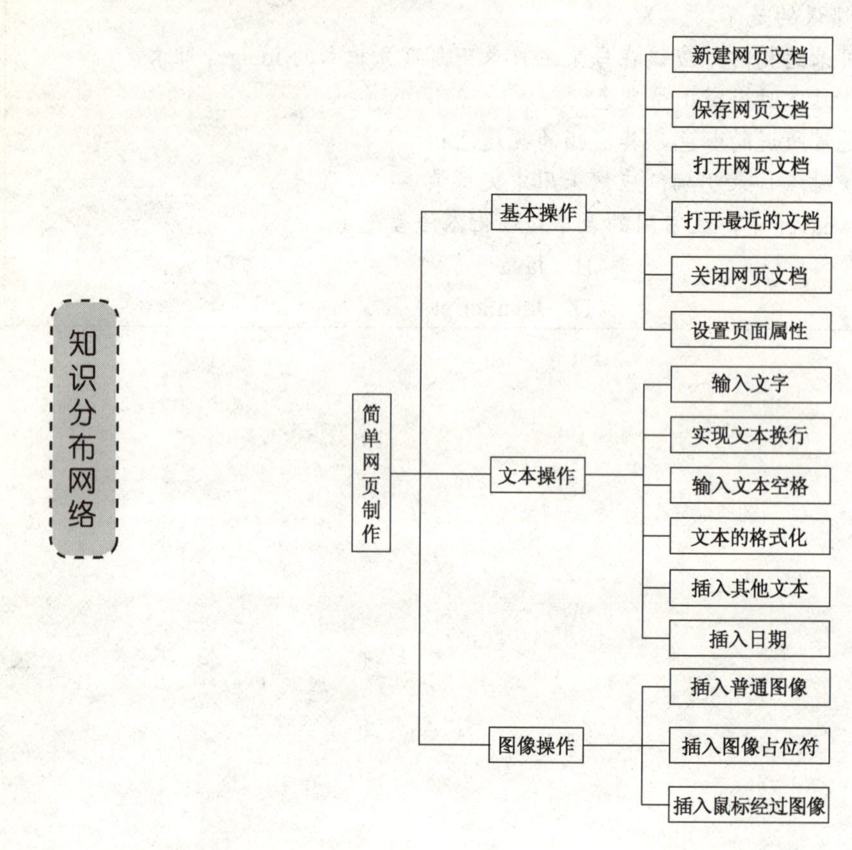

任务 1-2 制作花卉网首页

本次任务要制作图文并茂的花卉网首页。在这张网页中包含的网页元素包括：图片、文字、导航栏、水平线、日期、版权符号等。网站首页的效果如图 1-30 所示。

1.2.1 网页的基本操作

1. 新建网页文档

新建网页文档的方法主要有以下两种。

（1）启动 Dreamweaver 后，会出现“Adobe Dreamweaver CS5”对话框，它包括“打开最近的项目”、“新建”、“主要功能”三个可选项，单击【新建】项的【HTML】命令便可以直接创建一个 HTML 网页文档，如图 1-31 所示。

（2）单击 Dreamweaver 主窗口的菜单【文件】→【新建】命令，如图 1-32 所示，或者直接按“Ctrl+N”组合键。

图1-30　花卉网首页

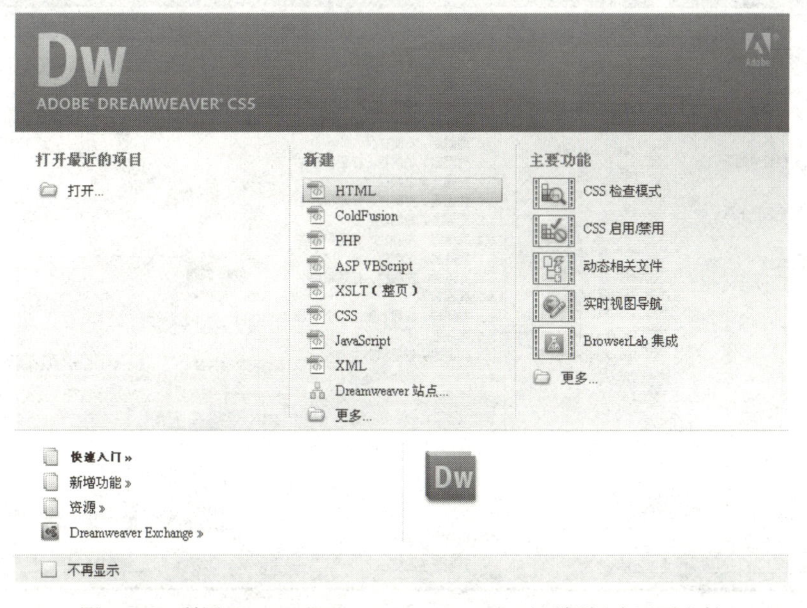

图1-31　利用"Adobe Dreamweaver CS5"对话框新建网页文档

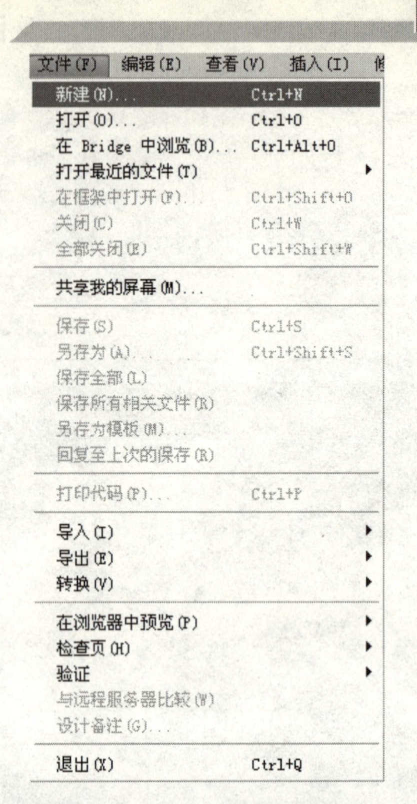

图 1-32　利用【文件】菜单新建网页文档

采用上述方法打开“新建文档”对话框，在该对话框中单击左边的“空白页”列表项，在“页面类型”列表中选择“HTML”选项，在“布局”列表中选择“<无>”，然后单击“创建”按钮即可创建一个网页文档，如图 1-33 所示。

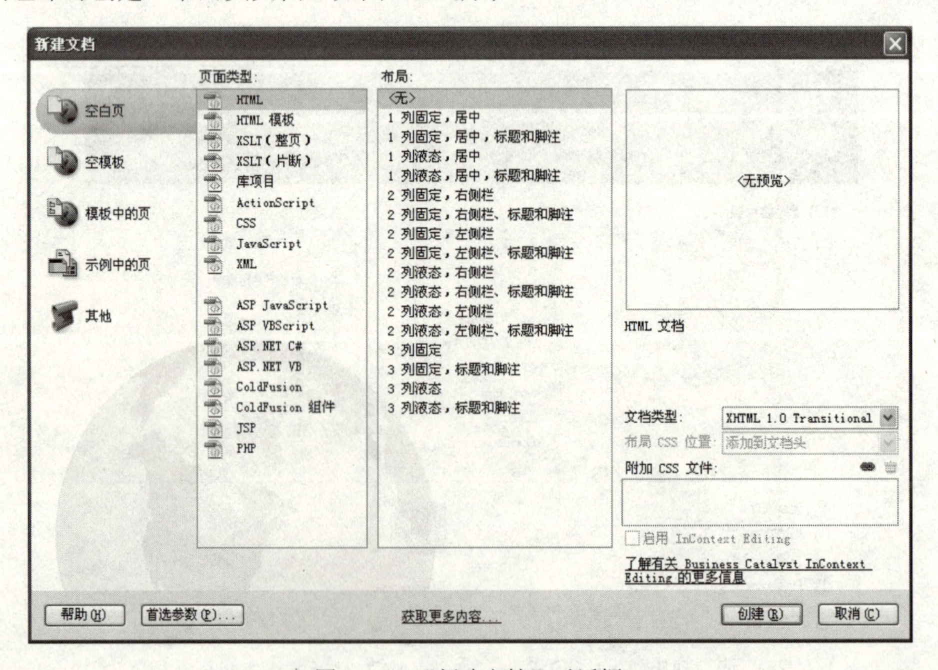

图 1-33　“新建文档”对话框

2. 保存网页文档

要保存网页文档，可单击【文件】→【保存】命令，如图 1-34 所示，弹出“另存为”对话框，如图 1-35 所示，选择欲保存网页文档的路径，输入文件名后，单击“保存”按钮即可。

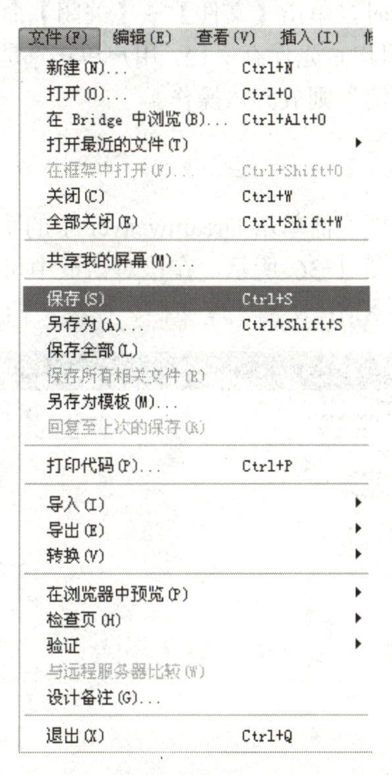

图 1-34　保存网页文档

图 1-35　“另存为”对话框

对于已经保存过的网页文件，如果希望此文档以其他的名称或其他的位置保存，可单击【文件】→【另存为】命令，在文档“另存为”对话框中选择路径并输入新的文件名，单击“保存”按钮即可。在初次保存一个网页文件时，使用【保存】或【另存为】命令的操作是一样的。

在不需要对文档进行编辑时，单击【文件】→【关闭】命令，如果该文档尚未保存，则出现“另存为”对话框，提示用户首先保存文档，用户单击“是”按钮则保存文档，单击“否”按钮则不保存文档，单击“取消”则放弃该操作。

3．打开网页文档

要打开一个现有的网页文档，需单击 Dreamweaver 中的菜单【文件】→【打开】命令，此时弹出“打开”对话框，如图 1-36 所示，在该对话框中可以打开多种类型的文档，例如 HTML 文档、Javascript 文档、XML 文档、库文档、模板文档等。

图 1-36　“打开”对话框

4．打开最近的文档

在 Dreamweaver 主窗口中选择【文件】菜单，将鼠标指针指向【打开最近的文件】菜单项，单击弹出的子菜单项可以打开最近编辑过的网页文档，如图 1-37 所示。如果选择【启动时重新打开文档】命令，则下次启动 Dreamweaver 后将自动打开上次退出时处于打开状态的文档。

5．关闭网页文档

要关闭某网页文档，只需单击 Dreamweaver 主窗口的菜单【文件】→【关闭】或者【全部关闭】命令即可。如果页面尚未保存，则会弹出一个对话框，确认是否保存。

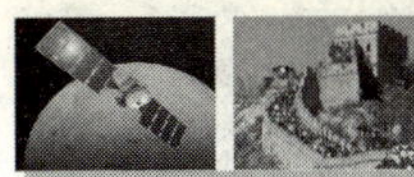

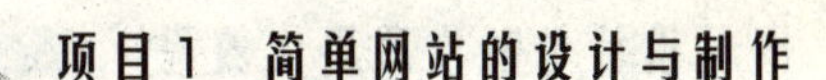

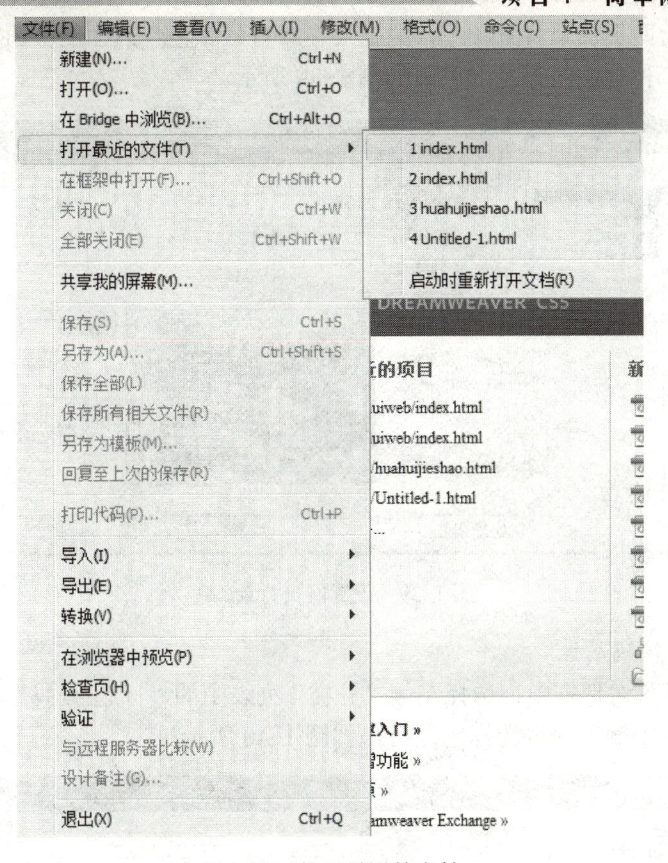

图 1-37　打开最近的文档

6．设置页面属性

1）打开“页面属性”对话框

在 Dreamweaver 主窗口中，单击菜单【修改】→【页面属性】或者在“属性”面板中单击“页面属性”按钮都可以打开“页面属性”对话框，如图 1-38 所示。

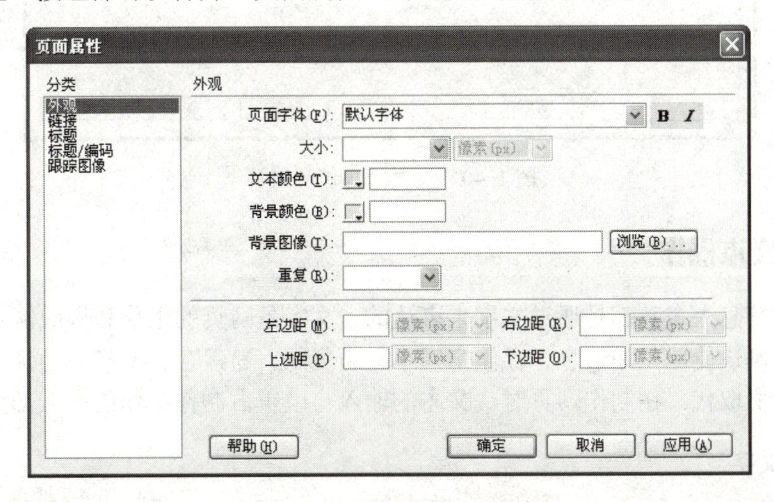

图 1-38　“页面属性”对话框

如果我们要给网页加个背景颜色，只需要在“背景颜色”后面的按钮右下角处单击，展开调色板，选择一种合适的颜色即可，如图 1-39 所示。

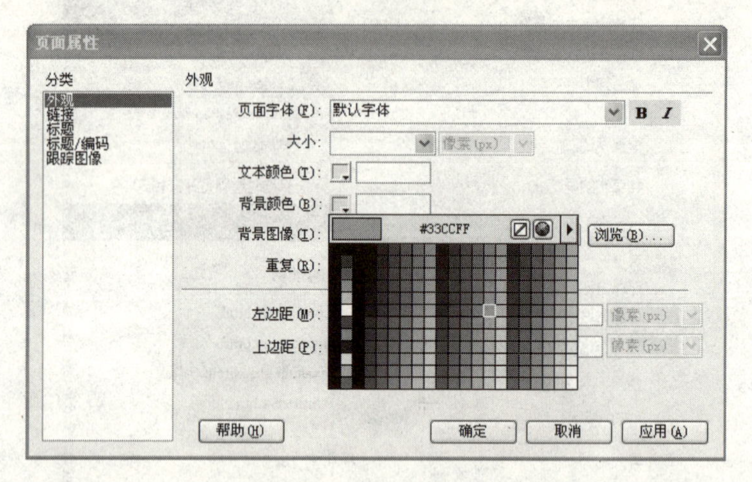

图 1-39　设置网页背景颜色

2）设置标题/编码属性

在“页面属性”对话框中，选择左侧“分类”列表中的“标题/编码”项，在对话框右侧的“标题”文本框中输入网页的标题即可，如图 1-40 所示。

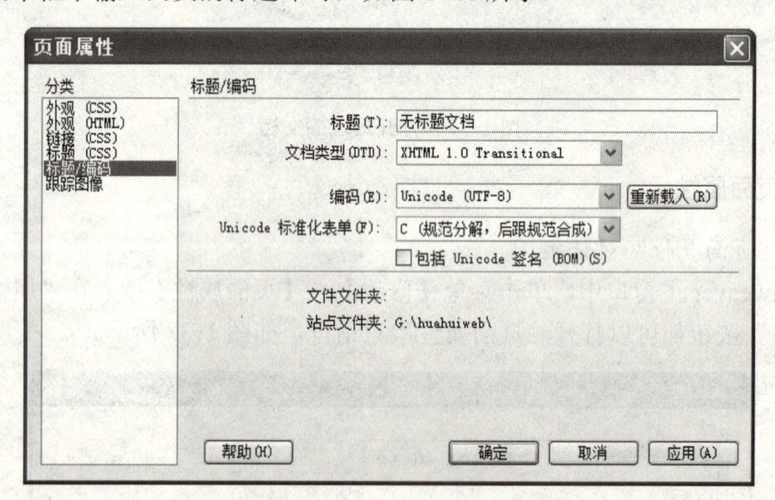

图 1-40　设置标题/编码属性

1.2.2　文本操作

网页上的信息大多数都是通过文字来表达的，文字是网页的主体和构成网页最基本的元素，它具有准确快捷地传递信息、存储空间小、易复制、易保存、易打印等优点，其优势很难被其他元素所取代。在制作网页时，文本的输入与编辑占制作工作的很大部分。

1. 输入文字

(1）用鼠标在准备添加文本的位置单击，窗口中随即出现闪动的光标，表示输入文字的

起始位置。

（2）选择适当的输入法，再输入文字，如图 1-41 所示。

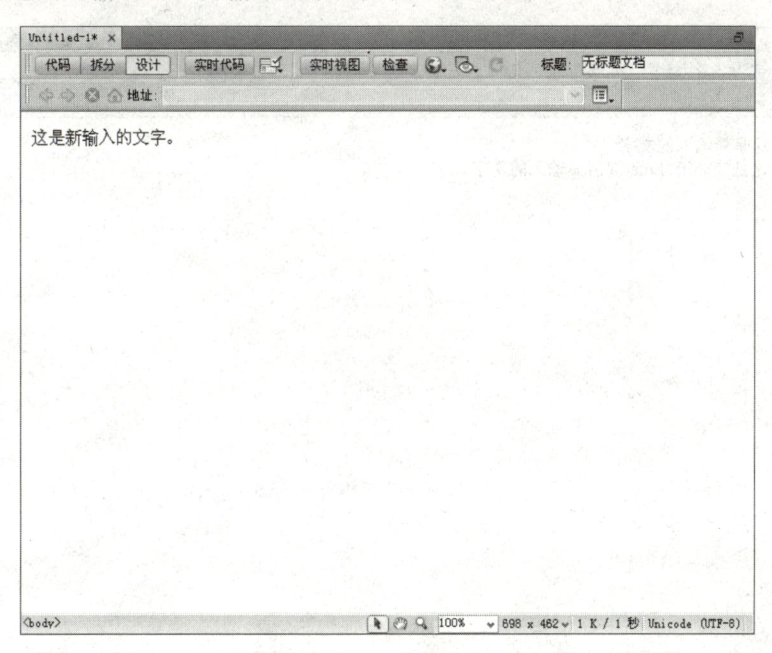

图 1-41　网页中输入文字

2. 实现文本换行

在输入多行文本时，要实现换行，可以按 Enter 键，如图 1-42 所示，用这种方法换行的行距较大。

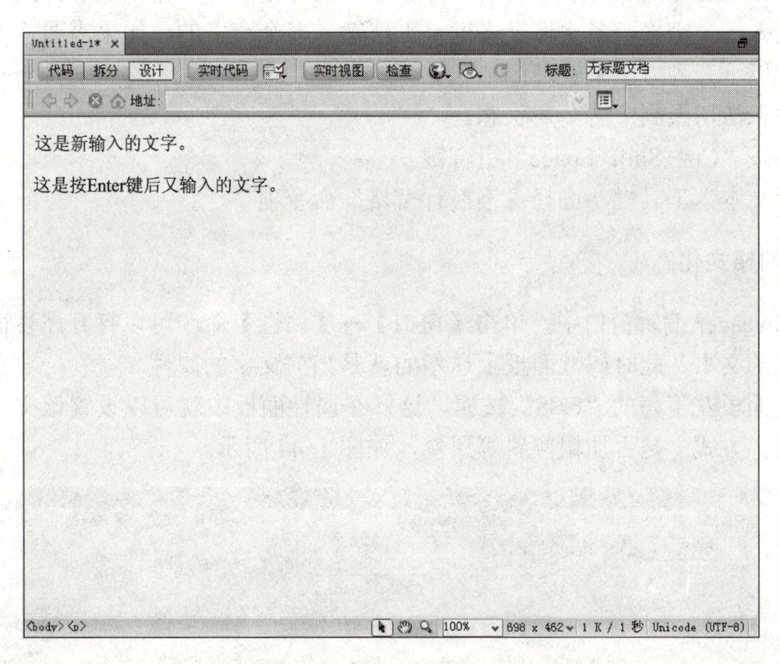

图 1-42　按 Enter 键实现文本换行

也可以按“Shift＋Enter”组合键来实现，效果如图 1-43 所示，用这种方法换行的行距较小。

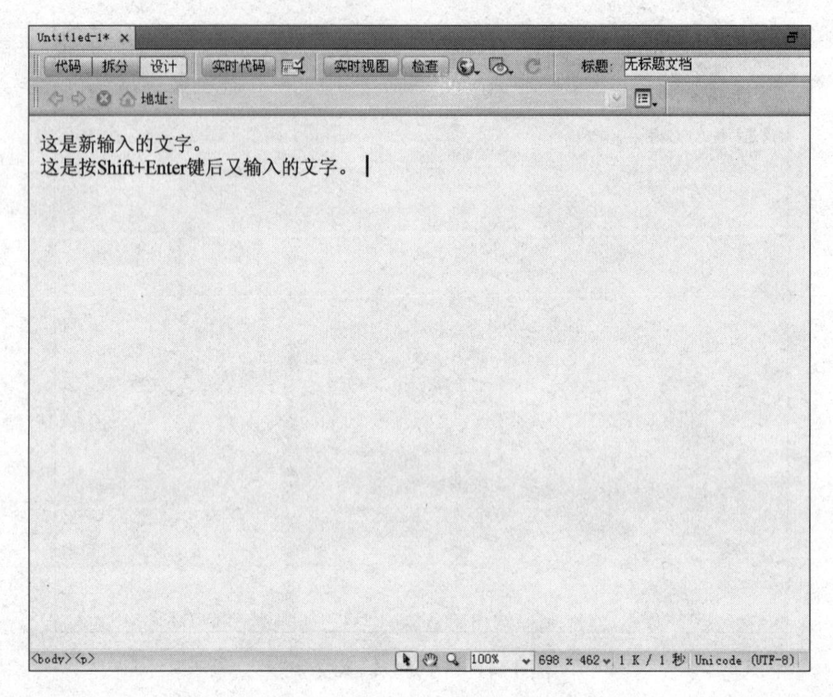

图 1-43　按“Shift＋Enter”组合键实现文本换行

3．输入文本空格

在 Dreamweaver 中输入空格不像在 Word 中那么方便，先将输入法切换到半角状态，按空格键只能输入一个空格，多次按空格键是无法输入多个空格的。如果需要输入多个连续的空格可以通过以下三种方法来实现：

（1）将输入法切换到中文全角状态。

（2）直接按“Ctrl+Shift+Space”组合键。

（3）在“文本”工具栏，选择“不换行空格”命令项。

4．文本的格式化

在 Dreamweaver 编辑窗口中，单击【窗口】→【属性】命令可以打开属性面板，用鼠标选中要格式化的文本，此时属性面板上显示的就是当前文字的属性。

单击属性面板左下角的“CSS”按钮，这样在属性面板中就可以设置该文本的字体、大小、颜色、对齐方式、是否加粗倾斜等属性，如图 1-44 所示。

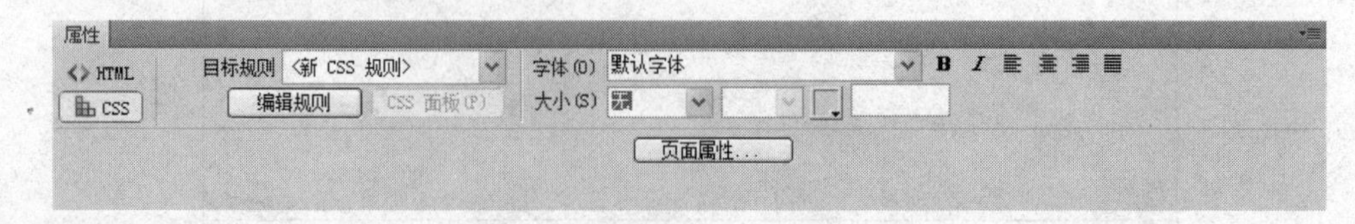

图 1-44　单击属性面板左下角的“CSS”按钮

1）设置字体

安装好的 Dreamweaver 软件中除了默认字体外，都是英文字体，单击“字体”后边的下拉菜单，如图 1-45 所示。

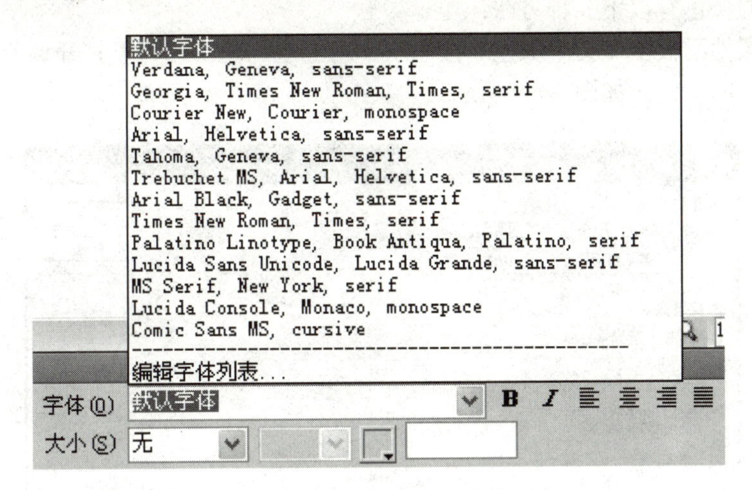

图 1-45　打开属性面板的字体列表

如果要使用其他的中文字体，需要先把该字体添加到上述列表中。在【字体】菜单中选择【编辑字体列表】命令，打开“编辑字体列表”对话框，在右下角的“可用字体”列表框中选择要使用的字体，比如“黑体”，单击中间的向左按钮，字体就被加到了左下角的“选择的字体”列表框中，单击“确定”按钮后就加到了上面的字体列表中，如图 1-46 所示。

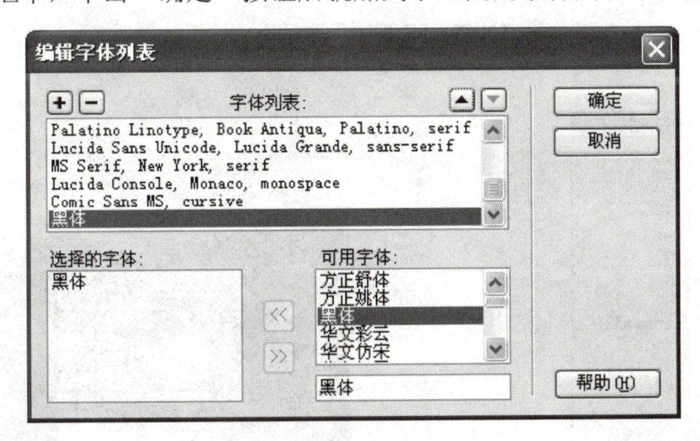

图 1-46　添加字体到字体列表

这时就可以用字体列表中的【黑体】菜单项，将网页中的文本设置为黑体了。

在选择【黑体】菜单项后，弹出“新建 CSS 规则”对话框，如图 1-47 所示，我们在“选择器名称”文本框中输入“.ziti”。关于 CSS 的知识我们后续会专门讲解，这里我们先了解一下：当“选择器类型”选为“类”时，选择器名称要以英文句号“.”开头，后面的第一个字符应为英文字母。

2）设置大小

通过属性面板的“大小”下拉列表项设置字号，如图 1-48 所示。

网页上正文的字号通常为 12 像素或者 14 像素。

3）设置颜色

设置文本的颜色有以下三种方法：

（1）单击属性面板中“文字颜色”按钮右下角的小三角形，可以打开调色板，单击某一色块可选择适合的颜色，如图 1-49 所示。

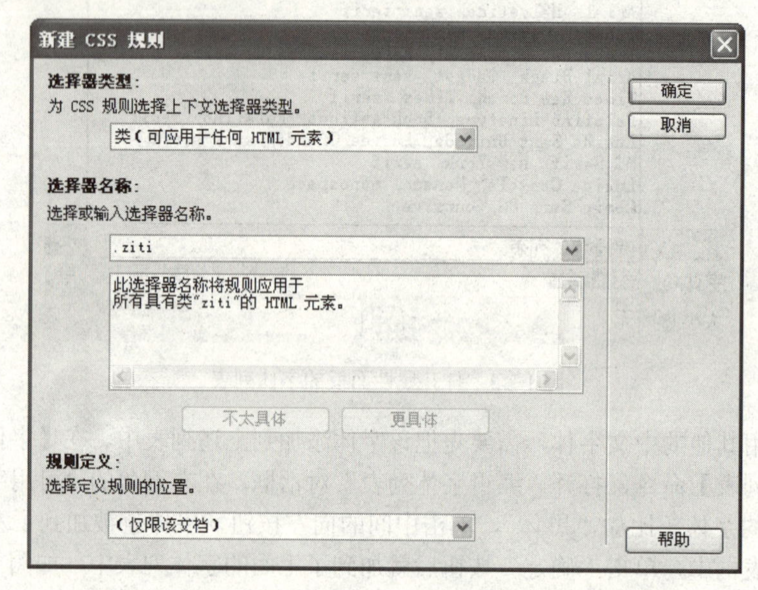

图 1-47　在“新建 CSS 规则”对话框中输入选择器名称

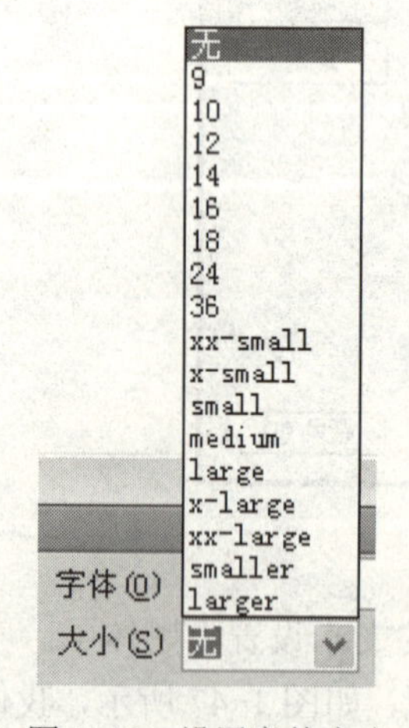

图 1-48　设置字体大小

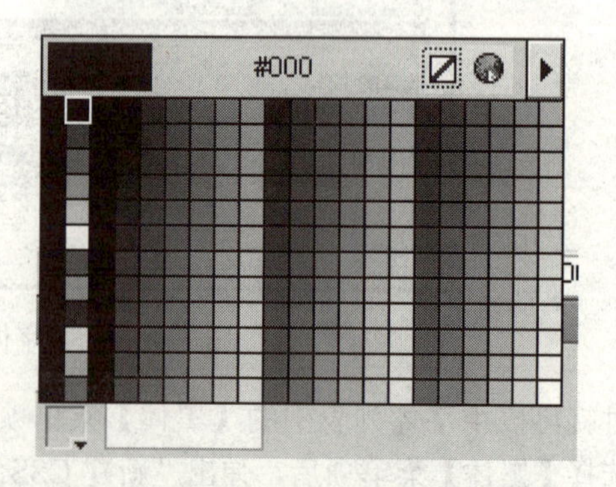

图 1-49　设置文字颜色

（2）在“文字颜色”按钮后面的文本框中输入一个颜色值，比如“#c1d237”。颜色值是由一个“#”后面加 6 位十六进制数组成的，颜色模式采用的是 RGB 模式，前两位十六进制数表示红色，中间两位十六进制数表示绿色，后面两位十六进制数表示蓝色，红、绿、蓝按照不同比例组合就形成了不同的颜色。

（3）在“文字颜色”按钮后面的文本框中，输入一个表示颜色的英文单词，比如“red”，就表示将文字颜色设置为红色。

5. 插入其他文本

1）插入水平线

打开【插入】菜单，选择【HTML】→【水平线】命令，如图1-50所示。

2）插入文本列表

在网页中插入文本列表可以使文本内容显得更加工整、直观。Dreamweaver中的文本列表有两种类型：项目列表和编号列表。

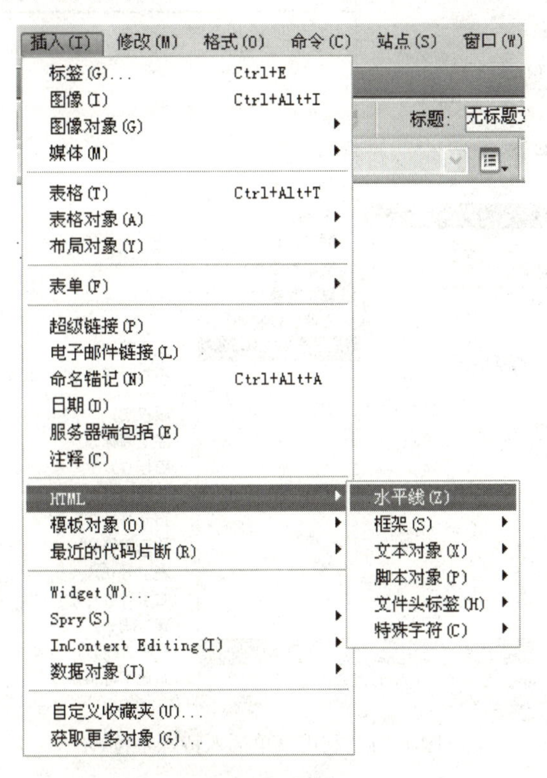

图1-50　插入水平线

设置项目列表的操作过程如下：

（1）打开“插入”面板的“文本”工具栏。

（2）输入多行文本，每一行必须按Enter键换行。

（3）选中需要设置成项目列表的文本。

（4）在“插入”面板的“文本”工具栏中单击“项目列表”按钮，则选中的文本会被设置成项目列表，并且项目符号为默认的列表标志，也就是圆点。

（5）选中已有的项目列表中的一项，然后单击属性面板的“列表项目”按钮，弹出“列表属性”对话框，在该对话框的“列表类型”下拉列表框中选择“项目列表”，在“样式”下拉列表框中选择“正方形”，则选中列表的列表标志将转换成正方形。

3）插入特殊字符

插入特殊字符的方法有以下两种：

（1）选择菜单【插入】→【HTML】→【特殊字符】命令，如图 1-51 所示。

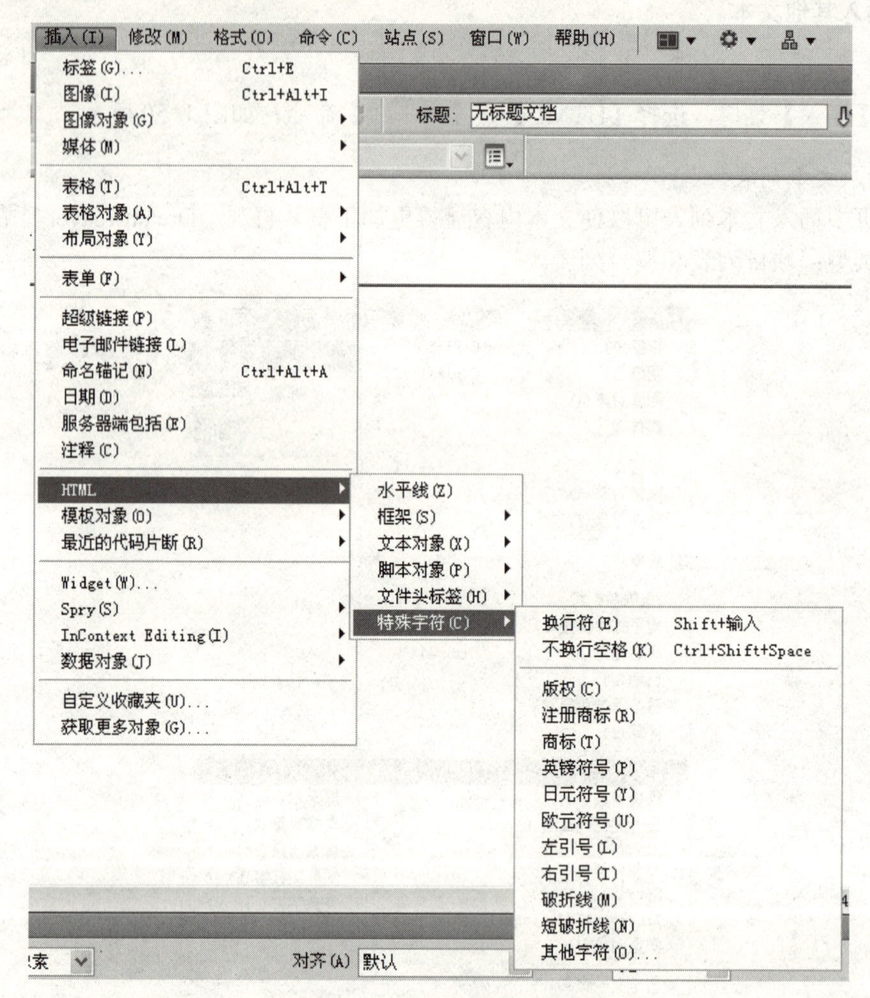

图 1-51　利用菜单插入特殊字符

（2）打开“插入”面板的“文本”工具栏，单击“字符”按钮，弹出快捷菜单命令，如图 1-52 所示，选择相应的命令项即可插入特殊符号。

6. 插入日期

插入日期的方法有以下两种。

（1）使用【插入】菜单插入日期：选择【插入】→【日期】命令，如图 1-53 所示，打开“插入日期”对话框，如图 1-54 所示，提示用户选择格式。

在“插入日期”对话框中，“星期格式”下拉列表中有不同的星期格式，这里选择“不要星期”项；“日期格式”是对日期以不同的格式显示出来，这里选择最后一种格式；“时间格式”是对 24 小时或 12 小时格式的选择，这里选择 24 小时格式；“储存时自动更新”复选

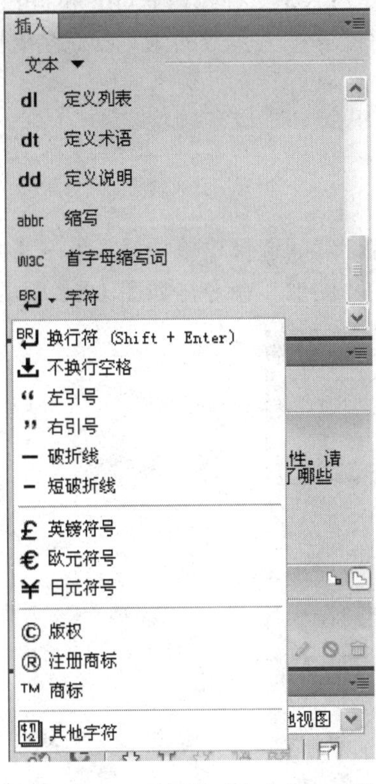

图 1-52　利用“插入”面板的“文本”工具栏插入特殊字符

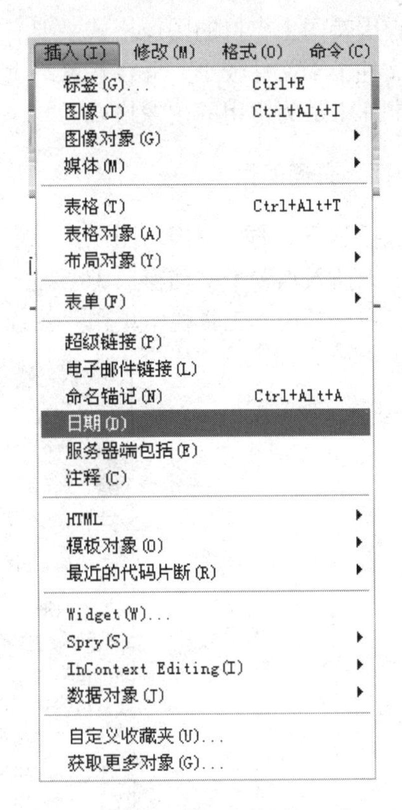

图 1-53　利用菜单插入日期

框即对插入的时间进行自动调整，这里选择此项，即对复选框打上对勾。

设置完后单击“确定”按钮即可。

（2）使用“插入”面板插入日期：在“插入”面板上单击“日期”按钮，如图 1-55 所示，打开如图 1-54 所示的对话框，其余设置同上，这里不再重复。

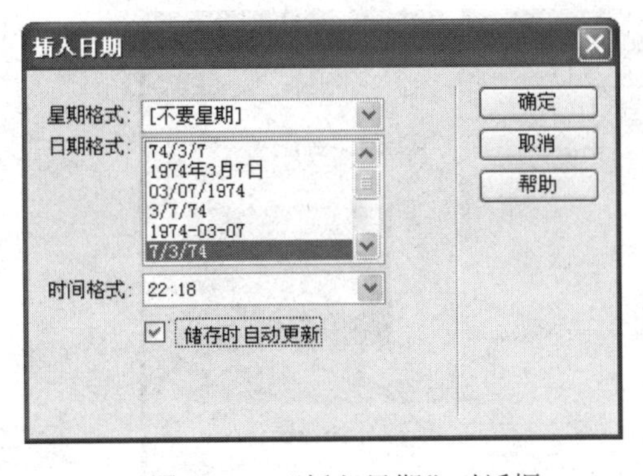

图 1-54　“插入日期”对话框

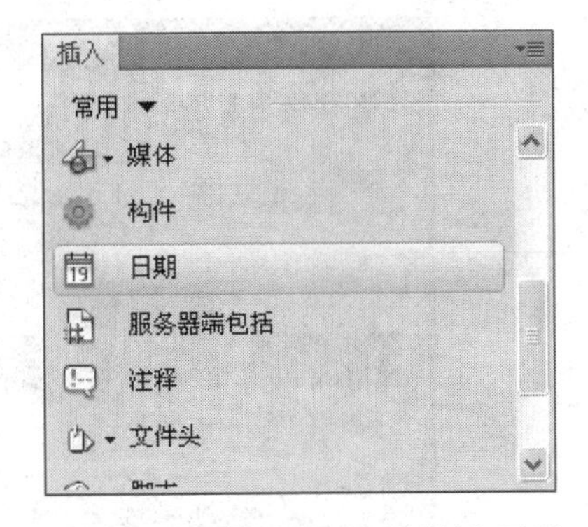

图 1-55　利用“插入”面板插入日期

1.2.3　图像操作

图像也是网页中的主要元素之一，图像不但能美化网页，与文本相比能够更直观地表达信息。在页面中恰到好处地使用图像能使网页更加生动、形象和美观。

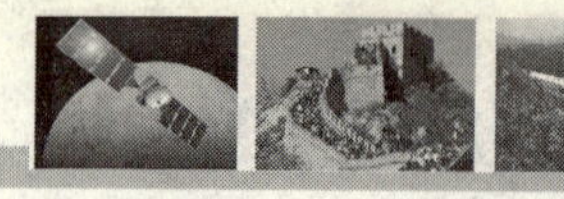

目前因特网上支持的图像格式主要有 GIF、JPEG、PNG 三种。其中 GIF 和 JPEG 两格式的图片文件由于文件较小，适合在网络上传输，而且能够被大多数的浏览器完全支持，所以是网页制作中最为常用的图像格式。

1．插入普通图像

可以按照下面的方法插入图像：

（1）把插入点置于文档窗口中要插入图像的位置，然后选择菜单【插入】→【图像】命令，或者在“常用”工具栏中单击“图像”按钮下的“图像”命令，如图 1-56 所示。

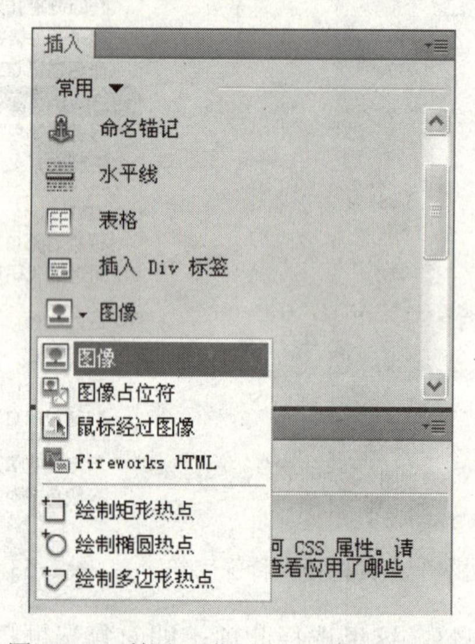

图 1-56　利用“常用”工具栏插入图像

（2）在打开如图 1-57 所示的“选择图像源文件”对话框后，通过文件夹来选择要插入的图像。

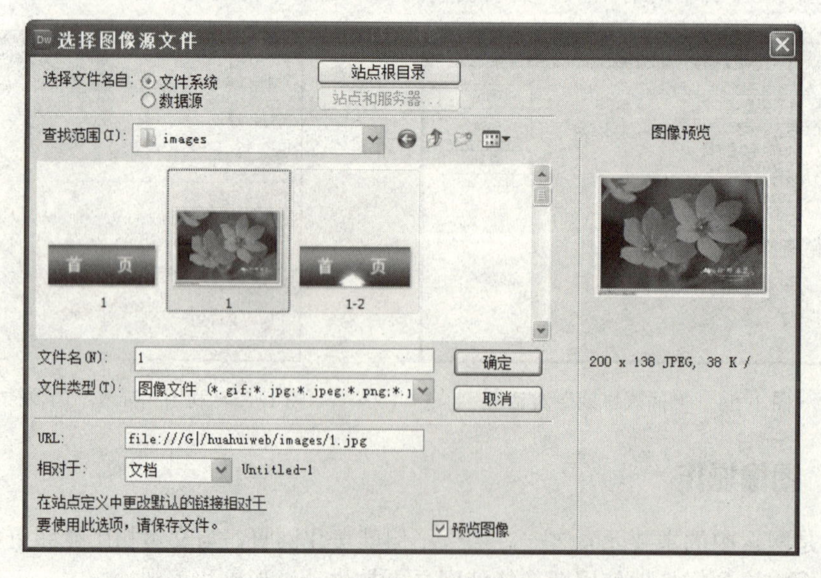

图 1-57　“选择图像源文件”对话框

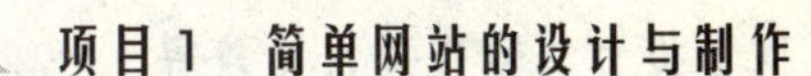

（3）单击“确定”按钮后，弹出如图 1-58 所示的提示消息框，单击“确定”按钮，也可以将“不再显示这个信息”复选框勾选，这样以后插入图像时就不会弹出这个消息框了。

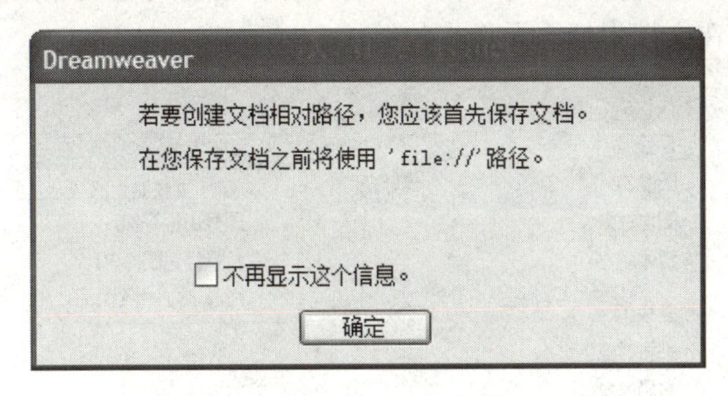

图 1-58　插入图像消息框

（4）在弹出如图 1-59 所示的“图像标签辅助功能属性”对话框后，单击“确定”按钮。

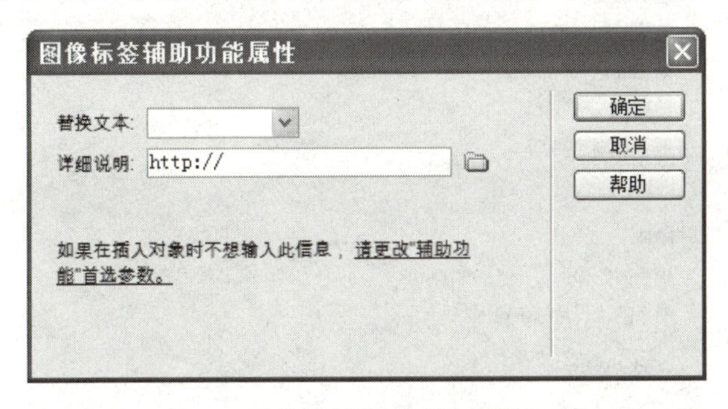

图 1-59　“图像标签辅助功能属性”对话框

（5）当图像被插入文档中后，选择插入的图像可以在“属性”面板中设置图像的属性。

在“属性”面板中设置选中图像的属性，可以设置图片的 ID、宽度、高度、源文件的路径和替换文字等，如图 1-60 所示。

图 1-60　选中图像后的“属性”面板

除使用“属性”面板调整图像的大小以外，还可以通过拖动鼠标的方法调整图像的大小。

① 在文档窗口中的图片上单击，选中图片。

② 拖动右边、下边或右下角的手柄，可以调整图像的大小。拖动右下角的手柄，可同时调整元素的宽度和高度。如果此时按住 Shift 键拖动右下角的手柄，可保持元素的宽高比不变。

2. 插入图像占位符

当用户在制作网页时由于需要必须在网页中为将来要插入的图像预留出一定的空间，Dreamweaver 软件为用户提供了插入图像占位符功能，有以下两种方法。

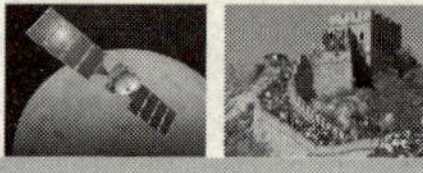

（1）选择菜单【插入】→【图像对象】→【图像占位符】命令，如图 1-61 所示，弹出如图 1-62 所示的“图像占位符”对话框，填写图像占位符的宽度、高度、颜色等信息后，单击“确定”按钮即在文档中插入图像占位符。

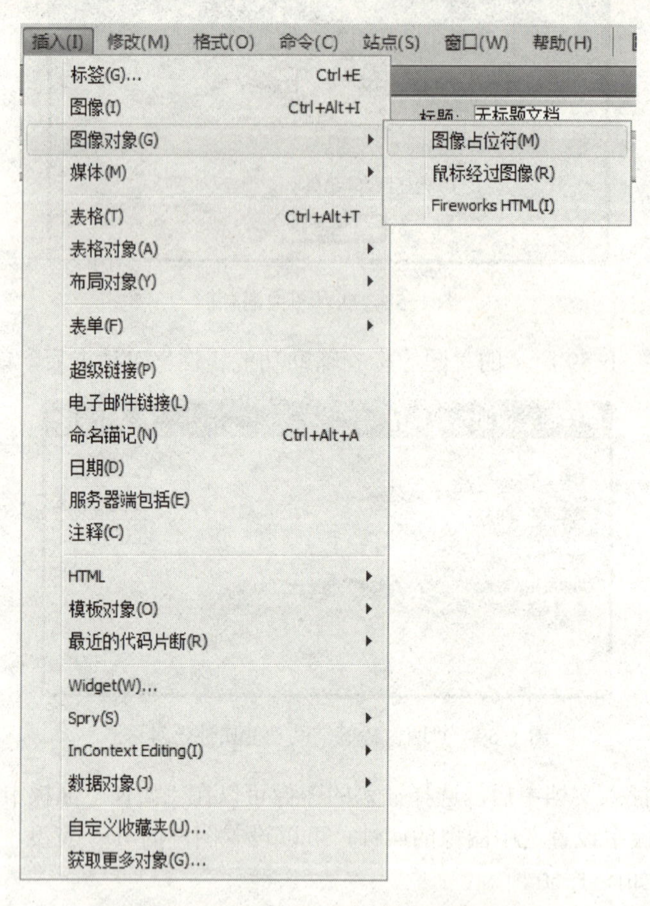

图 1-61　利用【插入】菜单插入图像占位符

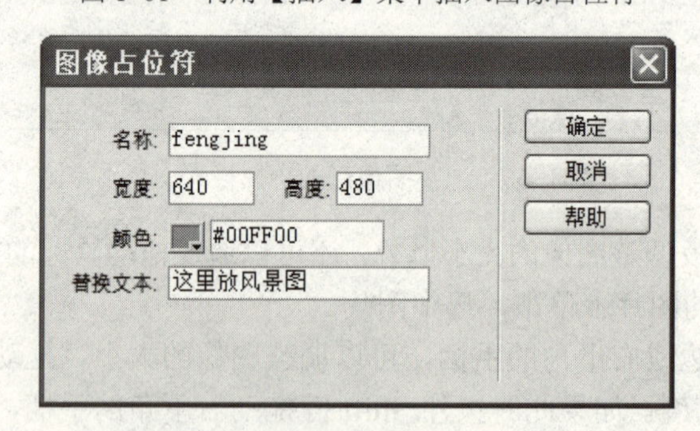

图 1-62　“图像占位符”对话框

在网页中插入的图像占位符显示如图 1-63 所示。

（2）在“插入”面板的“常用”工具栏中，单击“图像”按钮旁边的小三角形，在弹出的菜单项中单击“图像占位符”按钮，如图 1-64 所示，打开“图像占位符”对话框后的设置方法同上。

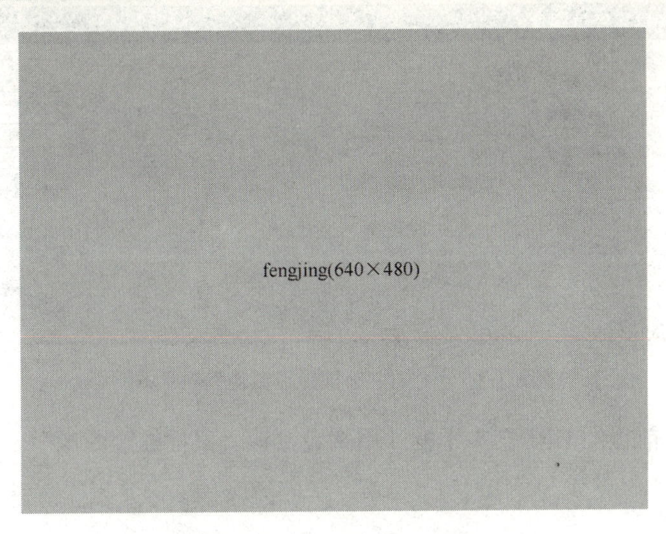

图 1-63 图像占位符

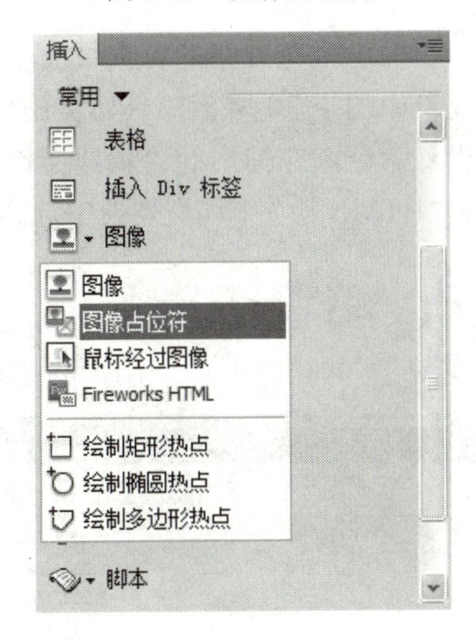

图 1-64 使用“插入”面板插入图像占位符

3. 插入鼠标经过图像

（1）在“插入”面板的“常用”工具栏中，单击“图像”按钮旁边的小三角形，在弹出的菜单项中单击“鼠标经过图像”按钮，弹出一个“插入鼠标经过图像”对话框，如图 1-65 所示。

（2）在“插入鼠标经过图像”对话框中，设置以下各个选项。

①“图像名称”文本框：用来设置鼠标经过图像的名称。

② 单击“原始图像”文本框右侧的“浏览”按钮，选择原始图像。

③“鼠标经过图像”文本框：用来设置当鼠标指针移动到鼠标经过的图像时，原始图像替换成新图像，单击文本框右侧的“浏览”按钮选择鼠标经过时显示的新图像。

④“替换文本”文本框：用来设置该“鼠标经过图像”的替换文本，当图像无法显示时，将显示这些替换文本。

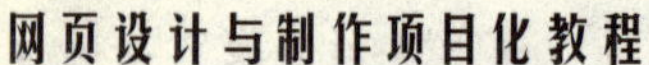

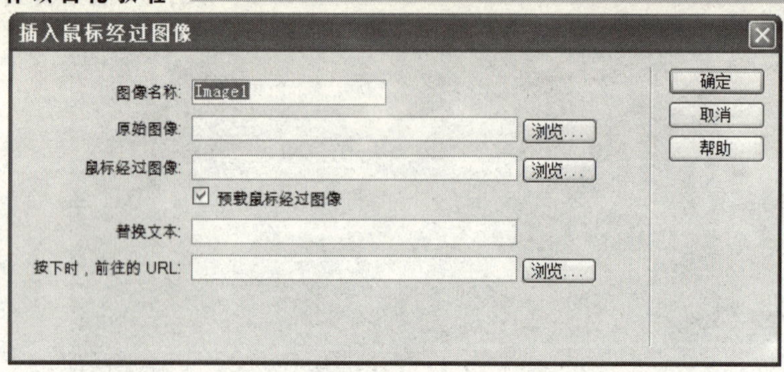

图 1-65 “插入鼠标经过图像”对话框

⑤“按下时，前往的 URL”文本框：用来设置该“鼠标经过图像”上应用的超级链接。

任务实施 1-2

根据前期对花卉网站的策划和构思，花卉网的首页页面中有图像、导航栏、文字、水平线、日期等网页元素，其实现效果如图 1-30 所示，具体实施步骤如下。

(1) 选择【文件】→【新建】命令，在弹出的“新建文档”对话框中选择“空白页”选项，在“页面类型”列表中选择“HTML”，“布局”列表中选择“<无>”，单击“创建”按钮，创建一张空白网页。

(2) 网页创建完成后，选择【文件】→【保存】命令，在弹出的“另存为”对话框中将网页保存在站点根目录下，命名为“index.html”，如图 1-66 所示。

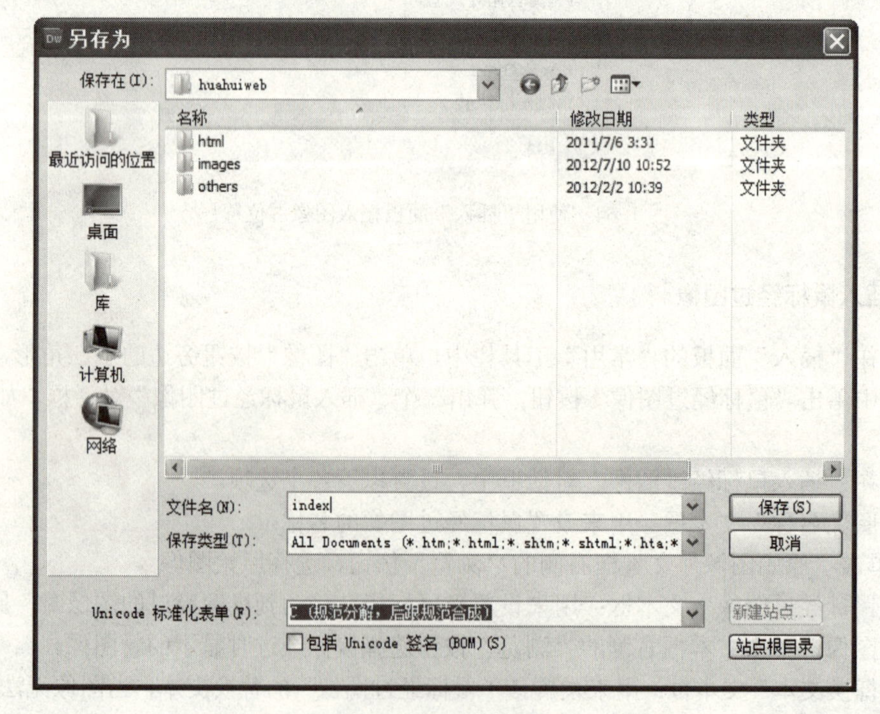

图 1-66 保存首页

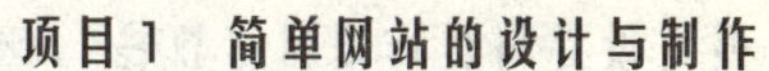

首页保存后，在 Dreamweaver 界面中，所建空白页面标签的显示如图 1-67 所示。

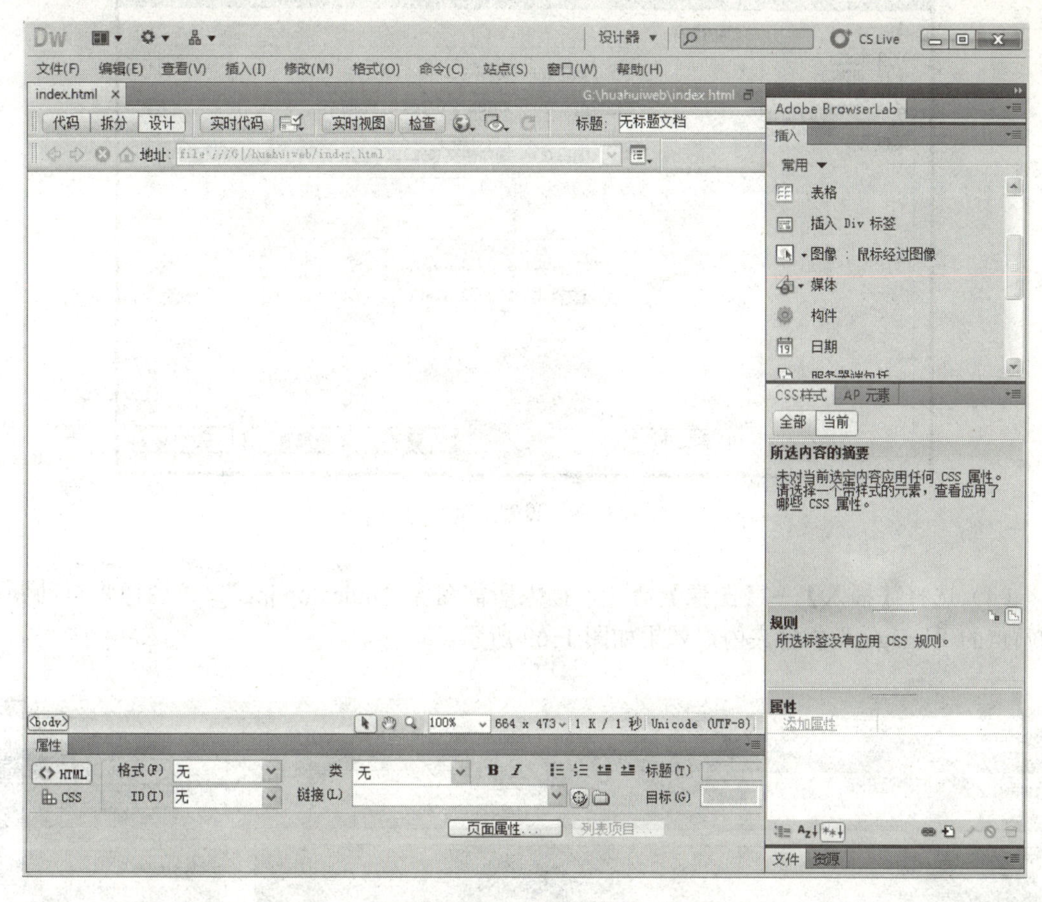

图 1-67 空白的首页

此时切换到代码视图，代码显示如下：

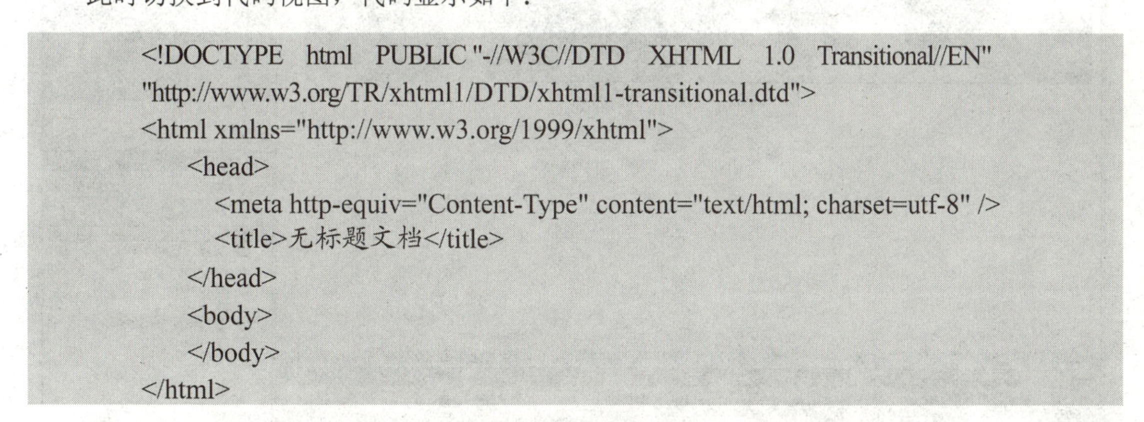

```
<!DOCTYPE html PUBLIC "-//W3C//DTD XHTML 1.0 Transitional//EN"
"http://www.w3.org/TR/xhtml1/DTD/xhtml1-transitional.dtd">
<html xmlns="http://www.w3.org/1999/xhtml">
    <head>
      <meta http-equiv="Content-Type" content="text/html; charset=utf-8" />
      <title>无标题文档</title>
    </head>
    <body>
    </body>
</html>
```

（3）选择【修改】→【页面属性】命令，在打开的“页面属性”对话框中，左侧的“分类”列表项选择“标题/编码”，在右侧的“标题”文本框中输入“花卉网”，如图 1-68 所示。这样本网页在浏览时，标题栏就会显示“花卉网”。

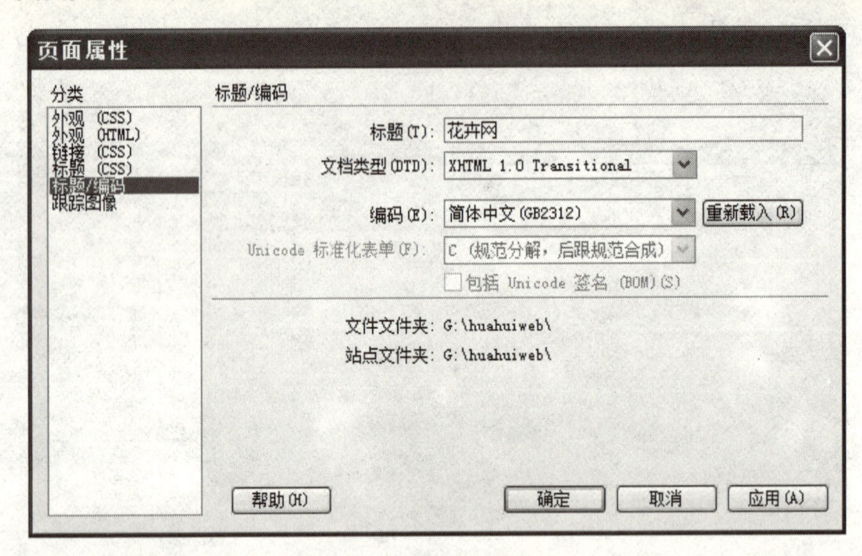

图 1-68　设置首页标题

（4）选择【插入】→【图像】命令，插入所需图像“indextop.jpg”，该图像将自动保存到站点的“images”文件夹内，效果如图 1-69 所示。

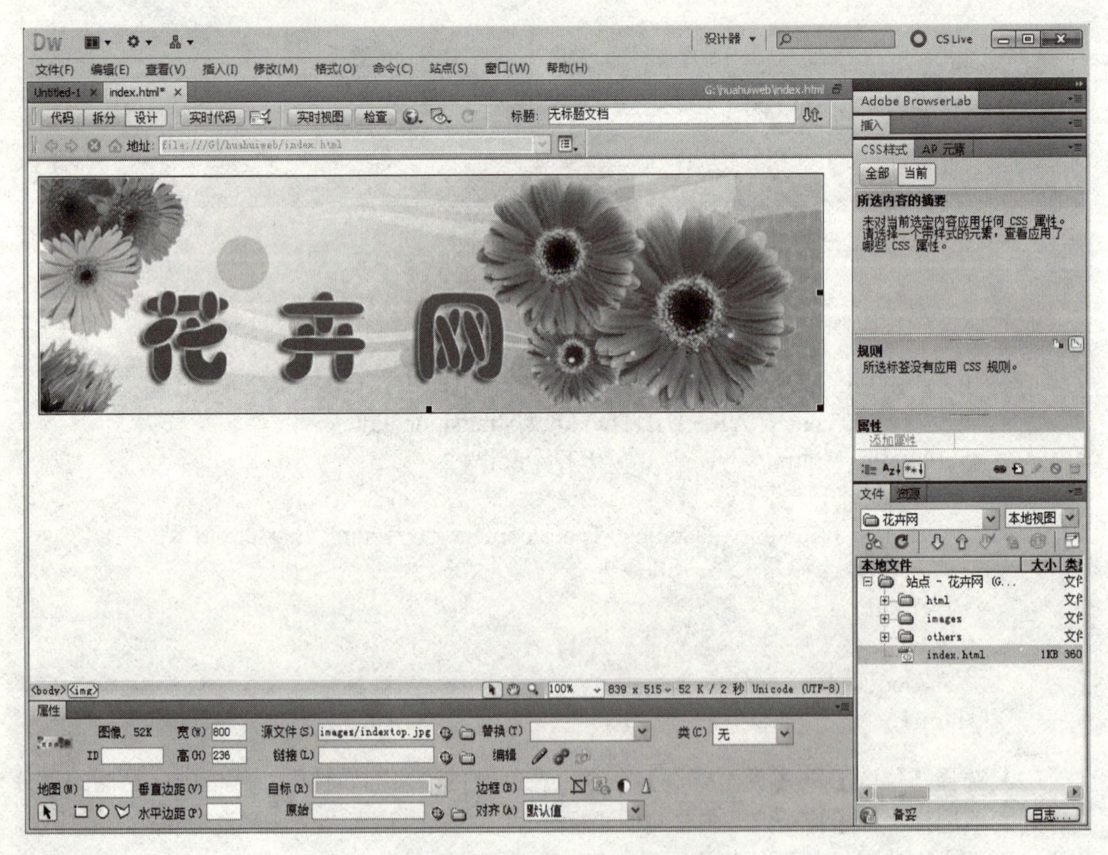

图 1-69　在首页中插入顶部图像

此时切换到代码视图，代码如下：

```
<!DOCTYPE html PUBLIC "-//W3C//DTD XHTML 1.0 Transitional//EN"
"http://www.w3.org/TR/xhtml1/DTD/xhtml1-transitional.dtd">
<html xmlns="http://www.w3.org/1999/xhtml">
<head>
<meta http-equiv="Content-Type" content="text/html; charset=utf-8" />
<title>无标题文档</title>
</head>
<body>
<img src="images/indextop.jpg" width="800" height="236" />
</body>
</html>
```

（5）鼠标在刚插入的“indextop.jpg”图像上单击，按“Shift+Enter”组合键，选择【插入】→【图像对象】→【鼠标经过图像】命令，打开“鼠标经过图像”对话框，在“原始图像”和“鼠标经过图像”文本框右侧分别单击“浏览”按钮选择所需要的图像文件，单击“确定”按钮。

（6）重复以上步骤，完成导航栏中所有栏目的制作，显示效果如图1-70所示。

图1-70　制作由鼠标经过图像组成的导航栏

（7）在“花卉网”的导航栏后面空白处单击鼠标，按“Shift+Enter”组合键，选择【插入】→【图像对象】→【鼠标经过图像】命令，在打开的“插入鼠标经过图像”对话框中，单击“浏览”按钮分别选择原始图像和鼠标经过图像，在“替换文本”文本框中输入“牡丹”，如图 1-71 所示，单击“确定”按钮。

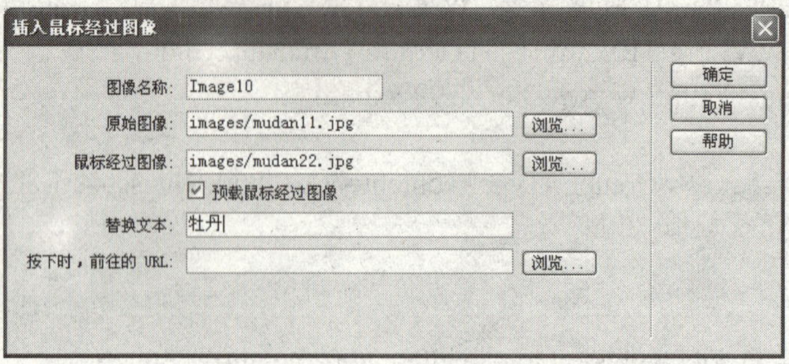

插入鼠标经过图像
图像名称: Image10
原始图像: images/mudan11.jpg
浏览...
鼠标经过图像: images/mudan22.jpg
浏览...
预载鼠标经过图像
替换文本: 牡丹
按下时，前往的 URL:
浏览...
确定
取消
帮助

图 1-71　插入“牡丹”鼠标经过图像

（8）“鼠标经过图像”插入后，选择【文件】→【保存】命令，保存文件。再按 F12 键预览网页，效果如图 1-72 所示，鼠标移动到牡丹图片上时出现“鼠标经过图像”，并显示提示文字。

花卉网
首　页
花卉介绍
花卉文化
花卉栽培
花卉图片
花艺作品
盆景展示
花言花语

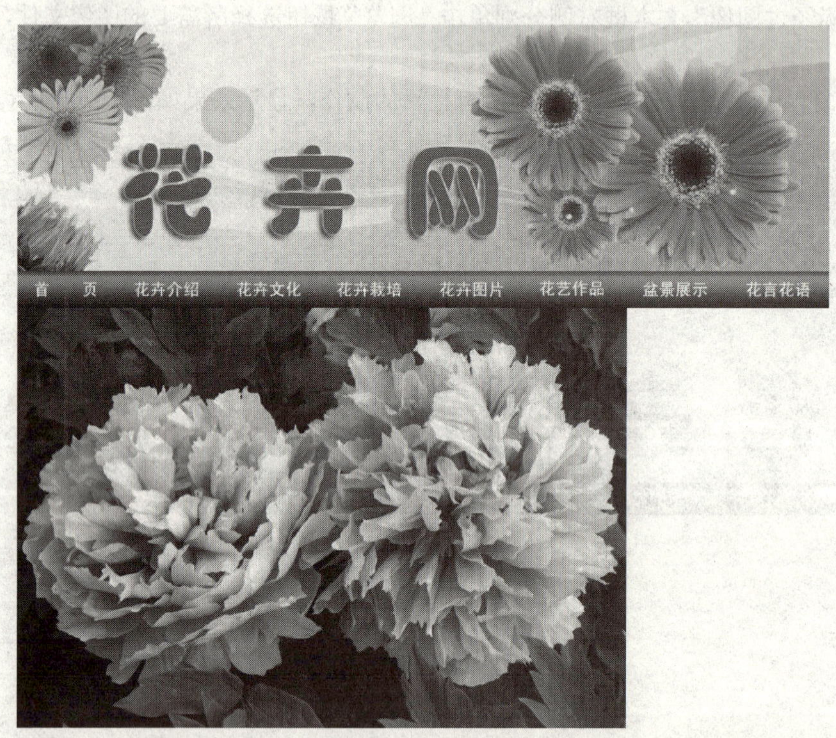

图 1-72　第二次保存后的首页预览图

（9）返回 Dreamweaver 界面中，在“鼠标经过图像”后单击鼠标，输入牡丹花的相关介绍文字，如图 1-73 所示。

（10）这时没有实现图文混排，图片的右侧出现大片空白。返回 Dreamweaver 界面中，选中“鼠标经过图像”，在属性面板中设置“对齐”为“左对齐”，效果如图 1-74 所示。

（11）这显然也不是预期的效果，返回 Dreamweaver 软件的编辑状态，选中已输入的文字，在属性面板中设置大小为“12 像素”。每行文字末尾都不应该在导航栏右侧，多余部分按“Shift+Enter”组合键移至下一行。经过逐一调整后，选择【文件】→【保存】命令，保

存已修改的文件。再按 F12 键预览网页，效果如图 1-75 所示。

图 1-73　首页输入文字后编辑状态

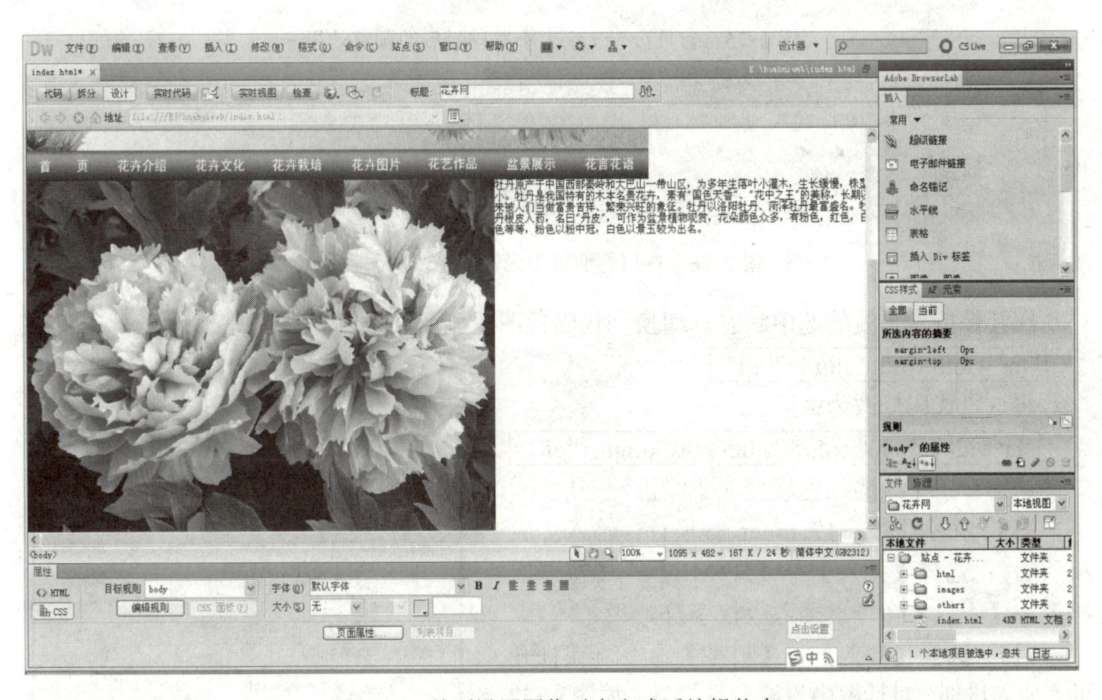

图 1-74　首页设置图像对齐方式后编辑状态

（12）在文字最后按 Enter 键换行，选择【插入】→【HTML】→【水平线】命令，插入一条水平线，选中插入好的水平线，在属性面板中设置相关的属性，如图 1-76 所示。

图 1-75　首页设置文字大小并排版后的预览效果

图 1-76　在属性面板中设置水平线的属性

继续保持水平线的选中状态，切换到代码视图，显示如下代码被选中：

```
<hr width="800"align="left">
```

将这段代码修改为：

```
<hr width="800" color="#006600" align="left">
```

这样，水平线的颜色就变成了绿色。

（13）在水平线后按 Enter 键换行，输入“版权所有”；选择【插入】→【HTML】→【特殊字符】→【版权】命令，插入版权字符。

（14）选择【插入】→【日期】命令，在打开的“插入日期”对话框中设置日期参数，如图 1-77 所示。

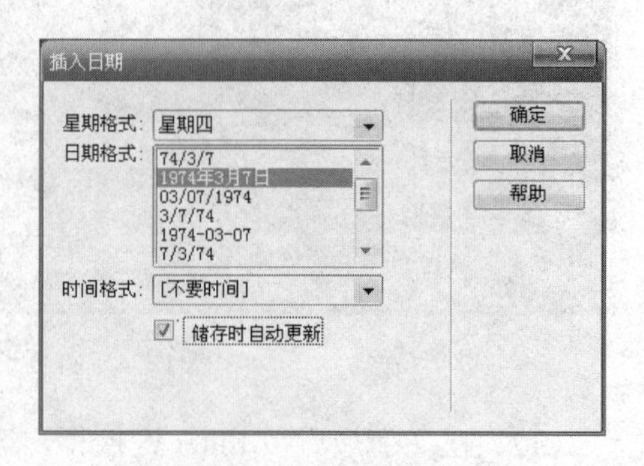

图 1-77　设置日期显示参数

（15）选择【文件】→【保存】命令，按 F12 键进行预览，显示效果如图 1-30 所示。

任务扩展 1-1

请使用类似的方法，制作图文并茂的二级和三级页面，这些网页都保存在“html”文件夹中。图 1-78～图 1-86 是部分页面的效果图，其他的网页风格与此类似。

图 1-78　“花卉介绍”页面

我国各地花卉节

花神的生日——花朝节

时尚的花疗

花与古代民俗

我国各地花卉节

我国幅员辽阔，花卉资源丰富。花开时节，很多地方纷纷举办各种花卉节日，梅花节、茶花节、梨花节、桃花节、荷花节、桂花节、菊花节。你方唱罢我方登场，甚是热闹。大到各省市，小到一个城镇，都有各式各样的花卉节日，在眼球经济的今天竞相辉映节日的光彩。

1月份：16～18日福建漳洲“中国水仙花节”，春节前后云南昆明、丽江等地“茶花节”；

2月份：中旬江西“梅花节”，17日云南大理“兰花博览会”，22日南京“国际梅花节”；

3月份云南、贵州“油菜花节”，浙江金华“国际茶花节”，绍兴“兰花节”，成都“郁金香节”，南京“夫子庙花会”，上海、无锡、成都、湖南桃源“桃花节”，昆明“杜鹃花节”，四川绵竹“梨花节”；

4月份 19日起至5月8日为无锡“杜鹃花节”，8日至25日为贵州省黔西金坡百花坪“杜鹃花节”，中下旬为山东菏泽、安徽巢湖“牡丹花节”，河北顺平、山东肥城、北京“桃花节”，20日山东莱阳“梨花节”；

5月份1～8日青海“郁金香节”，5～8日江苏扬州“琼花节”，25日山东莱州“月季花节”，5～6月份天津“月季花节”，山东平阴“玫瑰文化节”；

6月份：郑州、常州“月季花节”，山东枣庄“石榴花节”，武汉、杭州、合肥、深圳、澳门“荷花节”，6～8月份四川新都“桂湖荷花展节”；

7月份山东济南大明湖、河北白洋淀“荷花节”；

9月份下旬为上海“桂花节”(10天)，杭州“西湖桂花节”，广西桂林“桂花节”，南京灵谷“桂花节”；

10月份北京、开封、广州、浙江余杭“菊花节”；

11月份北京“红叶节”，浙江桐乡、河南内乡“菊花节”；

12月份成都、广州从化流溪“梅花节”。

花神的生日——花朝节

农历二月十五是民俗中花神的生日，也是百花的生日，称为“花朝节”，又称“花神诞”、“百花生日”。届期有种花、赏花、赏红等活动，故称“花朝”，与八月十五的月夕相对。“百花生日是良辰，未到花朝一半春；万紫千红披锦绣，尚劳点缀贺花神”。这是旧时江南民间庆贺百花生日风俗盛况的写照。

图 1-79　“花卉文化”页面

草本花卉栽培事项

文心兰的栽培技术

仙人球的栽培技术

家庭养花土壤如何消毒

草本花卉栽培事项

种植草本花卉应注意什么？

通常种植草本花卉的土壤要求疏松肥沃，保水性和透水性好，团粒结构优良，腐殖质含量高。在生产实践中，许多地方的花农使用配方土壤，效果很好。这种混合配方土疏松透气，保水保温，而且肥沃，非常适合草本花卉的种植。种好草本花卉，要根据各种草本花卉的生长习性，精心做好土壤准备，为花卉生长奠定良好的土壤基础。要深翻土地，平整细化土壤，露天栽培时，要培垄下种或精细播种。如果是播种繁育幼苗，还要准备好配方播种用土，耙细整平，浇水灌透，再适时下种。一些地方的花农总结了如下技术口诀：草花土壤要细平，底层沙质最常用。表层覆盖配方土，浇水保墒第一宗。大棚花草赶早市，一般花露天种。

种植草本花卉如何育苗？

草本花卉种植大多靠自己繁育，繁育的方法是选择优良的花株进行培育，种子成熟后要及时采收，收获后的种子就可以用来播种繁育幼苗。草本花卉的播种时间不尽相同，一定要根据其生长周期和上市时间适时播种。用播种法繁育幼苗，应注意的问题是：撒种要均匀，播后要用细沙土覆盖，覆盖厚度0.5厘米。种子发芽的最佳温度为16-26摄氏度。为便于生产，记住如下生产口诀：草花育苗很关键，精耕细作莫等闲。播种前先浇透地水，再将种子播畦间。均匀撒播匀覆土，保温保湿出苗齐。

草本花卉生产期如何管理？

草本花卉小苗长到三片真叶时，就要进行移栽，将栽行株距通常为20厘米左右，栽后也要浇透缓苗水。花苗长到育蕾阶段，要适当增加肥料，追肥时要有机肥和无机肥并施，通常施用适量的尿素和经高温发酵的麻渣。应边施追肥边浇水，使肥随水走。随着气温的降低，进入封棚管理时期，尤其处在花蕾花芽分化期，光照要充足，没有充足的阳光，就会影响花卉的质量。如果是盆栽花卉，在花卉摆入时应拉开一定间距，使之均匀受光。一些有经验的花农对花卉管理归纳如下技术口诀：小苗破土要精管，适时移栽不拖延。根据长势增肥量，花盆受光很关键。蓓蕾初绽应上市，花蕾尽开上市晚。

文心兰的栽培技术

文心兰又名跳舞兰，原产亚热带地区，只要植株成熟即能开花，花期长达45天左右，花色有黄、粉红、褐色、黄褐相间等花色，有些品种有香味，是人们非常喜欢的一种高档花卉。

图 1-80 “花卉栽培”页面

花卉网
首 页
花卉介绍
花卉文化
花卉栽培
花卉图片
花艺作品
盆景展示
花言花语
刺花
杜鹃花
荷花
红掌
蒲公英
琼花
芍药花
太阳花
昙花
桃花
迎春花
栀子花

图 1-81 “花卉图片”页面

图 1-82 “花艺作品”页面

花卉网
首 页
花卉介绍
花卉文化
花卉栽培
花卉图片
花艺作品
盆景展示
花言花语
水乡风情
山高有止景,流水万里长
仙姿侠骨
烟霞风骨
溪水清流
饱览风情

图 1-83 “盆景展示”页面

花言花语

郁金香 — 魅惑、爱之寓言
水仙花 — 尊敬
秋牡丹 — 失恋
剑兰 — 性格坚强、用心
雏菊 — 清白、纯真、纤细
紫丁香 — 初恋、羞怯
飞燕草 — 轻薄
金雀儿 — 谦逊
百日草 — 思考
橙花 — 贞洁
杏花 — 疑惑
栀枝 — 清雅
大丁香 — 神秘
芍药 — 恐惧、惜别、害羞
金盏花 — 悲哀、离别、迷恋
花菖蒲 — 优雅
泰山木 — 威严
翠菊 — 远虑
铁线莲 — 高洁、雅致
满天星 — 爱怜，想念、关怀
百合花 — 纯结、高尚
非洲菊 — 崇高之美、欣欣向荣
松、竹、梅 — 岁寒三友
橄榄枝 — 太平、和平
淡红美女樱 — 家庭和睦
桔树 — 吉祥如意、宽容大度
凤梨 — 完美无缺
长春花 — 平凡持久
丁香 — 爱的萌芽
松虫草 — 梦想、追忆
马蹄莲 — 幸福、纯洁
草莓 — 尊重
蓟 — 独立
万年青 — 健康长寿，青春永驻
火百合 — 喜气洋洋
红棉花 — 英雄之花
爆竹红 — 热烈祝贺
多花蔷薇 — 天才
百子莲 — 艳压群芳、恋爱造访
刺槐 — 友谊
桂枝 — 学识渊博
木樨草 — 品德高尚
四季海棠 — 童心可鉴
朱蕉 — 坚毅、热情
红枫 — 红火、老有所为
悬铃木 — 才华横溢
合欢 — 夫妻恩爱
紫薇 — 好运、雄辩、女性
附子 — 快乐、敬意
红罂粟 — 安慰
德国鸢尾 — 神圣
瓜叶菊 — 快活
瑞香 — 欢乐、不死
藿香蓟 — 相信得到答复
白色鼠尾草 — 精力充沛
红色鼠尾草 — 心在燃烧
美人樱 — 诱惑
亚麻 — 优美朴实
栀子花 — 闲雅、清静、幸福
桃色夹竹桃 — 咒骂
红色茶梅 — 清雅、谦让
雪片 — 纯洁
金栗兰 — 隐约之美
薰衣草 — 清雅、女人味
福寿草 — 回想
金莲花 — 不稳定、心绪不宁
紫色白头翁 — 信浓
杏花 — 拜访我
唐菖蒲 — 武装、性格
法国梧桐 — 天才
柳 — 追悼、死亡
山茱萸 — 持续、耐久
金缕梅 — 咒文、灵感
橡 — 权威
千屈菜 — 悲哀
球根海棠 — 亲切、单相思
龙胆 — 正义、清高
溪荪 — 愤慨
仙客来 — 疑惑、猜忌
蒲公英 — 勇气
蕾丝花 — 纯洁、幸运
洋玉兰 — 自然的爱、威严
萍蓬草 — 崇高
鹿葱 — 肉体的快感
金针花 — 妩媚、宣告
蓬莴菊 — 占有恋人，真实的爱
红康乃馨 — 亲情、思念
菊花 — 高洁、欢愉、真爱
紫罗兰 — 贞节、永恒之美
白丁香 — 愉快、青春、欢笑
洋绣球 — 自私
海芋 — 热情、壮大的美
月见草 — 魔力
三轮草 — 想念
睡莲 — 清净
紫茉莉 — 小心
雪割草 — 忍耐
向日葵 — 敬慕、崇拜
荷花 — 默念
樱草花 — 青春
豆蔻花 — 别离、惜别
羽扇豆 — 幸福、母爱
牵牛花 — 爱情永结
粉牵牛花 — 纤纤柔情
石楠花 — 庄重
风信子 — 恒心、浪漫、清纯
滨蓟 — 孤独
红色大波斯菊 — 多情
旋花 — 恩赐
华鬘草 — 服从
紫色耧斗菜 — 胜利
黄色白头翁 — 绝交
连翘 — 别碰我
孤挺花 — 多话、多嘴
红玫瑰 — 我爱你

黄郁金香 — 绝望之爱
红郁金香 — 爱的誓言
白山茶 — 真爱、真情
毋忘我 — 永恒的爱
蝴蝶兰 — 初恋、幸福渐进、纯洁美丽
梅花 — 高洁
桔梗 — 气质高雅、不变的爱
桃花 — 疑惑、好运将至、爱慕
白茶 — 无瑕
矢车菊 — 雅致、优美
大岩桐 — 欲望
罂粟花 — 安慰、多谢
李花 — 纯洁
大丽花 — 华丽、吉祥
三色堇 — 思念
长春花 — 快乐的回忆
白头翁 — 命运
福寿草 — 回忆
姬百合 — 快乐、荣誉
玫瑰 — 热情
石斛兰 — 任性美人、父亲之花
星辰花 — 勿忘我
玉兰、迎春、牡丹 — 金玉富贵
黄百合 — 快乐、喜庆
银柳 — 团聚、财源兴旺
绣球花 — 美满、团圆
红蔷薇 — 求爱
红掌 — 天长地久
天堂鸟 — 自由、幸福
蓬蒿菊 — 深藏着的爱
三色堇 — 快乐的思念
虞美人 — 慰问
千日草 — 不朽
月季 — 兴旺发达
山毛榉树 — 昌盛、兴隆
月桂 — 光荣
燕麦 — 音乐
花兰芹 — 得胜
石蒜 — 优美、冷清、孤独
百日草 — 惜别
款冬 — 正义
龙船花 — 争先恐后
小苍兰 — 清纯舒畅
芒草 — 秋意
木兰花 — 灵魂高尚
桃李 — 成就
薄荷 — 感情热烈
松柏 — 延年益寿
野百合 — 康复
山楂 — 安慰
陆莲花 — 迷人的魅力
白色矮牵牛 — 存在
金栗兰 — 隐约
根节兰 — 长寿
紫色鼠尾草 — 智慧
木莲 — 高尚
红色霞草 — 期待的喜悦
曼佗罗 — 诈情、骗爱
金银花 — 献爱、诚爱
黄色夹竹桃 — 深刻的友情
白色茶梅 — 理想的爱
串铃花 — 悲恋
东菊 — 别离
柳穿鱼 — 纤细
白色耧斗菜 — 愚钝
白色白头翁 — 真实
橙花 — 爱慕
秋水仙 — 遗忘
酢酱草 — 我不会放弃你、欢悦
圣柳 — 犯罪
柏 — 死亡、阴影
红色茶花 — 谦逊、美德、可爱
青苔 — 谦逊
武竹 — 飘逸
紫茉莉 — 臆测、猜忌
昙花 — 夜之美人
虎耳草 — 情爱
番红花 — 青春的快乐
玉蝉花 — 爱的音讯
鸡冠花 — 不死
古代稀 — 虚荣
孔雀草 — 嫉妒、悲爱
蒲包花 — 富贵
千舌草 — 初恋
玻璃菊 — 闺女、追想
叶牡丹 — 利益
玛格丽特 — 情人的爱
火鹤花 — 新婚、热情
金桔 — 大吉大利
吉庆果、瑞香 — 喜庆祥瑞
白百合 — 百年好合
迎春花 — 生命旺盛
紫荆 — 家庭和睦、背叛、疑惑
燕竹花 — 友谊
千日红 — 长久
红豆 — 相思
天竺葵 — 爱慕、安乐、欺诈
黄菊花 — 脆弱的爱
黄水仙 — 单相思
柏枝 — 哀悼
柳枝 — 悲伤
荷包花 — 财源滚滚
棕榈 — 胜利
茴香 — 卓越、力量
扶桑 — 艳丽热情
飞燕草 — 美丽轻盈
俪棠花 — 高洁
雷柳 — 殊胜
长春藤 — 诡计
红色紫丁香 — 爱苗滋生、纯真
黄蜀葵 — 单恋、信任
紫苑 — 反省、追想
红蜀葵 — 温和
蕙兰 — 期待、洁白的爱
康乃馨 — 母爱

波斯菊 — 纯情、永远快活
文竹 — 永恒
红山茶 — 天生丽质
鸡冠花 — 多色的爱
麒麟草 — 警戒
风铃草 — 温柔的爱
金缕梅 — 灵感
石竹 — 谦逊、多愁善感、莽撞
玛格烈菊 — 预言
千日草 — 不朽
杜鹃花 — 节制、移情别恋
凤仙花 — 惹人爱、拒绝爱情
樱花 — 淡泊、欢乐
附子 — 敬意
金鱼草 — 愉快、热情、傲慢
林檎 — 引诱
红花 — 差别
美人蕉 — 坚实、多福多寿
爱丽丝 — 稳重
太阳花 — 神秘
莲花 — 默恋
文心兰 — 隐藏的爱、快乐
吉祥草 — 幸福吉祥
红百合 — 喜气洋洋
金雀花 — 丰盛、谦逊、卑下
蕙兰 — 丰盛祥和
牡丹 — 宝贵
柠檬树花、忍冬 — 忠诚的爱
火炬花 — 热情、光明
常春藤 — 感情忠诚
鸢尾 — 热情
香豌豆 — 爱情中有苦恼、怀念
花簪 — 同情、慰问
白菊花 — 哀悼
一串红 — 丰饶富足
月桂树环 — 有功之臣
山茶花 — 英勇
铃兰 — 知音、处女的骄傲
文心兰 — 青春活泼
黄杨 — 坚定、冷静
猫尾花 — 努力、避邪镇灾
金枝玉叶 — 高贵、幸福
葡萄 — 宽容、博爱
月桂枝 — 荣誉
蔷薇枝 — 严肃、朴素
一品红 — 驱妖除魔
藤类 — 欢迎
翠竹——高风亮节
白杨 — 坚持、勇气
荆树 — 抚慰
高雪轮 — 骗子
紫色矮牵牛 — 断情
香堇 — 贞淑
花菱草 — 不要拒绝我
石榴 — 丰饶
加得利亚兰 — 神秘、高贵
黑种草 — 清新的爱
海石竹 — 体谅、贴心
素馨 — 幸福、亲切
凤尾蕉 — 思念
腊梅 — 慈爱心
白色大波斯菊 — 纯洁
洋桔梗 — 富于感情、感动
卷耳 — 快乐
红色耧斗菜 — 挂虑
红色白头翁 — 恋爱
梨花 — 纯情
紫色堇 — 诚实
燕子花 — 幸运到来
竹 — 志节、节操
桑 — 不寻常
紫藤 — 热恋、欢迎
唐棣 — 大胆、无远虑
紫色紫丁香 — 初恋的感激
大岩洞 — 绝望
吊钟花 — 趣味、嗜好
八仙花 — 自私
月见草 — 美人、魔法
百日草 — 思念亡友
万寿菊 — 自卑
翠菊花 — 祝你幸福
彩叶苋 — 绝恋
蜀葵 — 热恋、单纯
天人菊 — 团结
麦杆菊 — 永久不变
冷杉树 — 崇高
萱草 — 忘忧
万寿菊 — 长寿、康宁
柳树 — 直率、坦诚
石楠花 — 庄重
蔷薇花冠 — 美德
蕨叶 — 富足、美满
小麦 — 赞同、合作
福寿花 — 多福多寿
樱草花 — 青春
薄雪草 — 坚忍、纯洁
福禄考 — 一致同意
瞿麦 — 野心
野蔷薇 — 自由
蝴蝶花 — 反抗
报春花 — 初恋、希望
黑百合 — 诅咒
六倍利 — 可怜、同情
毛地黄 — 谎言
松叶菊 — 惰怠
西番莲 — 圣爱
千日红 — 不朽、不灭
松叶牡丹 — 可怜、纯真
红花 — 差别、区别
翠菊 — 远虑
金鸡菊 — 竞争心
橄榄 — 智慧、和平
榆 — 尊严、爱国心
马鞭草 — 正义、期待
米红康乃馨 — 伤感

图 1-84　“花言花语”页面

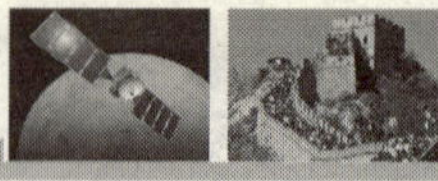

君子兰

君子兰是石蒜科君子兰属的一种多年生草本植物，花期长达30-50天，以冬春为主，元旦至春节前后也开放。忌强光，为半阴性植物，喜凉爽，忌高温。生长适温为15-25℃，低于5℃则停止生长。喜肥厚、排水性良好的土壤和湿润，忌干燥环境。君子兰具有很高的观赏价值。君子兰为石蒜科。君子兰属多年生草本植物，其植株文雅，君子兰俊秀，有君子风姿，花如兰，而得名。根肉质纤维状，叶基部形成假鳞茎，叶形似剑，长可达45厘米，互生排列，全缘。伞形花序顶生，每个花序有小花7～30朵，多的可达40朵以上。小花有柄，在花顶端呈伞形排列，花漏斗状，直立，黄或橘黄色。可全年开花，以春夏季为主。果实成熟期10月左右。花、叶并美。美观大方，又耐阴，宜盆栽室内摆设，为观叶赏花，也是布置会场、装饰宾馆环境的理想盆花。还有净化空气的作用和药用价值，是人们的首选品种。

图 1-85 “花卉介绍”页面的“君子兰”子页面

菊花

菊花（学名Dendranthema morifolium，常用chrysanthemum，拉丁文 Flos Chrysanthemi），多年生菊科草本植物，其花瓣呈舌状或筒状。菊花是经长期人工选择培育的名贵观赏花卉，也称艺菊，品种达三千余种。菊花是中国十大名花之一，在中国有三千多年的栽培历史，中国菊花传欧洲，约在明末清初。中国人极爱菊花，从宋朝起民间就有一年一度的菊花盛会。古神话传说中菊花又被赋予了吉祥、长寿的含义。中国历代诗人画家，以菊花为题材吟诗作画众多，因而历代歌颂菊花的大量文学艺术作品和艺菊经验，给人们留下了许多名谱佳作，并将流传久远。

图1-86　“花卉介绍”页面的“菊花”子页面

职业技能知识点考核 2

1. 用下列的（　　）组合键可以打开“文件”菜单。

A. Ctrl+F　　B. Ctrl+L

C. Alt+F　　D. Alt+L

2. 用下列的（　　）组合键可以调出 Dreamweaver 的“查找与替换”对话框。

A. Ctrl+F　　B. Ctrl+L

C. Alt+F　　D. Alt+L

3. 在 Dreamweaver 中的（　　）菜单里可以重新设置工作区。

A. 文件　　B. 编辑

C. 视图　　D. 格式

4. 用下列的（　　）快捷键可以新建文件。

A. Ctrl+N　　B. Ctrl+M

C. Ctrl+P　　D. Ctrl+C

5. 在 Dreamweaver 中文本的输入可以手工输入，也可以将别的文档中的文本复制到 Dreamweaver 编辑的网页中，还可以（　　）。

A. 导入 html、txt 文档　　B. 导出 html、txt 文档

C. 查找　　D. 修改

6. 在复制带有格式的文本时，可以先将内容粘贴到（　　），再将其中没有格式的文本复制到剪贴板上，最后再粘贴到 Dreamweaver 编辑窗口中。

A. 文件夹　　B. 记事本

C. Word 文档　　D. Excel 文档

7. “重做”功能命令的快捷操作方式是按（　　）组合键。

A. Ctrl+Y　　B. Ctrl+N

C. Ctrl+Z　　D. Ctrl+O

8. 选中要进行预格式化处理的文本，然后在（　　）面板中选择该段文本为“预先格式化”。

A. 代码　　B. 设计

C. 属性　　D. 应用程序

9. 分行显示文字应用（　　）键。

A. Enter　　B. Shift+Enter

C. Ctrl+Enter　　D. Ctrl+Alt

10. 常用的网页图像格式有（　　）和（　　）。

A. gif，tiff　　B. tiff，jpg

C. gif，jpg　　D. tiff，png

11. URL 是（　　）的简写，中文译作（　　）。

A. Uniform Real Locator，全球定位

B. Unin Resource Locator，全球资源定位

C. Uniform Real Locator，全球资源定位

D. Uniform Resource Locator，全球资源定位

12. 插入“水平线”后，要更改水平线的颜色为红色，应该（ ）。

A. 在属性面板中更改颜色

B. 在文件面板中更改颜色

C. 选中水平线，在编辑标签代码中输入“color=red”

D. 选中水平线，在编辑标签代码中输入“border color=red”

13. 要实现轮替图像应选两幅大小（ ）的图片。

A. 相差三倍　　B. 相差两倍

C. 相差一倍　　D. 一样

14. 导航条可以是文字链接和（ ）链接。

A. 文件　　B. 图像

C. 超级　　D. 文件夹

15. “历史记录”面板最多记录 Dreamweaver 每个编辑文件的（ ）条记录。

A. 30　　B. 100

C. 50　　D. 200

16. 用（ ）组合键打开“历史记录”。

A. Shift+Fl　　B. Shift+F4

C. Shift+F5　　D. Shift+F10

17. 在“插入”提示文字后面可以选择导航条的排列方式，有（ ）和（ ）两种方式可以选择。

A. 右对齐，竖直　　B. 水平，右对齐

C. 左对齐，竖直　　D. 水平，竖直

18. 参数设置的快捷操作方式是按（ ）组合键。

A. Ctrl+U　　B. Ctrl+S

C. Ctrl+T　　D. Ctrl+Shift+T

19. 启动 Dreamweaver 后，属性面板默认的是（ ）属性。

A. 文本　　B. 图像

C. 表格　　D. 单元格

20. 下面关于 Dreamweaver 工作区的描述，正确的是（ ）。

A. 属性工具栏只能关闭，不能隐藏

B. 对象面板不能移动，只能放在菜单下方

C. 用户可以根据自己的喜好来定制工作区

D. 工作区的大小不能调节

21. 下面（ ）操作不能在 Dreamweaver 的“文件”面板中完成。

A. 创建新文件　　B. 文件移动、删除

C. 属性设置　　D. 创建新文件夹

22. 按（　　）组合键可以打开标尺。
    A. Ctrl+Alt+R　　B. Ctrl+Alt+G
    C. Ctrl+Alt+M　　D. Ctrl+N
23. 按（　　）组合键可以打开网格。
    A. Ctrl+Alt+M　　B. Ctrl+Alt+R
    C. Ctrl+Alt+N　　D. Ctrl+Alt+G
24. 网格大小的默认值是（　　）。
    A. 100～100 像素　　B. 20～20 像素
    C. 50～50 像素　　D. 20～50 像素
25. 查看优秀网页的源代码无法学习（　　）。
    A. 代码简练性　　B. 版面特色
    C. Script 程序　　D. 网站目录结构特色
26. 在 HTML 中，标记<font>的 Size 属性最大取值可以是（　　）。
    A. 5　　B. 6
    C. 7　　D. 8
27. 在 HTML 中，标记<pre>的作用是（　　）。
    A. 标题标记　　B. 预排版标记
    C. 转行标记　　D. 文字效果标记
28. 在 Dreamweaver 中，可以插入的图像格式包括（　　）。
    A. GIF　　B. JPEG
    C. PNG　　D. JPG
29. 可以直接在 Dreamweaver 软件中对图像进行的编辑操作包括（　　）。
    A. 锐化　　B. 亮度和对比度
    C. 裁切　　D. 优化
30. 关于“鼠标经过图像”，下列说法正确的是（　　）。
    A. 鼠标经过图像的效果是通过 HTML 语言实现的
    B. 设置鼠标经过图像时，需要设置一张图片为原始图像，另一张为鼠标经过图像
    C. 可以设置鼠标经过图像的提示文字与链接
    C. 要制作鼠标经过图像，必须准备两张图片
31. 在 Dreamweaver 的导航条中可以设置的图片状态包括（　　）。
    A. 状态图像　　B. 鼠标经过图像
    C. 按下图像　　D. 按下时鼠标经过图像

1-3　超链接

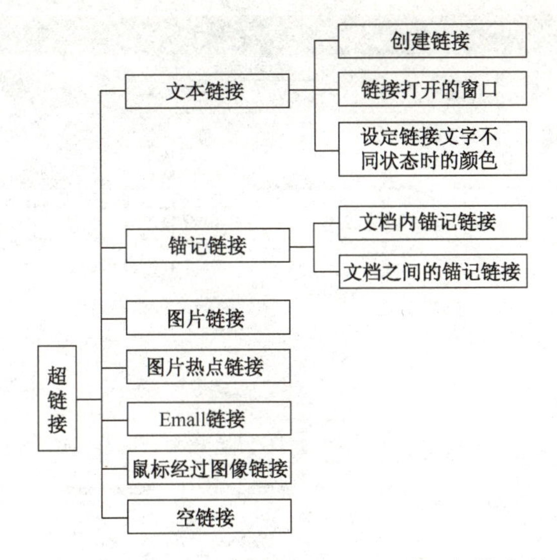

超链接包括相对链接和绝对链接。相对链接是指在同一网站文档之间的链接，也就是站内链接。绝对链接指不同网站文档之间的链接，链接时需要提供完整的网站地址。比如，在进行友情链接时就需要输入完整网址。如果要连接到金华职业技术学院的首页，则需给出完整网址“http://www.jhc.cn”。

任务 1-3　设置花卉网的链接

网页之间的链接是通过超链接来完成的，超链接是连接网页与网页之间的纽带。除了链接到网页，也可以链接到图片、word 文档、可执行文件等；除了在网页之间进行链接，还可以在网页内部进行链接。我们此次的任务就是把上次任务所完成的网页链接起来。

1.3.1　文本链接

网页上最常见的链接就是文本链接，也就是在文本上面加链接。

1. 创建链接

通过文本链接到其他网页上的方法有以下两种。在文本上加链接时，需要先把这部分文字选中，再打开属性面板。

（1）在“链接”文本框的后面单击黄色的“文件”按钮，如图 1-87 所示，打开“选择

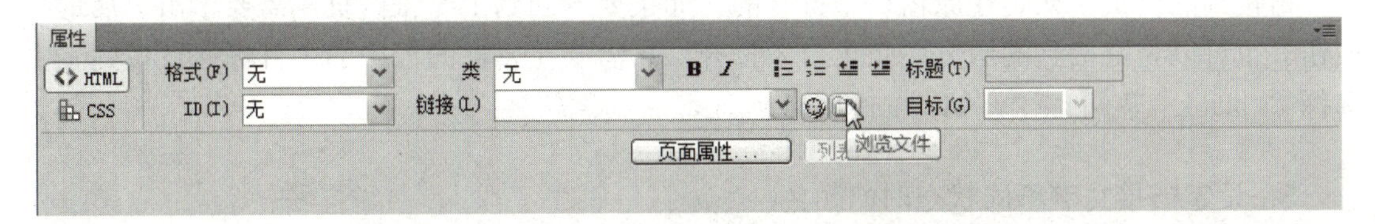

图 1-87　单击“文件”按钮创建链接

文件”对话框，如图 1-88 所示，选择目标网页后，单击“确定”按钮即可。

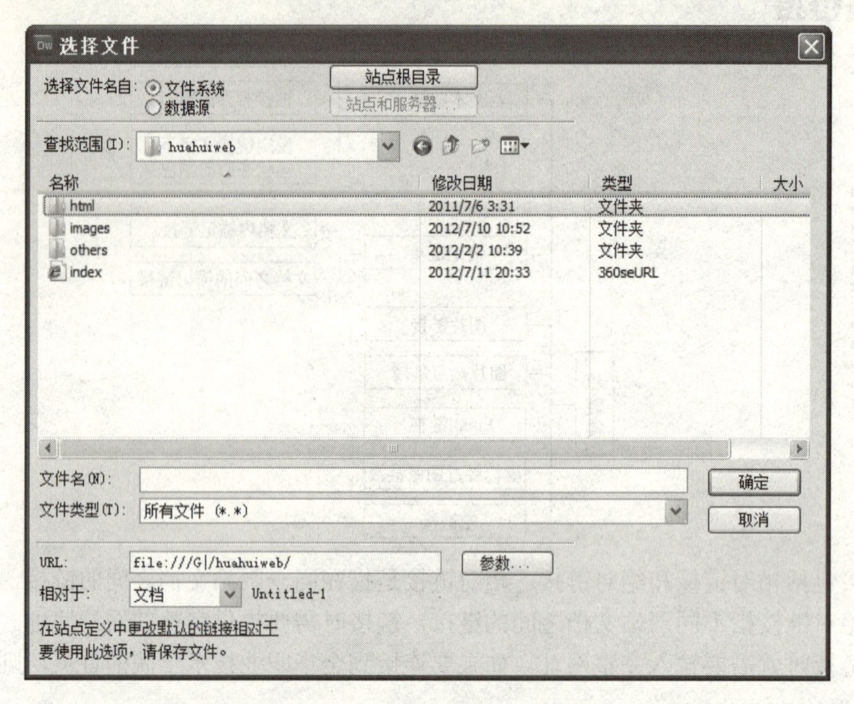

图 1-88 “选择文件”对话框

（2）把鼠标光标放在“链接”文本框后面的“指向文件”按钮上，如图 1-89 所示。

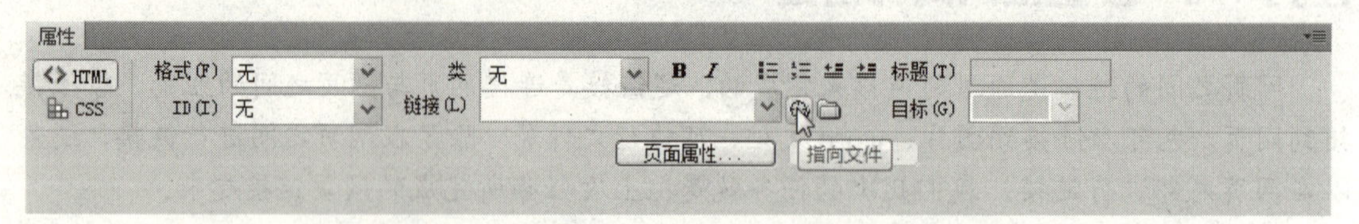

图 1-89 把鼠标光标放到“指向文件”按钮上

（3）按住鼠标左键不放，拖动鼠标光标到右侧的“文件”面板中站点内的目标文件后松开鼠标，如图 1-90 所示。

在文本上除了可链接到网页文件，还可以使用同样的方法链接到 word 文档、图片、可执行文件等其他类型的文件。

2．链接打开的窗口

链接到的网页默认是在原窗口中打开的，如果要返回到上一张网页，需要单击“后退”按钮。也可以将链接到的网页在新窗口中打开，只需要在属性面板中的“目标”下拉列表中选择“_blank”就可以了，如图 1-91 所示。

3．设定链接文字不同状态时的颜色

在 Dreamweaver 中链接文字默认的颜色是蓝色并带下划线，访问过的链接文字是紫色并

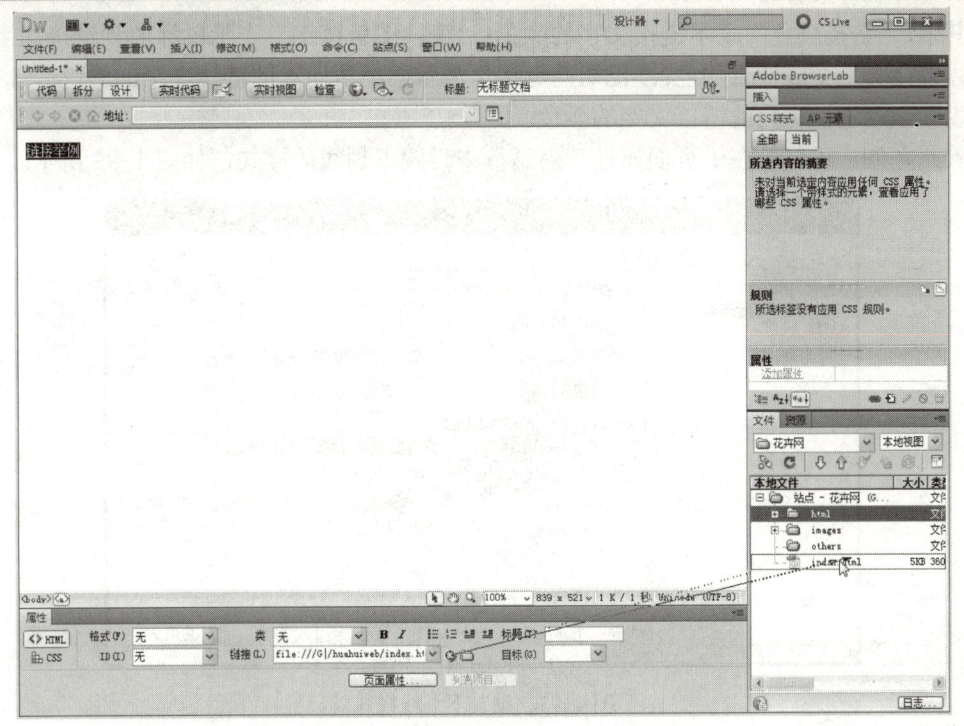

图 1-90 使用“指向文件”按钮创建链接

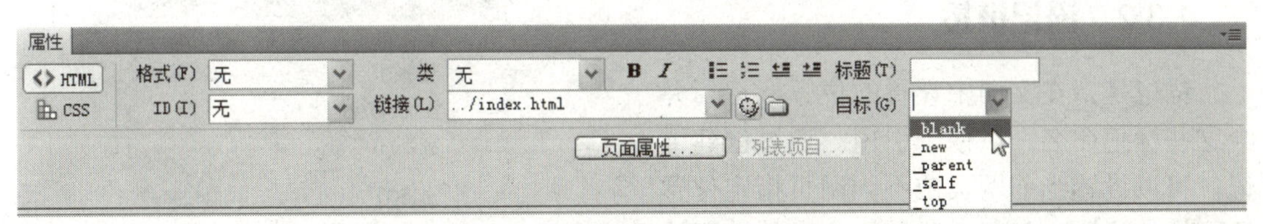

图 1-91 设置在新窗口中打开链接网页

带下划线。如果这不符合用户要求，可以单击【修改】菜单下的【页面属性】命令，或者单击属性面板中的“页面属性”按钮，打开“页面属性”对话框，在左侧的“分类”列表中选择“链接”项，在右边可以设置超链接文字的四种不同状态，如图 1-92 所示。

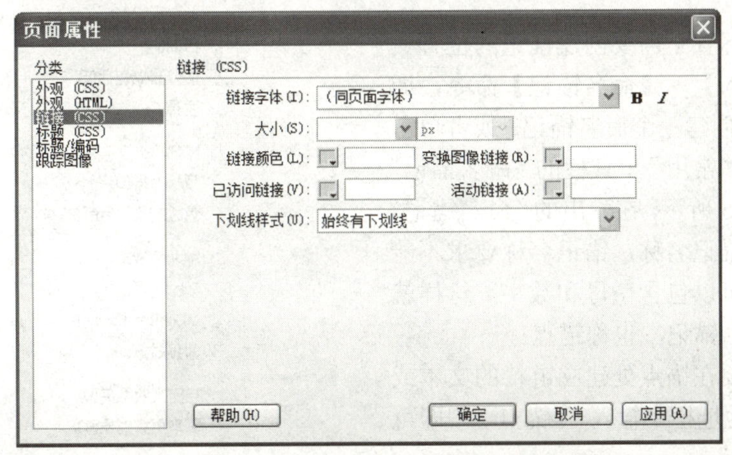

图 1-92 设置超链接文字的四种不同状态

其中，“链接颜色”表示链接文字的颜色；“变换图像链接”表示鼠标放到链接文字上面的时候链接文字变成什么颜色；“已访问链接”表示已经访问过的链接文字的颜色；“活动链接”表示当前正在访问的链接文字的颜色。

除此之外，还可以在“页面属性”对话框中设置下划线的样式，如图 1-93 所示。

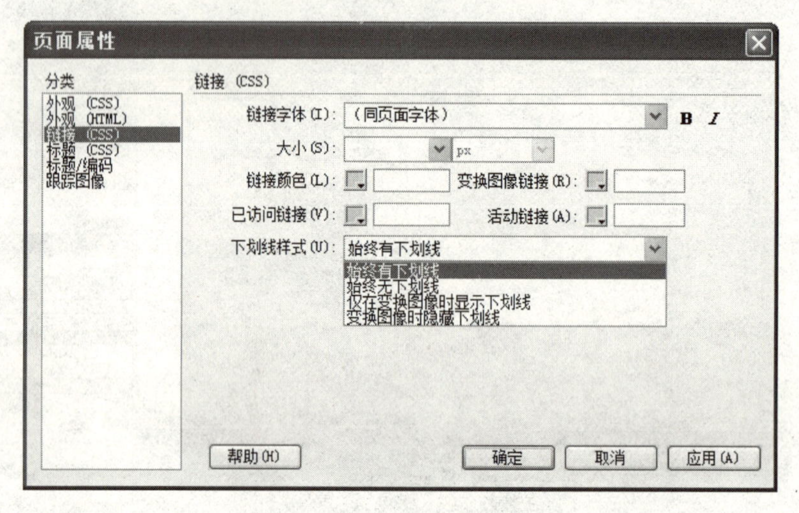

图 1-93　设置下划线样式

1.3.2　锚记链接

锚记是指在文档中设置的位置标记，并给这些标记命名，以便于引用。通过创建锚记，可以设置当前网页或不同网页指定位置的链接。锚记一般用于跳转到特定的主题或文档的顶部，使访问者能够快速浏览到选定的位置，加快信息检索的速度。

1. 文档内锚记链接

（1）将光标置于需要创建锚记的位置。选择菜单【插入】→【命名锚记】命令，如图 1-94 所示，创建一个命名锚记，或者单击“插入”面板的“常用”工具栏的“命名锚记”按钮，如图 1-95 所示，在弹出的“命名锚记”对话框中输入锚记名称，锚记名称要求不能以数字开头，可以包含字母和数字。这样就创建了一个命名锚记，也称锚点。

（2）选择要在锚点处建立链接的文本或图像，在链接地址栏中输入“#锚点名”即可完成锚点链接。

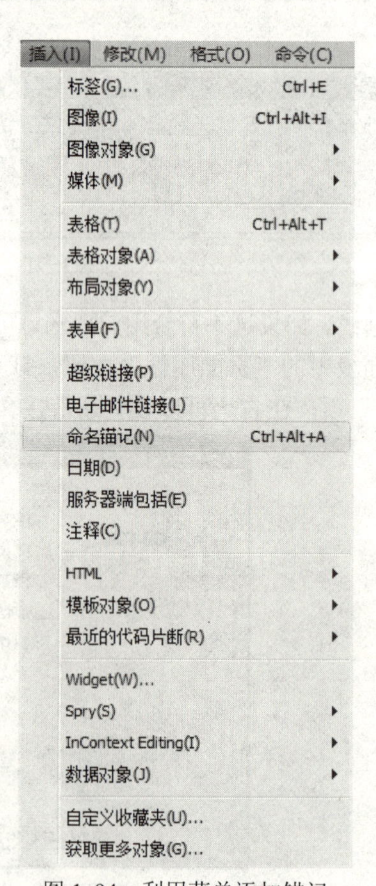

图 1-94　利用菜单添加锚记

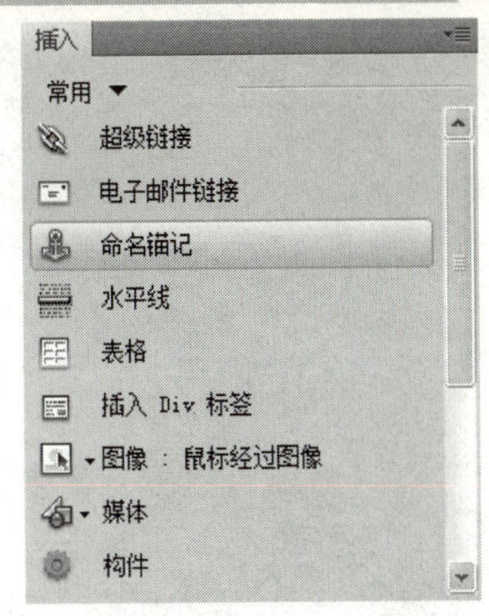

图 1-95　利用“常用”工具栏添加锚记

2. 文档之间的锚记链接

有时需要在网页之间创建锚点链接，方法如下：

（1）用前面提到的方法在需要链接的页面创建一个命名锚点。

（2）在当前页面中选择要建立链接的文本或图像，在链接地址栏中输入“要链接到的网页路径#锚点名”。当这两张网页在同一路径下时，可以输入“要链接到的网页名称#锚点名”。

1.3.3　图片链接

设置链接的方法与文本超链接类似。如果希望预览时，把鼠标放在图片上，会有提示文字出现，则需要先选中图片，再在属性面板中的“替换”文本框中输入相关的提示文字。

还可以设置缩略图链接。事先准备好内容相同、一大一小的 2 张图片。将小图片插入到网页中，选中该图片，单击属性面板中“链接”后面的“文件”按钮，选择大图片作为链接对象。

1.3.4　图片热点链接

图片热点链接就是在一个图片中创建多个链接的功能。在图片的不规则部分上创建链接时，可以有效使用该功能。图片热点链接是把整张图片作为链接的载体，将图片的某一部分设置为链接，这些链接区域就是所谓的热点。

假若有一幅图像，比如地图，可以把它分为若干区域，每个区域对应不同的 URL，这便是影像地图。影像地图是一幅被划分为若干区域或“热点”的图像，单击“热点”时即可显示其链接的影像地图。

下面我们就来制作图片热点链接：

（1）新建一张网页，在网页中插入地图图片，如图 1-96 所示。

（2）选中图像，使用属性面板中左下角的“多边形热点工具”，通过多次单击鼠标的方式，绘制出浙江省的省界轮廓。

（3）使用前面讲过的方法，在属性面板中为浙江省区域创建链接即可。

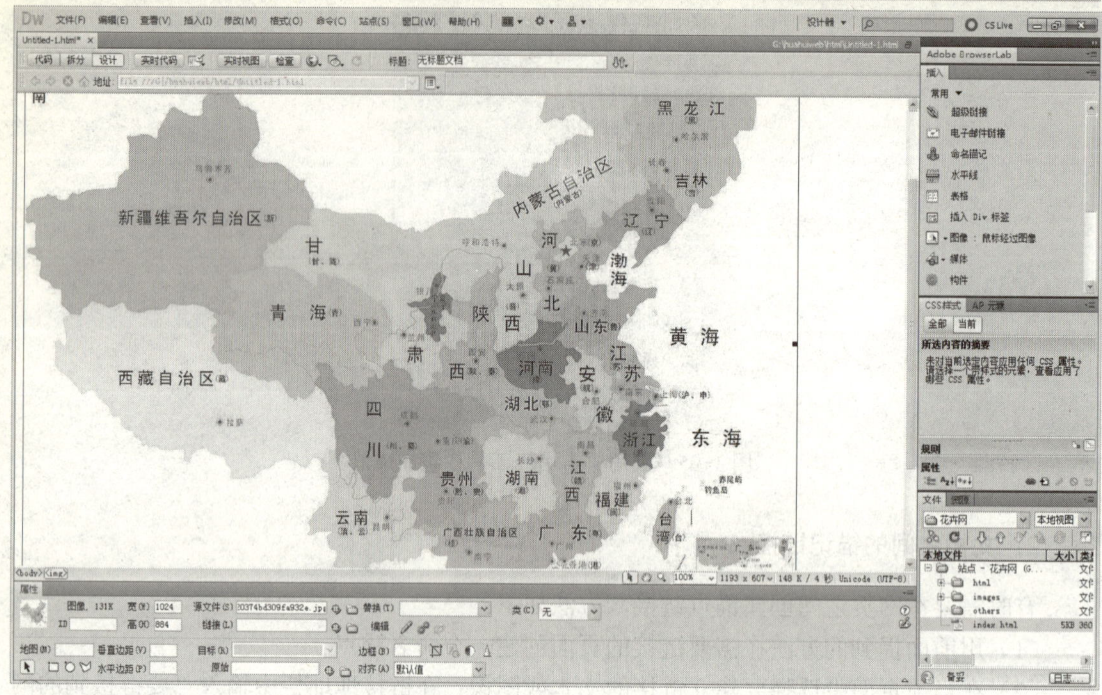

图 1-96　插入要制作热点链接的图片

1.3.5　Email 链接

在网页上创建电子邮件链接，可以方便用户进行意见反馈。当浏览者单击电子邮件链接时，可打开浏览器默认的电子邮件处理程序，收件人邮件地址被 Email 链接中指定的地址自动更新，无须浏览者手工输入。方法有以下三种。

（1）选择菜单【插入】→【电子邮件链接】命令，打开“电子邮件链接”对话框，如图 1-97 所示，填写链接文本和 Email 内容。

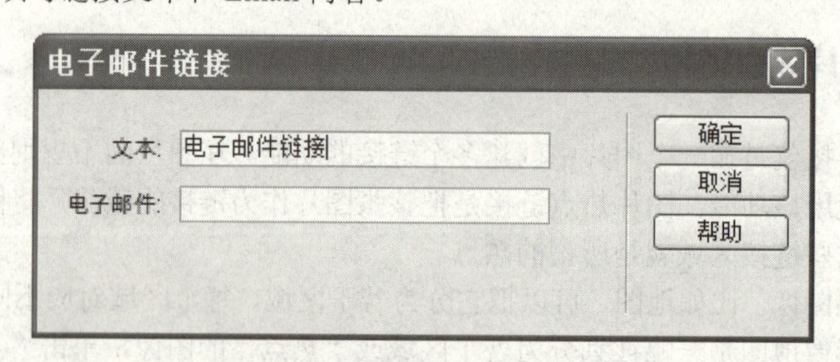

图 1-97　“电子邮件链接”对话框

（2）选择“插入”面板中“常用”工具栏的“电子邮件链接”命令按钮，如图 1-98 所示，打开“电子邮件链接”对话框，填写链接文本和 Email 内容。

（3）使用属性面板为所选对象加电子邮件链接：选中要进行链接的文本或图像，在“链接”栏中输入“mailto:邮箱地址”，即对所选文本或图像建立链接。

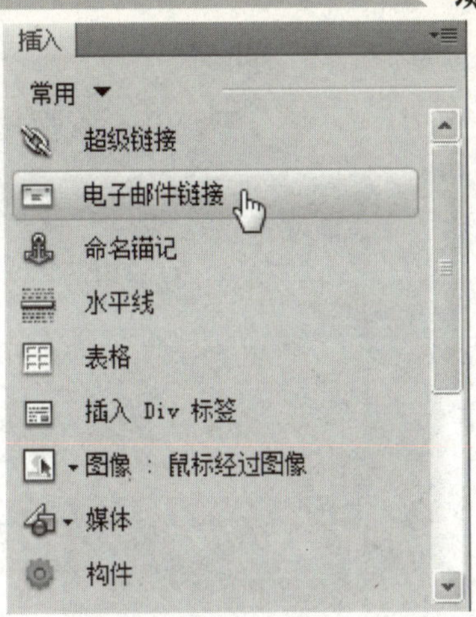

图 1-98　利用“常用”工具栏创建电子邮件链接

1.3.6　鼠标经过图像链接

前面讲过如何插入鼠标经过图像，在插入鼠标经过图像时会弹出“插入鼠标经过图像”对话框，其中“按下时，前往的 URL”文本框就是用来加鼠标经过图像链接的，单击“浏览”按钮，选择对应的文件就可以了。

1.3.7　空链接

有时，我们想在某个网页元素上加个超链接，但我们还没有做好要链接到的网页；或者我们只是想在某个网页元素上做个链接的样子，这时就需要使用到空链接。空链接的制作方法很简单，先选中要添加链接的网页元素，在属性面板的“链接”文本框里输入“#”就可以了。

任务实施 1-3

我们前面已经完成了花卉网的首页 index.html 和“花卉介绍”页面 huahuijieshao.html 的制作。现在我们来做从首页 index.html 到“花卉介绍”页面 huahuijieshao.html 的超链接，效果如图 1-99 所示。

（1）打开首页 index.html，单击网页导航条中的“花卉介绍”，在属性面板中单击“HTML”按钮，再单击“链接”后面的“文件夹”图标，通过弹出的“选择文件”对话框来选择站点内“html”文件夹中的“huahuijieshao.html”，单击“确定”按钮，如图 1-100 所示。这样从首页到“花卉介绍”页的链接就做好了。

（2）采用类似的方法，我们制作从二级页面“花卉介绍”中的茶花图片到三级页面 chahua.html 的链接。这两张页面在前面都已经制作完成。打开三级页面 huahuijieshao.html，选中茶花图片，在属性面板中单击“链接”后面的“文件夹”图标，在弹出的“选择文件”对话框中选择站点内“html”文件夹下的 chahua.html，如图 1-101 所示。

图 1-99　首页到“花卉介绍”页的超链接效果

选择文件

选择文件名自：⊙文件系统　○数据源　站点根目录　站点和服务器...

查找范围(I)：html

chahua.html　junzilan.html
huahuijieshao.html　jvhua.html
huahuitupian.html　mudan.html
huahuiwenhua.html　penjingzhanshi.html
huahuizaipei.html　yueji.html
huayanhuayu.html　yujinxiang.html
huayizuopin.html

文件名(N)：huahuijieshao.html　确定
文件类型(T)：所有文件 (*.*)　取消

URL：file:///E|/huahuiweb/html/huahuijieshao.l　参数...
相对于：文档　Untitled-1

在站点定义中更改默认的链接相对于
要使用此选项，请保存文件。

图 1-100　在“选择文件”对话框中选择目标文件

图 1-101 制作从“花卉介绍”页中的茶花图片到 chahua.html 的链接

单击选中茶花图片后，切换到代码视图，代码如下：

```
<a href="chahua.html" target="_blank">
<img src="../images/chahuaxiao.jpg" width="350" height="236" border="0" />
</a>
```

（3）我们在“花卉文化”页面内部建立锚点链接，显示效果如图 1-102 所示。

“花卉文化”页 huahuiwenhua.html 的半成品网页前面已经制作完成，除了和其他页面风格一致的网页头部图片、导航条以外，下面输入了大量的文字。包括四部分内容：我国各地花卉节、花神的生日——花朝节、时尚的花疗、花与古代民俗。显示效果如图 1-79 所示。

打开“花卉文化”页面 huahuiwenhua.html，可见“我国各地花卉节、花神的生日——花朝节、时尚的花疗、花与古代民俗”这四个标题在所有文字的上方。

（4）以“时尚的花疗”为例，将光标定位在“花卉文件”页面中“时尚的花疗”正文标题的前面，选择菜单【插入】→【命名锚记】命令，打开“命名锚记”对话框，输入锚记名称“a3”，如图 1-103 所示，单击“确定”按钮。

（5）选中“花卉文化”页面上部的“时尚的花疗”标题，在属性面板中“链接”文本框中输入“#a3”。这样锚点链接就做好了。单击上方的“时尚的花疗”标题，将自动跳转到本页面中关于“时尚的花疗”的文字介绍，显示效果如图 1-102 所示。

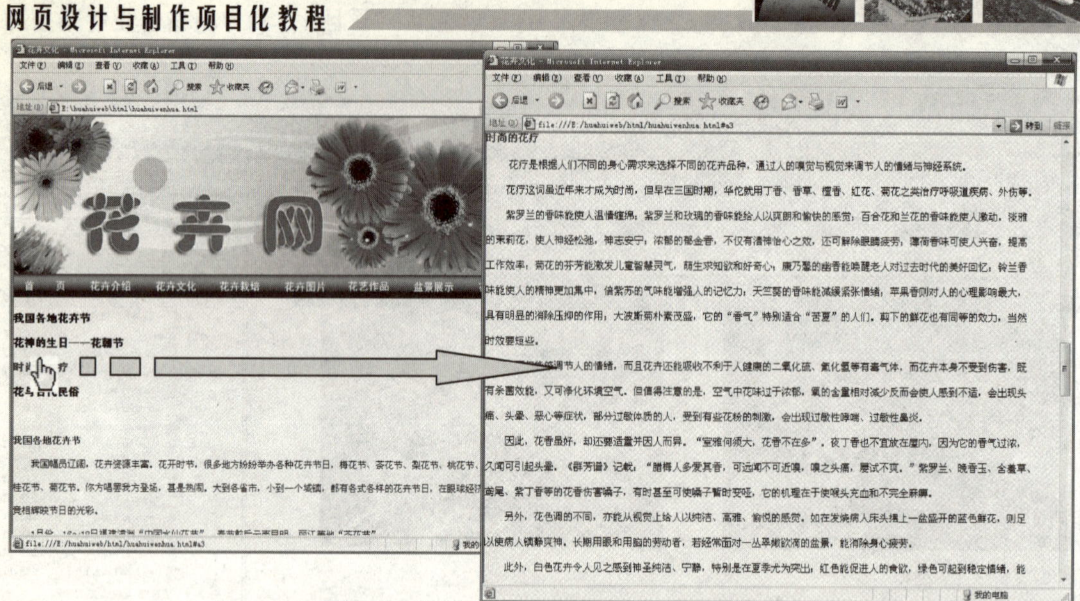

图 1-102 “花卉文化”页内部锚点链接效果

图 1-103 为“时尚的花疗”创建锚记

任务扩展 1-2

花卉网的栏目结构如表 1-1 所示，本任务要求按照花卉网的栏目结构，完成其他页面间的超链接以及“花卉文化”页面、“花卉栽培”页面内部的锚点链接。

职业技能知识点考核 3

1. 在 HTML 语言中，创建一个自动发送电子邮件的超链接的标记是（ ）。
   A. <a href=“mailto:Email”></herf>
   B. <href=“mailto:Email”>
   C. <href=“mailto:Email”></herf>
   D. <a href=“mailto:Email”></a>
2. 链接是（ ）的简称，利用（ ）可以实现在不同的 URL 之间的跳转。
   A. 超级链接，修改　　B. 修改，超级链接

C. 超级链接，超级链接　　　　D. 文本，超级链接

3. 在 HTML 中，（　　）不是链接的目标属性。

A. self　　　　B. new

C. blank　　　　D. up

4. 在 Dreamweaver 中，要想让用户在单击超链接时，弹出一个新的网页窗口，需要在超链接中定义目标的属性为（　　）。

A. _parent　　　　B. _self

C. _top　　　　D. _blank

5. （　　）是网页与网页之间联系的纽带，也是网页的重要特色。

A. 导航条　　　　B. 表格

C. 框架　　　　D. 超链接

6. 在设置图像超链接时，可以在 Alt 文本框中填入注释的文字，下面不是其作用是（　　）。

A. 当浏览器不支持图像时，使用文字替换图像

B. 当鼠标移到图像并停留一段时间后，这些注释文字将显示出来

C. 在浏览者关闭图像显示功能时，使用文字替换图像

D. 每过段时间图像上都会定时显示注释的文字

7. 在 Dreamweaver 中，下面（　　）对象能对其设置超链接。

A. 任何文字　　B. 图像　　C. 图像的一部分　　D. Flash 影片

8. 创建一个位于文档内部位置的链接的代码是（　　）

A. <a href="#Name"></a>　　　　B. <a name="Name"></a>

C. <a href="mailto:Email"></a>　　　　D. <a href="URL"></a>

9. 下面关于图片中设置超链接的说法正确的是（　　）。

A. 一个图片上能设置多个超链接

B. 图片上不能设置超链接

C. 一个图片上只能设置一个超链接

D. 鼠标移动到带超链接的图片上仍然显示箭头形状

10. 下面有关超链接的描述正确的是（　　）。

A. 可以建立一个空链接，只需在链接中输入“#”即可

B. 如果不设置目标属性，则默认为_blank

C. 目标属性中值的个数是不会发生变化的

D. 如果要链接到“中国网”，那么只需在链接中输入“www.china.com.cn”即可

11. 下列关于热区的使用，（　　）的说法是正确的。

A. 使用矩形热区工具、椭圆形热区工具和多边形热区工具，分别可以创建不同形状的热区

B. 热区一旦创建之后，便无法再修改其形状，必须删除后重新创建

C. 选中热区后，可在属性面板中为其设置链接

D. 使用热区工具可以为一张图片设置多个链接

知识梳理与总结

本项目的设计和制作使用到了 Dreamweaver 软件中比较基础的功能，包括站点的规划和创建、Dreamweaver 的基本操作、文本的输入和操作、图像的插入和属性设置、图文结合页面的创建、建立链接等等。

原来这么轻松就可以建网站啦！

但是在制作的过程中，你是否觉得仅仅使用以上的方法在页面布局的调整方面有些繁琐呢？还有，当浏览器窗口很小的时候，页面排版是不是会有错位的现象呢？另外，我们做好的页面怎么无法居中呢？是的，本项目所使用到的技巧只是网页设计的基础，要想轻松地进行网页布局，还得好好学学关于网页布局的技巧，这些都是项目 2 中要大家重点关注的内容，let’s go！

项目扩展

在本项目中，我们已经学会了网页设计与制作的基本方法和流程，请结合你家乡的特产，设计并制作一个家乡特产网。网站所需素材请大家自行搜集和整理。

要求：

（1）创建的本地站点要规范、合理，文件按类别保存到站点内对应的文件夹下。

（2）主题要突出，内容应充实、健康向上，结构要清晰。

（3）色彩搭配合理、美观，设计新颖、有创意。

（4）各页面间能正确、方便地进行链接。

（5）网站至少包含 5 个页面，其中一个为首页，二、三级页面的个数自行决定。显示分辨率以 1024×768 状态为准。

（6）首页统一命名为“index.html”，保存在站点根目录下。

项目2 使用布局技术网站的设计与制作

教学导航

<table>
<tr><td rowspan="4">教</td><td>知识重点</td><td>1. 使用表格布局；
2. 使用框架制作框架式网页；
3. 使用模板创建布局一致的网页</td></tr>
<tr><td>知识难点</td><td>熟练运用表格、框架等进行网页布局</td></tr>
<tr><td>推荐教学方式</td><td>任务驱动，项目引导，教学做一体化</td></tr>
<tr><td>建议学时</td><td>18 学时</td></tr>
<tr><td rowspan="3">学</td><td>推荐学习方法</td><td>以自主实践学习为主，结合教师讲授的新知识和新技能，实践完成相应任务</td></tr>
<tr><td>必须掌握的理论知识</td><td>1. 了解表格、框架、模板和库的基本概念和用途；
2. 理解<table>、<tr>、<td>、<frameset>、<frame>、<iframe>等标记及其属性</td></tr>
<tr><td>必须掌握的技能</td><td>1. 熟练使用表格布局；
2. 熟练使用框架制作框架式网页；
3. 熟练使用模板创建布局一致的网页；
4. 运用 Dreamweaver 软件的表格、框架、模板和库进行相应的网页布局设计和制作网页，并具有一定的创意</td></tr>
</table>

项目描述

本项目是制作一个以班级为主题的网站。网站中包括了我爱我家、班级通知、班级相册、作文园地、数学乐园等内容，展示了某小学班级的各种风采。

在整个网站的制作过程中，将使用到表格布局、框架布局、模板和库等操作。

2-1 表格

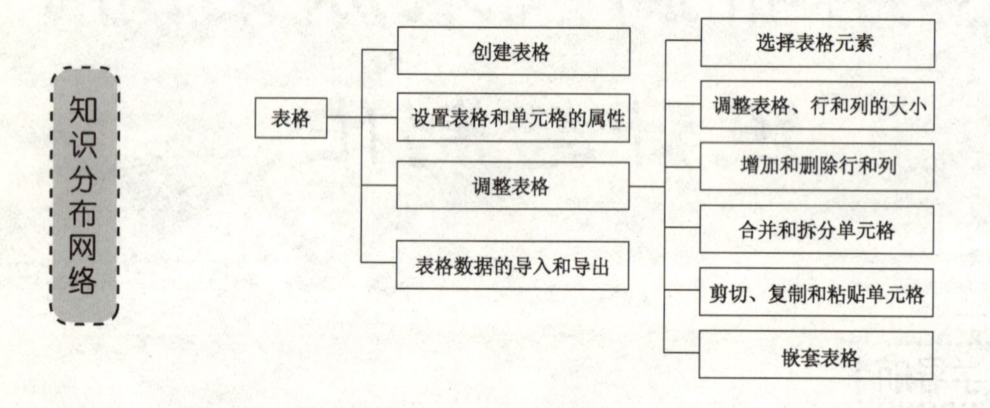

任务 2-1 某小学班级网站的设计与制作

本次任务要求使用表格布局和制作金华师范附属小学班级网站首页，显示效果如图 2-1 所示。

2.1.1 创建表格

表格是用于在网页上显示表格式数据以及对文本和图形进行布局的强有力的工具。表格一般包括行、列和单元格三部分，如图 2-2 所示。单元格是表格中行与列相交产生的区域，用来放置图像和文字等网页元素。通过设置表格和单元格的属性，能够对页面中的网页元素进行准确定位，对页面进行更加合理地布局。

1. 创建表格的方法

创建表格的方法主要有以下两种：

（1）将光标放置在页面需要创建表格的位置，选择菜单【插入】→【表格】命令，或者直接按下“Ctrl+Alt+T”组合键，如图 2-3 所示。

（2）将光标放置在页面需要创建表格的位置，然后在“插入”面板中选择“常用”工具栏的“表格”命令按钮，如图 2-4 所示。

图 2-1　网站首页效果图

行
列
单元格

图 2-2　表格

插入(I)　修改(M)　格式(O)　命令(C)
标签(G)...　Ctrl+E
图像(I)　Ctrl+Alt+I
图像对象(G)
媒体(M)
表格(T)　Ctrl+Alt+T
表格对象(A)
布局对象(Y)

图 2-3　选择“表格”命令

图 2-4　选择“表格”按钮

弹出如图 2-5 所示的“表格”对话框，在对话框中设置表格的属性，然后单击“确定”按钮即可创建表格。

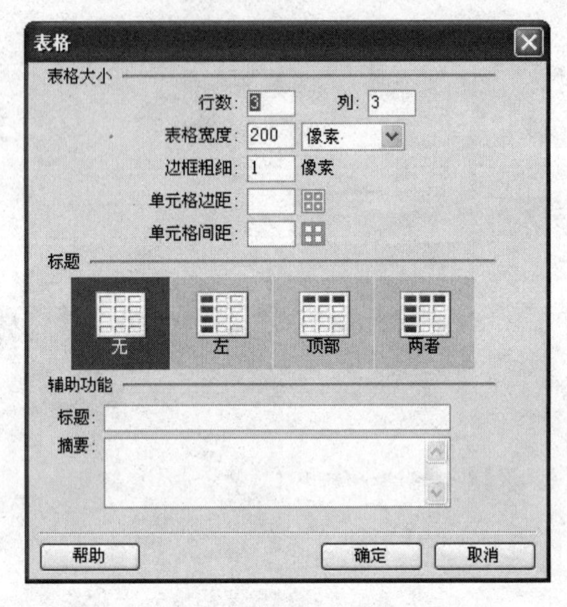

图 2-5　设置表格属性

2.“表格”对话框中各选项的作用

1）表格大小

(1)“行数”文本框：设置表格中行的数目。

(2)“列”文本框：设置表格中列的数目。

(3)“表格宽度”文本框：设置表格的宽度，以像素或百分比为单位。

(4)“边框粗细”文本框：设置表格边框的宽度，默认为 1，如果设置为 0，则打开网页时看不见表格边框。

(5)“单元格边距”文本框：设置单元格内容与单元格边框之间的像素数，默认为 1。

(6)“单元格间距”文本框：设置相邻的单元格之间的像素数，默认为 2。

2）标题

在“标题”区域中设置表格内是否设置标题行或标题列，分别是“无”、“左”、“顶部”和“两者”。

(1)“无”：表示对表格不启用列或行标题。

(2)“左”：表示将表格的第一列作为标题列。

(3)“顶部”：表示将表格的第一行作为标题行。

(4)“两者”：表示同时将表格的第一列和第一行作为标题列和标题行。

3）辅助功能

(1)“标题”文本框：设置表格上面的标题。

(2)“摘要”列表框：设置所建表格的说明。但该文本不会显示在浏览器中。

3．表格页的代码视图

创建表格后，代码视图如图 2-6 所示。

```
<!DOCTYPE html PUBLIC "-//W3C//DTD XHTML 1.0 Transitional//EN" "http://www.w3.org/TR/xhtml1/DTD/xhtml1-transitional.dtd">
<html xmlns="http://www.w3.org/1999/xhtml">
<head>
<meta http-equiv="Content-Type" content="text/html; charset=utf-8" />
<title>无标题文档</title>
</head>

<body>
<table width="200" border="1">
  <tr>
    <td> </td>
    <td> </td>
    <td> </td>
  </tr>
  <tr>
    <td> </td>
    <td> </td>
    <td> </td>
  </tr>
  <tr>
    <td> </td>
    <td> </td>
    <td> </td>
  </tr>
</table>
<p> </p>
</body>
</html>
```

图 2-6　表格代码

其中：<table>...</table> - 定义表格，说明在网页中插入一个表格，width 和 border 是表格属性，说明表格的宽度和边框粗细。

<tr> - 定义表格行。

<td> - 定义表格单元格。

2.1.2　设置表格和单元格的属性

1．设置表格属性

表格属性的设置包括表格宽度、填充、间距、对齐、边框等。选择表格，在属性面板上显示相应的表格属性，如图 2-7 所示，各选项的作用如下。

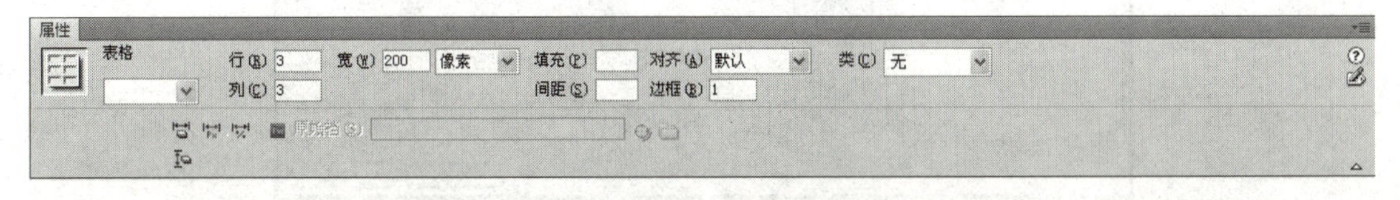

图 2-7　表格“属性”面板

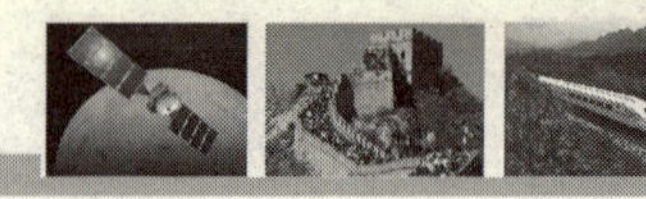

（1）“表格”下拉文本框：用于设置表格的 ID。

（2）“行”和“列”文本框：设置表格中行和列的数量。

（3）“宽”文本框：设置表格的宽度，以像素或百分比为单位。

（4）“填充”文本框：设置单元格内容与单元格边框之间的像素数。

（5）“间距”文本框：设置相邻的单元格之间的像素数。

（6）“对齐”下拉列表框：设置表格对齐方式，包括“左对齐”、“居中对齐”和“右对齐”。

（7）“边框”文本框：设置表格边框的宽度。

（8）“类”下拉列表框：对该表格设置一个 CSS 类。

其他如背景图像、边框颜色等属性需要在标签编辑器中进行设置。具体操作如下：

选中整个表格，单击鼠标右键，在弹出的快捷菜单中选择【编辑标签】命令，如图 2-8 所示。

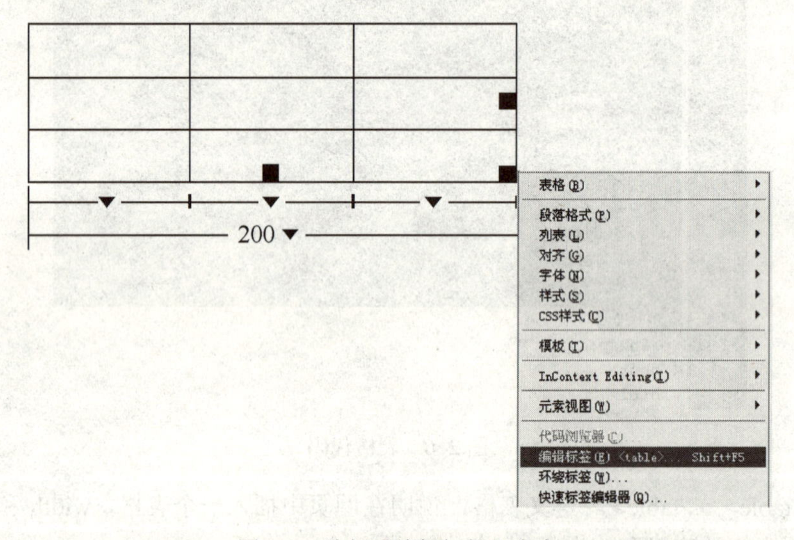

图 2-8 选择【编辑标签】命令

在弹出的“标签编辑器”对话框中选择“浏览器特定的”选项，如图 2-9 所示。

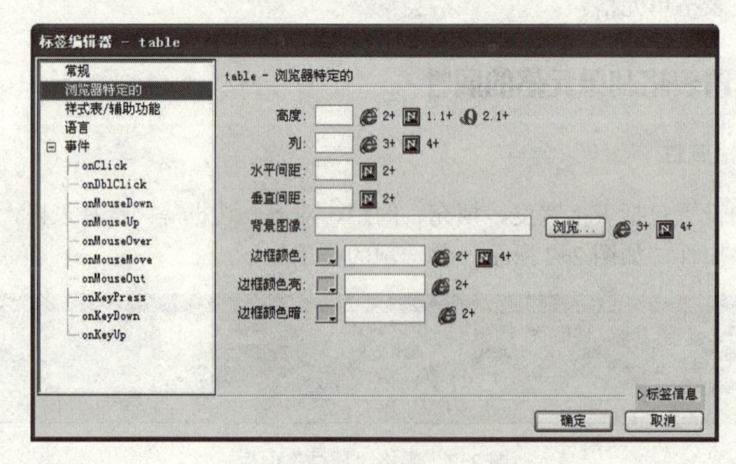

图 2-9 “标签编辑器”对话框

2. 设置单元格属性

单元格属性的设置包括单元格宽度、高度、对齐、背景颜色等。选择要设置表的单元格，在属性面板的下部显示相应表的单元格属性，如图 2-10 所示，与单元格有关各选项的作用如下。

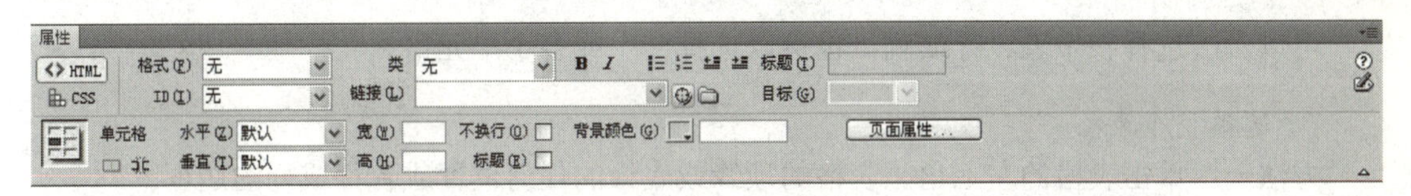

图 2-10　单元格属性

（1）“水平”下拉列表框：设置指定单元格、行或列内容的水平对齐方式。

（2）“垂直”下拉列表框：设置指定单元格、行或列内容的垂直对齐方式。

（3）“宽”和“高”文本框：设置所选单元格的宽度和高度，以像素或百分比为单位。若要使用百分比，则在数值后面使用百分比符号（%）。

（4）“背景颜色”文本框：设置单元格、行或列的背景颜色。

（5）“合并所选单元格，使用跨度”：将所选的单元格、行或列合并为一个单元格。只有当单元格形成矩形或直线块时才可以合并这些单元格。

（6）“拆分单元格为行或列”：将一个单元格分成两个或更多个单元格。

（7）“不换行”复选框：用于禁止文字换行，使给定单元格中的所有文本都在一行上。

（8）“标题”复选框：用于将所选的单元格格式设置为表格标题单元格。在默认情况下，表格标题单元格的内容为粗体并且居中对齐。

其他如背景图像、边框颜色等属性需要在标签编辑器中进行设置。具体操作如下：

右键单击相应的单元格，在弹出的快捷菜单中选择【编辑标签】命令，在弹出的“标签编辑器”对话框中选择“浏览器特定的”选项，如图 2-11 所示。

图 2-11　“标签编辑器”对话框

2.1.3 调整表格

1. 选择表格元素

可以一次选择整个表、行或列，也可以选择一个或多个单元格。

1）选择整个表格

方法一：单击表格的左上角、表格的顶缘或底缘的任何位置或者行或列的边框。

方法二：单击某个表格单元格，然后在文档窗口左下角的标签选择器中选择 <table> 标签。

方法三：单击某个表格单元格，然后选择【修改】→【表格】→【选择表格】命令。

选中整个表格后，表格的四周会出现黑色边框，如图 2-12 所示。

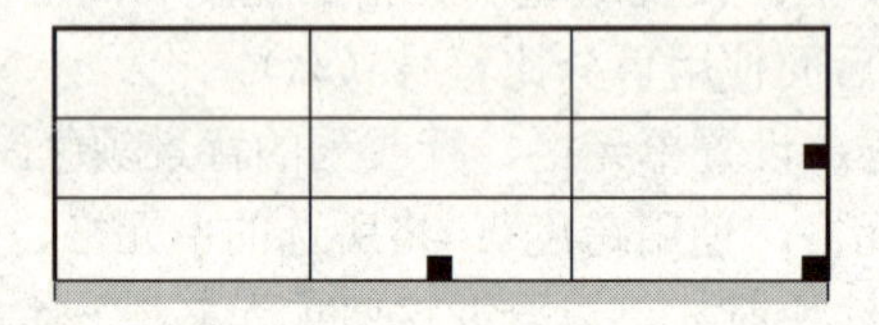

图 2-12　选择表格

2）选择单个或多个行或列

定位鼠标光标，使其指向行的左边缘或列的上边缘，当鼠标光标变为选择箭头时，单击以选择单个行或列，如图 2-13、2-14 所示。单击的同时如果进行拖动可以选择多个行或列。

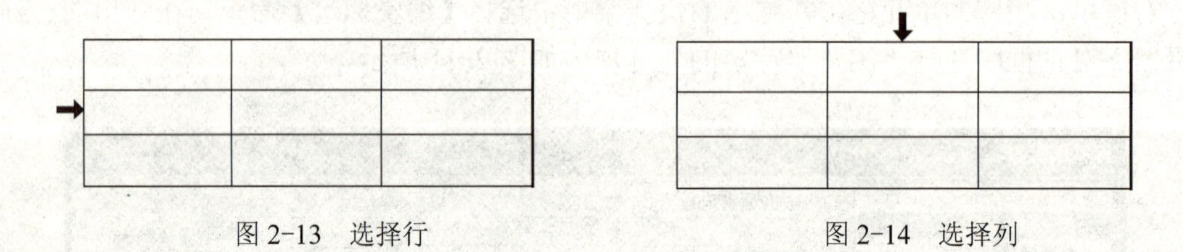

图 2-13　选择行　　图 2-14　选择列

3）选择一个或多个单元格

在要选择的单元格内单击鼠标左键，即可选择一个单元格。

按住 Ctrl 键，然后在要选择的多个单元格中依次单击鼠标左键，可以选择多个单元格。

如果要选择连续的多个单元格，首先用鼠标单击一个单元格，然后按住 Shift 键，在其他要选择的单元格中单击即可。

2. 调整表格、行和列的大小

1）调整表格大小

选择表格，通过拖动表格的一个选择柄来调整表格的大小。

（1）若要在水平方向调整表格的大小，拖动右边的选择柄即可，如图 2-15 所示。

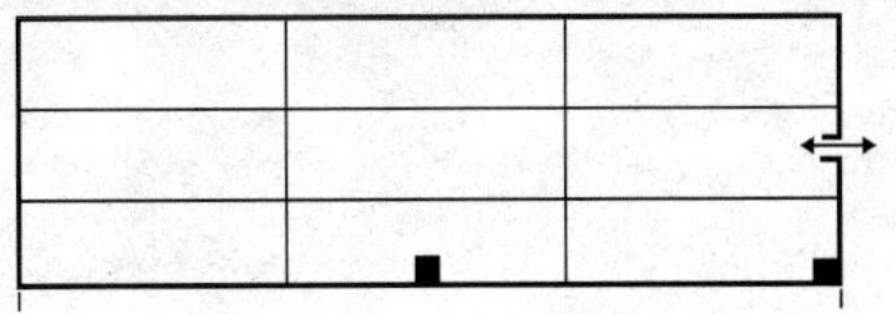

图 2-15　水平方向调整表格的大小

（2）若要在垂直方向调整表格的大小，拖动底部的选择柄，如图 2-16 所示。

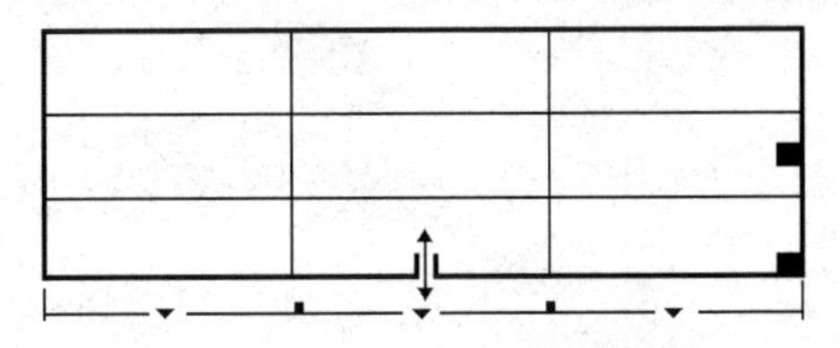

图 2-16　垂直方向调整表格的大小

（3）若要在两个方向调整表格的大小，拖动右下角的选择柄，如图 2-17 所示。

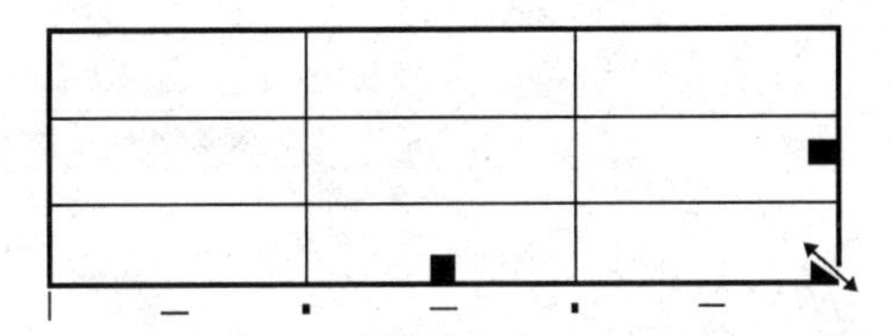

图 2-17　水平、垂直方向调整表格的大小

2）调整行和列的大小

（1）将鼠标移动到单元格的边框上，当鼠标光标变成形状时，按下鼠标左键上下拖动鼠标，可以改变单元格的高度，即改变这一行的高度，如图 2-18 所示。

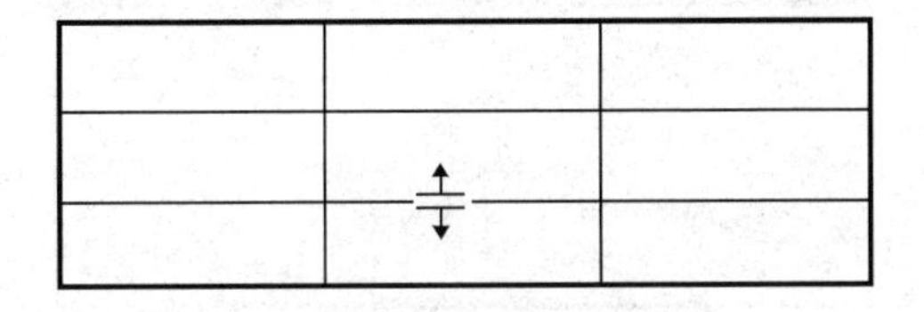

图 2-18　调整行高

（2）将鼠标移动到单元格的边框上，当鼠标变成形状时，按下鼠标左键左右拖动鼠标，可以改变单元格的宽度，即改变这一列的宽度，如图 2-19 所示。

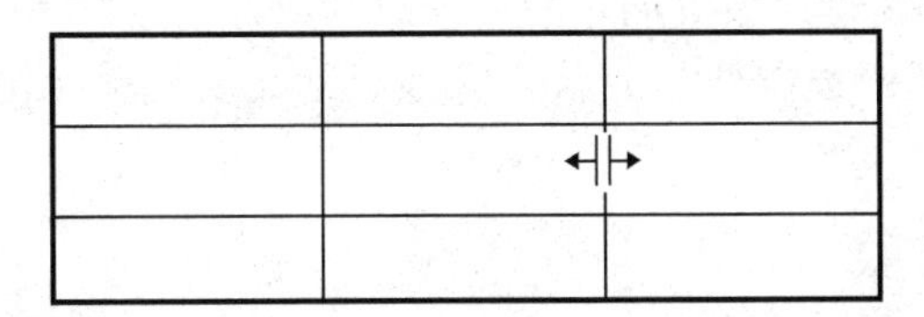

图 2-19　调整列宽

（3）也可以在单元格属性面板中输入“宽”和“高”的数值来更改列宽或行高。

3．增加和删除行和列

1）增加行和列

（1）选择菜单【修改】→【表格】→【插入行】或【插入列】命令，即可增加行或列，如图 2-20 所示。

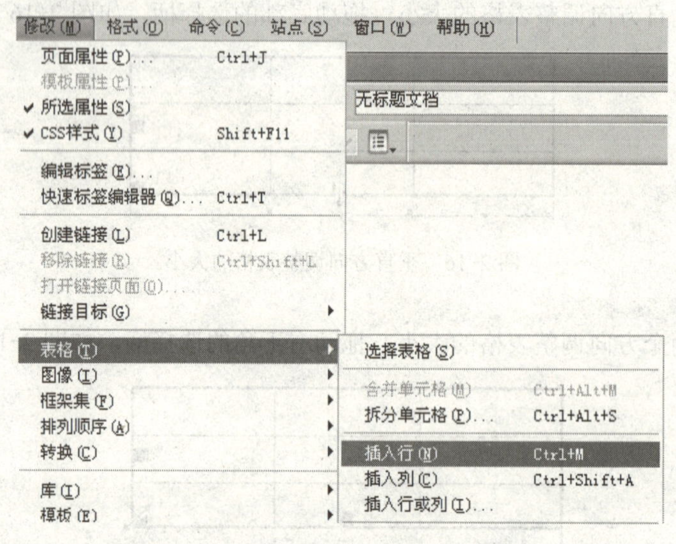

图 2-20 选择“插入行”命令

（2）如果要增加多行或多列，则选择菜单【修改】→【表格】→【插入行或列…】命令，弹出“插入行或列”对话框，如图 2-21 所示，各选项的作用如下。

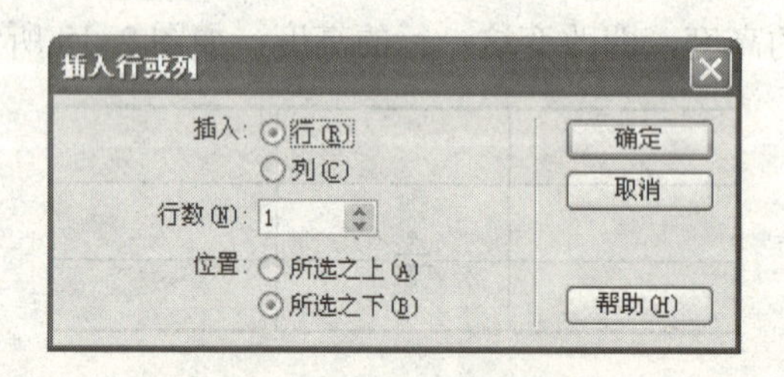

图 2-21 设置插入行或列

①“插入”单选按钮：设置插入行还是插入列。

②“行数或列数”增减框：设置插入的行数或列数。

③“位置”单选按钮：设置新行或新列应该显示在所选单元格所在行或列的前面还是后面。

2）删除行或列

方法一：单击要删除的行或列中的一个单元格，然后选择菜单【修改】→【表格】→【删除行】或【删除列】命令，即可删除行或列。

方法二：选择完整的一行或列，然后选择菜单【 编辑】→【清除】或按 Delete 键。

4. 合并和拆分单元格

1）合并表格中的两个或多个单元格

选择几个要合并的相邻单元格，然后选择菜单【修改】→【表格】→【合并单元格】命令；或者单击鼠标右键，选择【表格】命令，在弹出的子菜单中选择【合并单元格】命令；或者在属性面板中单击“合并所选单元格，使用跨度”按钮，如图 2-22 所示，即可合并单元格。

图 2-22　合并单元格

2）拆分单元格

选择一个单元格，选择菜单【修改】→【表格】→【拆分单元格…】；或者单击鼠标右键，选择【表格】命令，在弹出的子菜单中选择【拆分单元格…】命令；或者在属性面板中单击“拆分单元格为行或列”按钮，如图 2-23 所示。

图 2-23　拆分单元格

在弹出如图 2-24 所示的“拆分单元格”对话框后，再设置如何拆分单元格即可。

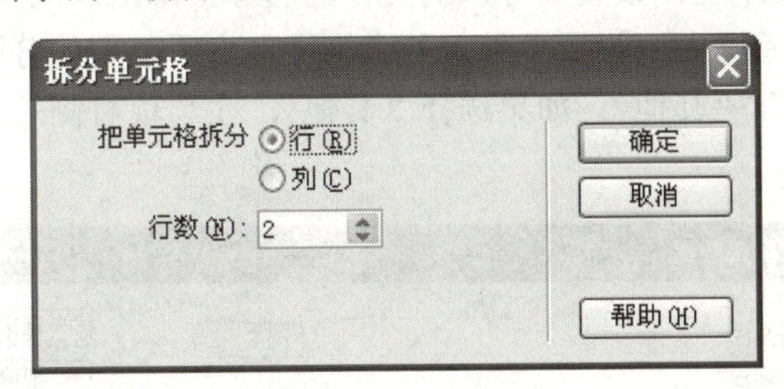

图 2-24　设置拆分单元格

5. 剪切、复制和粘贴单元格

选择连续行中形状为矩形的一个或多个单元格，选择菜单【编辑】→【剪切】或【复制】命令，将选中的单元格剪切或复制到剪贴板中。

选择要粘贴单元格的位置，选择菜单【编辑】→【粘贴】即可进行粘帖。

6. 嵌套表格

嵌套表格是指在一个表格的单元格中再插入一个表格。

插入嵌套表格首先单击现有表格中的一个单元格，然后选择菜单【插入】→【表格】即可，显示效果如图 2-25 所示。

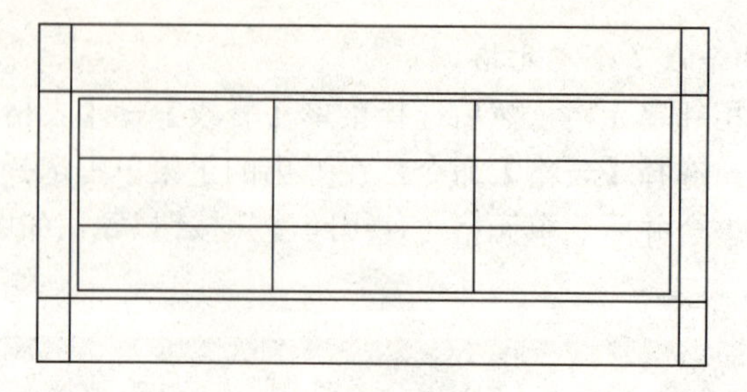

图 2-25　嵌套表格

嵌套表格的属性设置与任何其他表格一样，但其宽度受它所在单元格的宽度限制。

2.1.4　表格数据的导入和导出

1. 导入表格数据

Dreamweaver 可将以分隔文本的格式（其中的项以制表符、逗号、冒号或分号隔开）保存的表格式数据和在 Microsoft Excel 中创建的表格导入到网页中并设置为表格格式。

1）从文本文档中导入表格数据

选择菜单【文件】→【导入】→【表格式数据…】命令，弹出如图 2-26 所示的“导入表格式数据”对话框，根据需要设置表格式数据选项，然后单击“确定”按钮。

“导入表格式数据”对话框中各选项的作用如下。

（1）“数据文件”文本框：设置要导入的文件的名称，单击“浏览”按钮选择一个文件。

（2）“定界符”下拉列表框：设置要导入的表格文件中所使用的分隔符，包括“Tab”、“逗点”、“分号”、“引号”和“其他”。如果选择“其他”，在选项右侧的文本框中输入导入文件使用的分隔符。

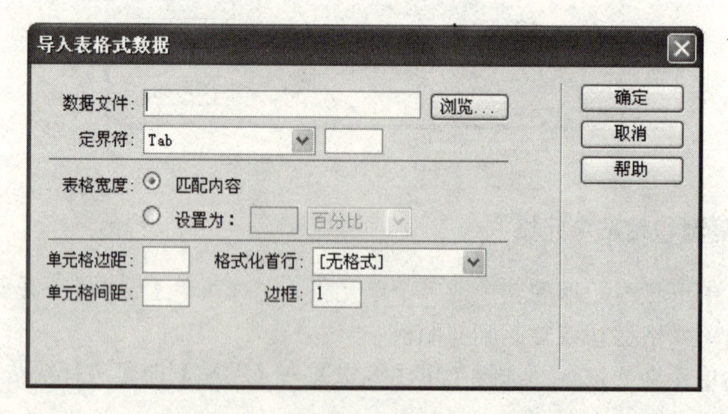

图 2-26　“导入表格式数据”对话框

（3）“表格宽度”单选按钮：设置数据导入后将要创建的表格宽度。“匹配内容”使每个

列足够宽以适应该列中最长的文本字符串，“设置为”文本框是以像素为单位或按占浏览器窗口宽度的百分比指定固定值的表格宽度。

（4）“单元格边距”文本框：设置单元格内容与单元格边框之间的像素数。

（5）“单元格间距”文本框：设置相邻的表格单元格之间的像素数。

（6）“格式化首行”下拉列表框：设置应用于表格首行的格式，分别是无格式、粗体、斜体或加粗斜体四个格式。

（7）“边框”文本框：设置表格边框的宽度。

2）从 Excel 文档中导入表格数据

选择菜单【文件】→【导入】→【Excel 文档…】命令，在弹出的“导入 Excel 文档”对话框中选择要导入到网页中的 Excel 表，单击“打开”按钮，如图 2-27 所示。

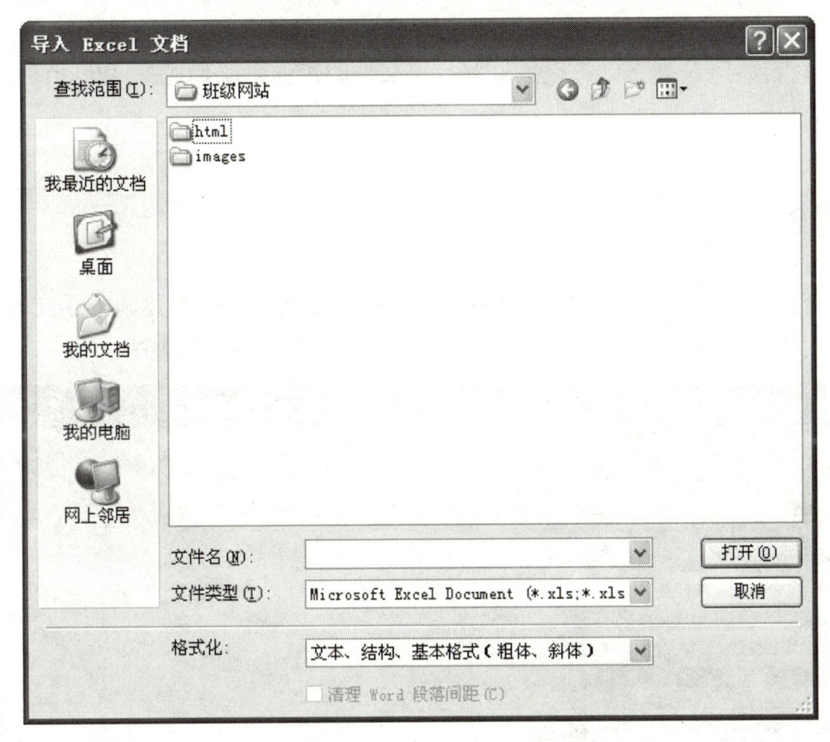

图 2-27　“导入 Excel 文档”对话框

2. 导出表格数据

除了可以将表格数据导入外，也可以将表格数据从 Dreamweaver 软件导出到文本文件中，相邻单元格的内容由分隔符（Tab、空格、逗点、分号或引号）隔开。当导出表格时，将导出整个表格，不能选择导出部分表格，操作方法如下。

选择需要导出数据的表格，选择菜单【文件】→【导出】→【表格…】命令，弹出如图 2-28 所示的“导出表格”对话框，根据需要设置参数，单击“导出”按钮，弹出“表格导出为”对话框，选择保存路径，输入保存导出数据的文件名称，单击“保存”按钮。

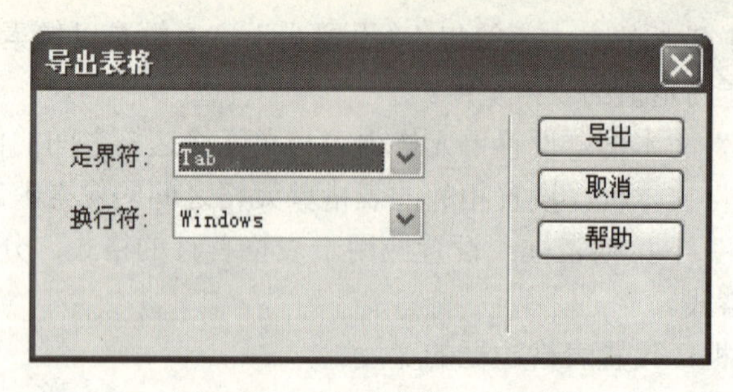

图 2-28 “导出表格”对话框

“导出表格”对话框中各选项的作用如下。

（1）“定界符”下拉列表框：设置导出文件使用的分隔符，包括 Tab、空格、逗点、分号和引号。

（2）“换行符”下拉列表框：设置打开导出文件的操作系统，包括 Windows、Macintosh 和 UNIX。

任务实施 2-1

（1）在 F:盘新建一个文件夹“班级网站”，再在这个文件夹中新建两个子文件夹 “html”和“images”，分别用来存放网页文件和图像文件，效果如图 2-29 所示。

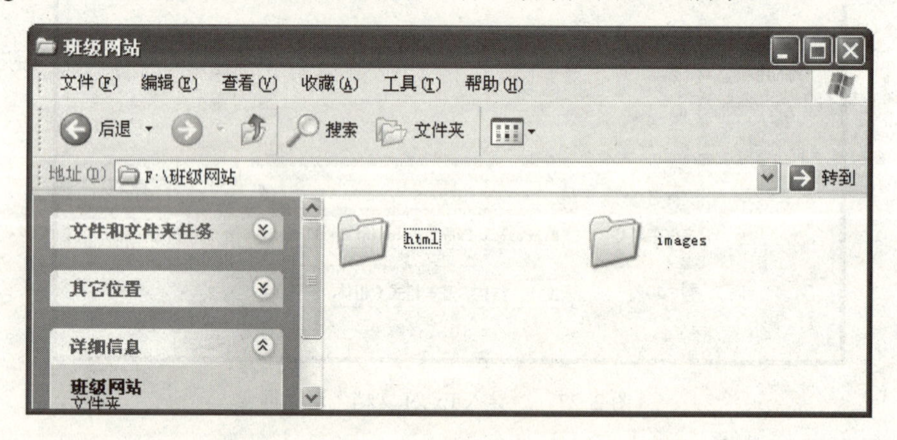

图 2-29 创建文件夹

（2）在 Dreamweaver 中，选择菜单【站点】→【新建站点】命令，创建班级网站本地站点，创建后文件面板如图 2-30 所示。

（3）选择菜单【文件】→【新建】命令，在弹出的“新建文档”对话框的左边列表中选择“空白页”，“页面类型”为“HTML”，“布局”为“无”，如图 2-31 所示，单击“创建”按钮，创建一张空白网页。

（4）选择菜单【文件】→【保存】命令，在弹出的“另存为”对话框中选择当前站点目录的保存路径，“文件名”为 index.html，如图 2-32 所示，单击“保存”按钮。

图 2-30　文件面板

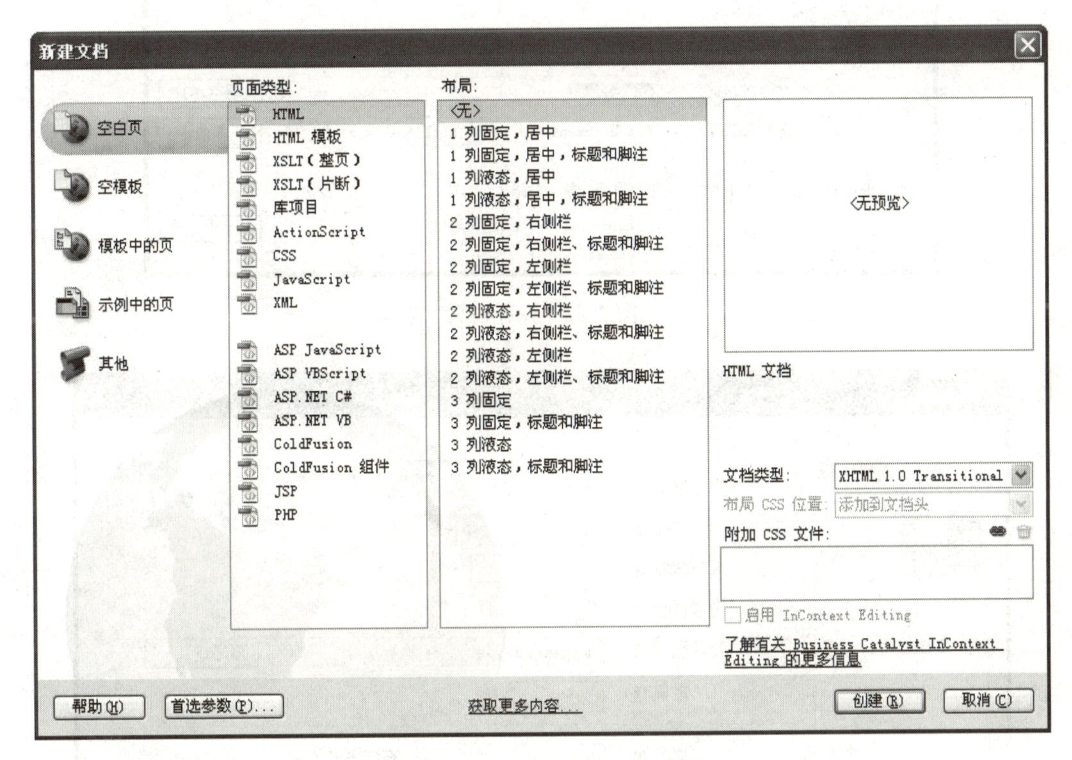

图 2-31　“新建文档”对话框

（5）单击属性面板中的“页面属性”按钮，在弹出的“页面属性”对话框中设置“外观”列表项下的“页面字体”为宋体，“大小”为 12，“背景图像”为 bg.jpg，页面边距为 0，如图 2-33 所示。在“分类”列表中选择“标题/编码”项，设置网页标题为“班级主页-二（八）班-金华师范附属小学”，如图 2-34 所示，单击“确定”按钮。

（6）选择菜单【插入】→【表格】命令，在弹出的“表格”对话框中设置表格属性，“行”为 1，“列”为 2，“表格宽度”为 1000 像素，“边框粗细”为 0 像素，“单元格边距”为 0，“单元格间距”为 0，如图 2-35 所示，单击“确定”按钮。

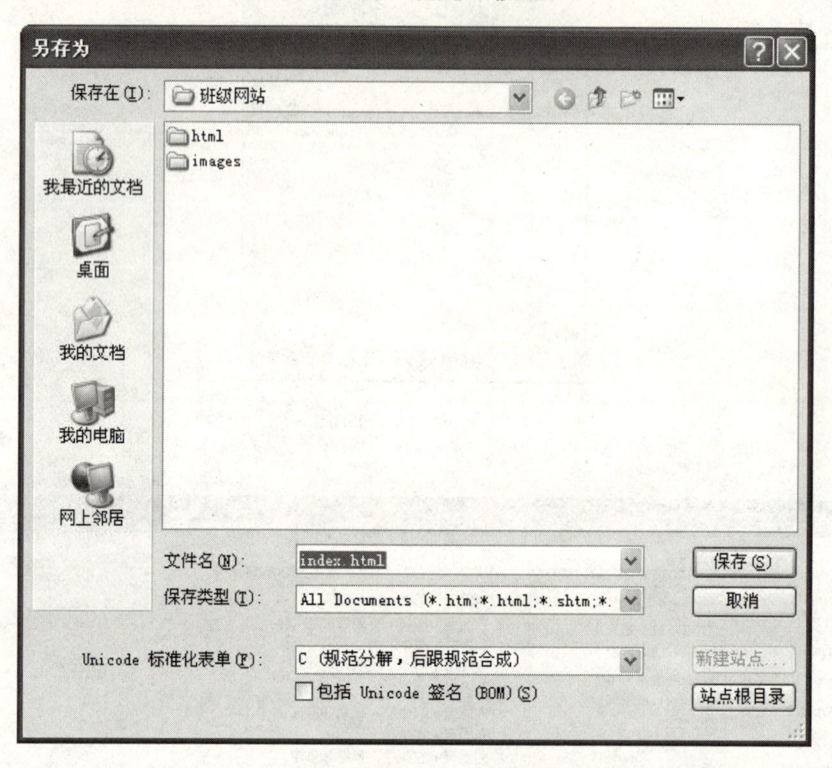

图 2-32　保存网页

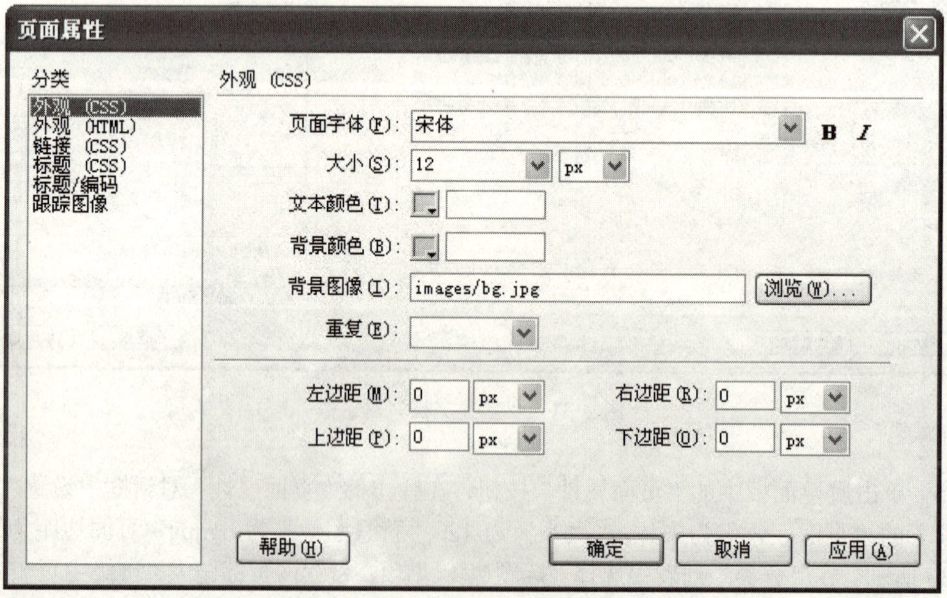

图 2-33　设置页面属性

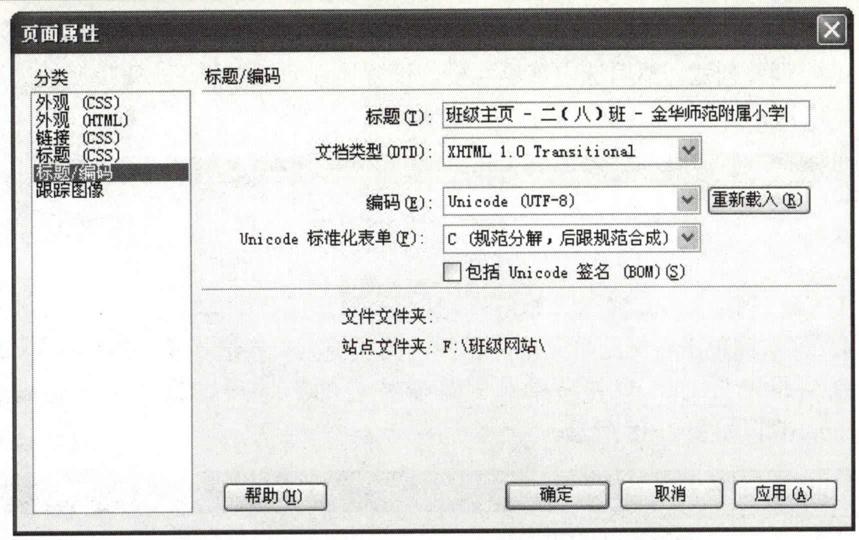

图 2-34　设置网页标题

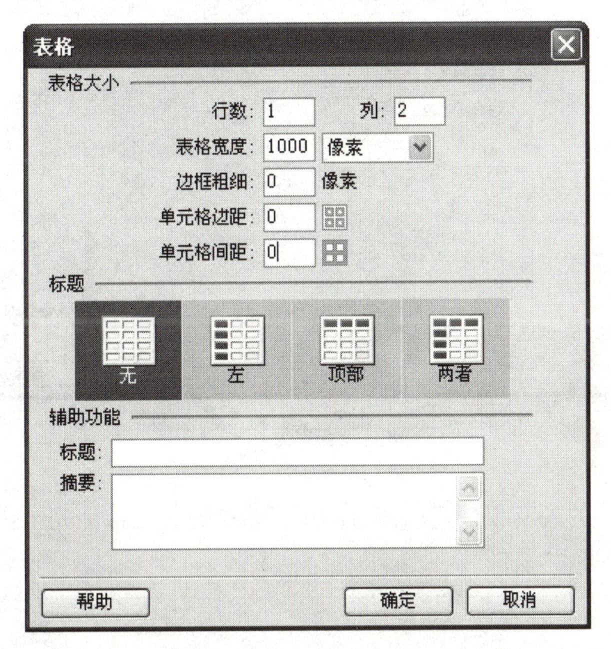

图 2-35　设置表格

（7）选中插入的表格，在属性面板中设置“对齐”为居中对齐，使插入的表格居于页面正中间，效果如图 2-36 所示。

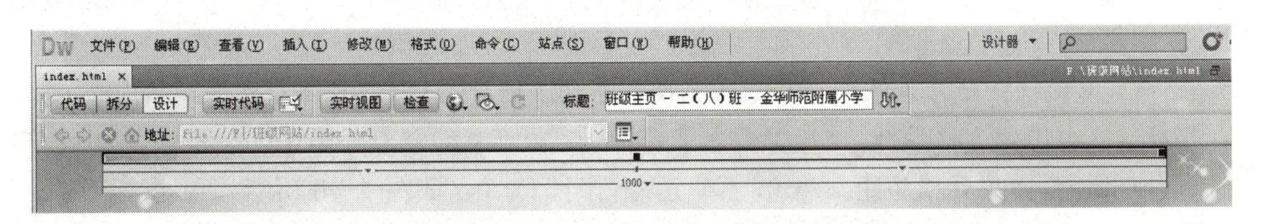

图 2-36　设置表格对齐属性后的效果

（8）在表格左侧的单元格中单击鼠标左键，单击菜单【插入】→【图像】命令，插入图像“logo.gif”，调整列宽。然后选中该单元格，设置属性面板中的“水平”属性为居中对齐，效果如图 2-37 所示。

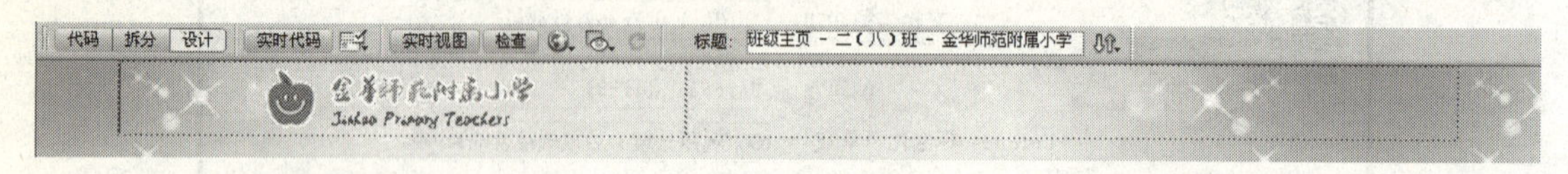

图 2-37　插入图像

（9）用鼠标右键单击右侧的单元格，在弹出的快捷菜单中选择【编辑标签】命令，在弹出的“标签编辑器”对话框中选择“浏览器特定的”选项，设置单元格背景图像为“school_menu.gif”，如图 2-38 所示。

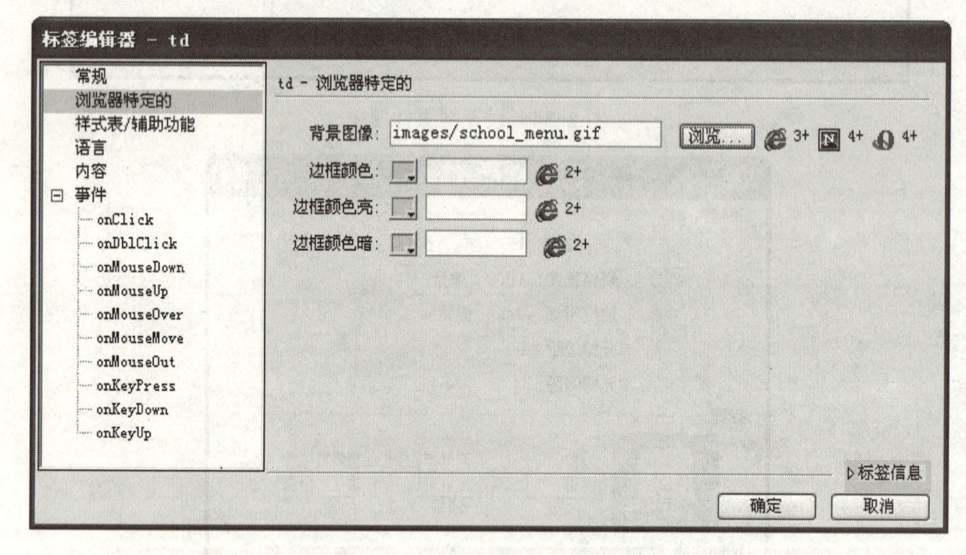

图 2-38　设置单元格背景图像

（10）调整单元格的列宽和行高，使右侧单元格的背景图像能完全显示，效果如图 2-39 所示。

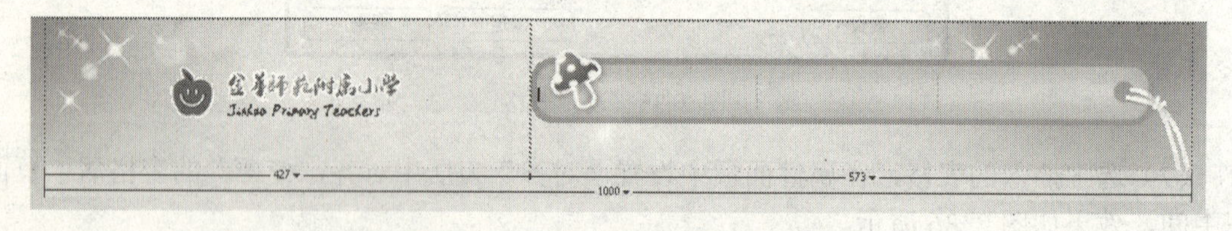

图 2-39　调整行高和列宽后的效果

（11）将光标定位在右侧的单元格中，选择菜单【插入】→【表格】命令，在弹出的“表格”对话框中设置表格属性，“行”为 1，“列”为 3，“表格宽度”为 80 百分比，“边框粗细”为 0 像素，“单元格边距”为 0，“单元格间距”为 0，如图 2-40 所示，单击“确定”按钮。

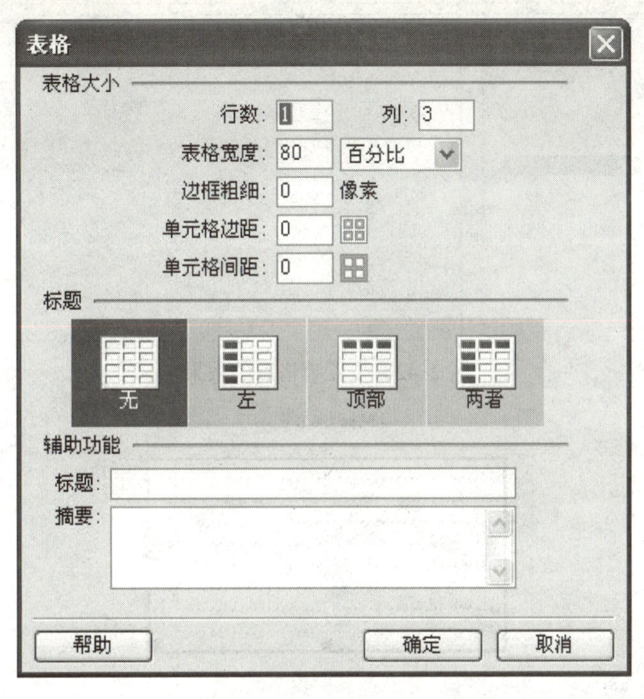

图2-40　设置表格

（12）分别在刚插入表格的三个单元格插入图像“menu01.jpg”、“menu02.jpg”和“menu03.jpg”。选择嵌套此表格的单元格，设置其“水平”对齐方式为居中对齐，效果如图2-41所示。

图2-41　设置表格后的效果

（13）将光标置于表格外，选择菜单【插入】→【表格】命令，在弹出的“表格”对话框中设置表格属性，“行”为1，“列”为3，“表格宽度”为1000像素，“边框粗细”为0像素，“单元格边距”为0，“单元格间距”为0，单击“确定”按钮。

（14）选中新建表格，设置“对齐”属性为居中对齐，右键单击该表格，在弹出的快捷菜单中选择【编辑标签】命令，在弹出的“标签编辑器”对话框中选择“浏览器特定的”选项，设置表格背景图像为“bgbase.gif”。调整表格高度和列宽，效果如图2-42所示。

（15）将光标定位在左侧单元格，在属性面板中设置“水平”为右对齐，“垂直”为顶端。选择菜单【插入】→【表格】命令，在弹出的“表格”对话框中设置表格属性，“行”为9，“列”为2，“表格宽度”为65百分比，“边框粗细”为0像素，“单元格边距”为0，“单元格间距”为0，单击“确定”按钮，效果如图2-43所示。

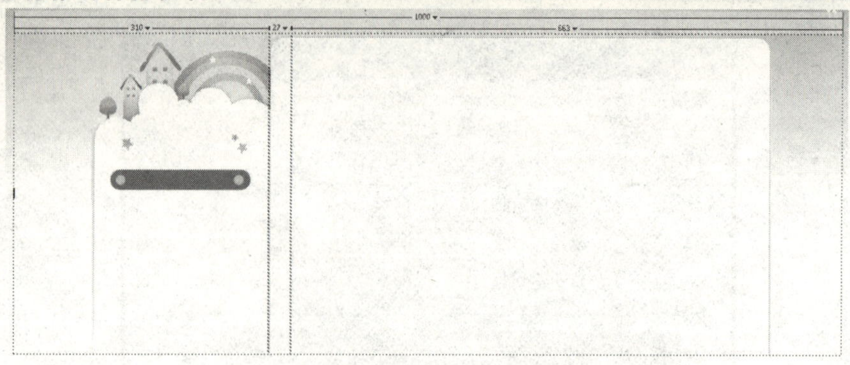

图 2-42　设置表格后的效果

图 2-43　插入表格后效果

（16）选择刚插入的嵌套表格，调整列宽和第一行、第二行的行高，在第二行输入文字“二（八）班”，选中文字“二（八）班”，在属性面板中设置“字体”为“楷体_GB2312”，“大小”为 18，“颜色”为“#F57137”，加粗。选中文字“二”，设置字体大小为 24，效果如图 2-44 所示。

图 2-44　输入文字效果

（17）调整第三行的行高，将光标定位到第三行左侧的单元格，输入文字“班级小天地”，选中文字，在属性面板中设置“字体”为宋体，“大小”为 14，“颜色”为“#FFD655”，效果如图 2-45 所示。

图 2-45　输入文字效果

（18）选择下面的 6 行，在属性面板中设置“高”为 30，用鼠标右键单击左侧的单元格，在弹出的快捷菜单中选择【编辑标签】命令，在弹出的“标签编辑器”对话框中选择“浏览器特定的”选项，设置单元格背景图像为“slmbg.jpg”，效果如图 2-46 所示。

（19）分别在各个单元格输入文字“我爱我家”、“班级通知”、“班级相册”、“作文园地”、“数学乐园”和“学校直通车”，选中文字，在属性面板中设置“字体”为宋体，“大小”为 12，“颜色”为“#F57137”，效果如图 2-47 所示。

图 2-46　设置单元格背景图像效果

图 2-47　输入文字效果

（20）将光标定位在主表格右侧的单元格中，在属性面板中设置“垂直”对齐方式为顶端，效果如图 2-48 所示。

图 2-48　设置单元格属性效果

（21）选择菜单【插入】→【表格】命令，在弹出的“表格”对话框中设置表格属性，“行”为 3，“列”为 2，“表格宽度”为 85 百分比，“边框粗细”为 0 像素，“单元格边距”为 0，“单元格间距”为 0，单击“确定”按钮，效果如图 2-49 所示。

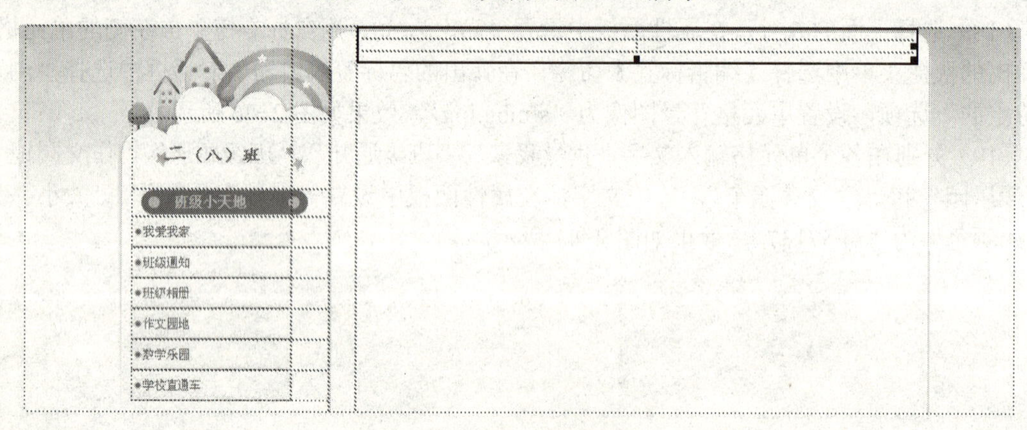

图 2-49　插入表格效果

（22）选择插入嵌套表格的第二行的两个单元格，在属性面板中单击“合并所选单元格，使用跨度”按钮，合并单元格。在单元格中插入图像“class_zdy.jpg”，效果如图 2-50 所示。

（23）将光标定位到插入嵌套表格的第三行左侧单元格，输入文字“这是一个团结奋进的班集体，这里是我们成长的乐园，这里是我们快乐的家园，我们在这个家园里健康，快乐成长着。我们在老师的辛勤培育下，每一颗童稚的心灵，都获得智慧的启迪，为未来开启一扇扇窗，打开一扇扇门。在知识海洋里，像小船一样扬起理想的风帆，为了明天的彼岸乘风破浪。”选中文字，在属性面板中设置“大小”为 12，“颜色”为“#E23F20”，效果如图 2-51 所示。

图 2-50　插入图像效果

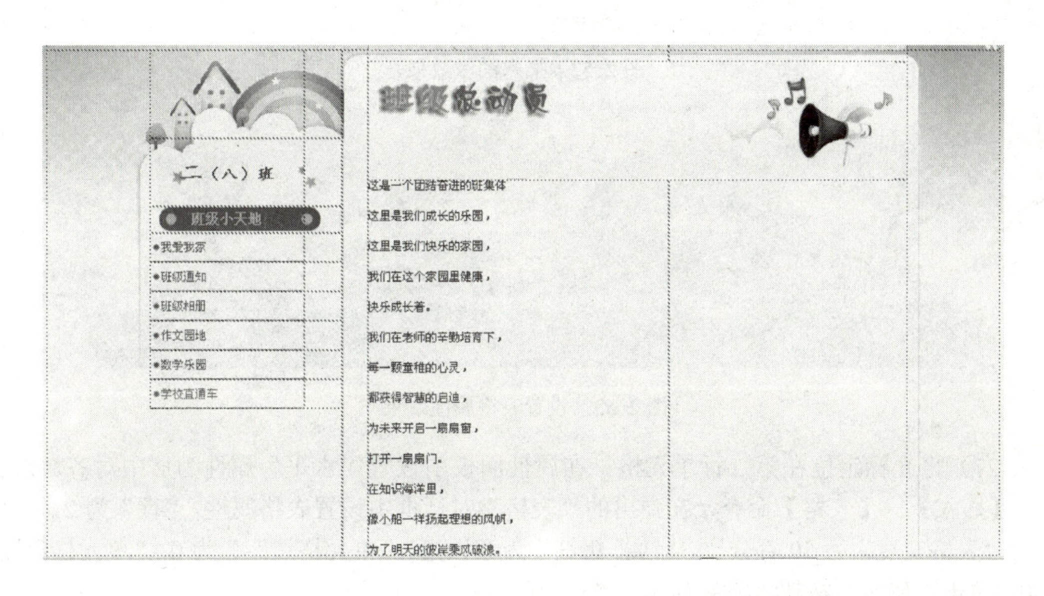

图 2-51　输入文字效果

（24）将光标定位到插入表格的第三行右侧单元格，插入图像“bj.jpg”，调整列宽，效果如图 2-52 所示。

（25）将光标置于主表格外，选择菜单【插入】→【表格】命令，在弹出的“表格”对话框中设置表格属性，“行”为 2，“列”为 1，“表格宽度”为 1000 像素，“边框粗细”为 0 像素，“单元格边距”为 0，“单元格间距”为 0，单击“确定”按钮。

（26）选中刚插入的新表格，在属性面板设置“对齐”属性为居中对齐，用鼠标右键单击新表格，在弹出的快捷菜单中选择【编辑标签】命令，在弹出的“标签编辑器”对话框中选择“浏览器特定的”选项，设置表格背景图像为“class_footer.jpg”，调整表格高度和行高，效果如图 2-53 所示。

图 2-52　插入图像效果

图 2-53　设置表格属性效果

（27）将光标定位在第二行单元格，在属性面板中设置“水平”属性为居中对齐。选择菜单【插入】→【表格】命令，在弹出的“表格”对话框中设置表格属性，“行”为 2，“列”为 1，“表格宽度”为 50 百分比，“边框粗细”为 0 像素，“单元格边距”为 0，“单元格间距”为 0，单击“确定”按钮，效果如图 2-54 所示。

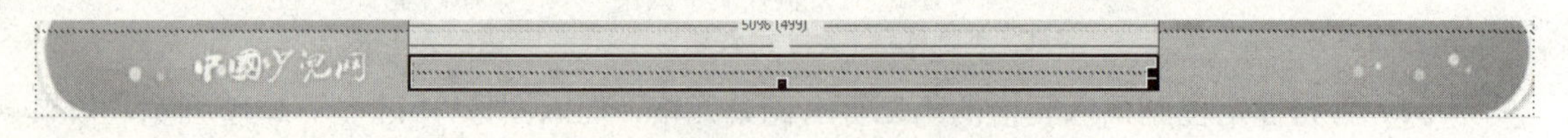

图 2-54　插入表格效果

（28）将光标定位在插入嵌套表格的第一行，在属性面板中设置“水平”属性为居中对齐，输入文字“联系我们 | 学校首页 | 班级首页 | 个人中心 | 关于我们”，选中这些文字，在属性面板中设置“颜色”为“#4A7E2B”，效果如图 2-55 所示。

图 2-55　插入文字效果

（29）将光标定位在插入表格的第二行，在属性面板中设置“水平”属性为居中对齐，

输入文字“copyright(c)2009～2010 shaoer.com. All rights reserved. (T)”，选中文字，在属性面板中设置“颜色”为“#333333”，在文字后面插入图像“pic.gif”，效果如图 2-56 所示。

图 2-56　插入文字图像效果

（30）班级主页制作完成。保存文档，按 F12 键，预览网页效果如图 2-1 所示。

任务扩展 2-1

使用表格进行布局并制作学校首页，效果如图 2-57 所示。

图 2-57　学校首页效果图

职业技能知识点考核 4

1. （　　）不是组成表格的最基本元素。

A. 行　　B. 列　　C. 边框　　D. 单元格

2. 选中整个表格应（　　）。

A. 用鼠标单击表格的任意边框

B. 将鼠标移到状态栏，单击“<tr>”

C. 输入图片

D. 输入文字

3. 将鼠标移到行的最左边，鼠标呈现（　　）时，单击鼠标可以选中本行。

A. 黑色箭头　　B. 白色箭头

C. 黑色按钮　　D. 白色按钮

4. 要选中某个单元格，可以将光标先定位在该单元格，然后鼠标移到状态栏的（　　），单击该标志可以选中该单元格。

A. <tr>　　B. <table>

C. <td>　　D. <tm>

5. 在属性面板的（　　）下方设置表格的名称。

A. 表格 ID　　B. 表格名称

C. 表格边框　　D. 表格内容

6. 在表格属性设置中，间距指的是（　　）。

A. 单元格内文字距离单元格内部边框的距离

B. 单元格内图像距离单元格内部边框的距离

C. 单元格内文字距离单元格左部边框的距离

D. 单元格与单元格之间的宽度

7. 选中多个单元格应按（　　）键。

A. Ctrl　　B. Alt　　C. Shift　　D. Ctrl+Alt

8. 单元格合并必须是（　　）的单元格。

A. 大小相同　　B. 相邻　　C. 颜色相同　　D. 同一行

9. 下面说法错误的是（　　）。

A. 单元格可以相互合并　　B. 在表格中可以插入行

C. 可以拆分单元格　　D. 在单元格中不可以设置背景图片

10. 将鼠标光标移到（　　），单击（　　）标记可以选中整个表格。

A. 工具栏，<table>　　B. 菜单栏，<tr>

C. 工具栏，<td>　　D. 状态栏，（table）

11. 插入表格的快捷键是（　　）。

A. Ctrl+Shift+T　　B. Ctrl+Alt+T

C. Ctrl+Shift+F　　D. Ctrl+Shift+M

12. 要使表格的边框不显示，应设置边框的值是（　　）。
    A. 1　　B. 0　　C. 2　　D. 3
13. 在 Dreamweaver 中，下面关于排版表格属性的说法错误的是（　　）。
    A. 可以设置单元格之间的距离但是不能设置单元格内的内容和单元格边框之间的距离
    B. 可以设置表格的背景颜色
    C. 可以设置高度　　D. 可以设置宽度
14. 在 Dreamweaver 中插入表格时，可以设置表格的（　　）属性。
    A. 表格的行、列数　　B. 单元格填充和间距
    C. 表格宽度　　D. 表格边框宽度
15. 设置围绕表格的边框宽度的 HTML 代码是（　　）。
    A. <table size=#>　　B. <table border=#>
    C. <table bordersize=#>　　D. <table bordercolor=#>
16. 在 Dreamweaver 中，下面关于拆分单元格的说法错误的是（　　）。
    A. 用鼠标将光标定位在要拆分的单元格中，在属性面板中单击“拆分单元格为行或列”按钮
    B. 用鼠标将光标定位在要拆分的单元格中，在拆分单元格中选择行，表示水平拆分单元格
    C. 用鼠标将光标定位在要拆分的单元格中，选择列，表示垂直拆分单元格
    D. 拆分单元格只能是把一个单元格拆分成两个
17. 在 Dreamweaver 中，下面（　　）的操作是不能插入一行的。
    A. 将光标定位在单元格中，打开【修改】菜单，选择【修改】子菜单的【插入行】命令
    B. 在行的一个单元格中单击鼠标右键，打开快捷菜单，选择【表格】子菜单的【插入行】命令
    C. 将光标定位到最后一行的一个单元格中，按下 Tab 键，在当前行下会添加一个新行
    D. 把光标定位在最后一行的最后的一个单元格中，按下组合键“Ctrl+W”，就在当前行下会添加一个新行
18. 在 Dreamweaver 中，下面关于导入和导出表格数据的说法错误的是（　　）。
    A. 文本文件不可以导入到 Dreamweaver 中并格式化为表格
    B. Excel 文档可以导入到 Dreamweaver 中并格式化为表格
    C. Dreamweaver 提供了与外界数据交换的工具
    D. 可以将网页中的表格导出
19. 在 Dreamweaver 中，下面有关表格对象的陈述不正确的是（　　）。
    A. 表格一旦设计好，行列数就不能调整
    B. 表格可以嵌套
    C. 表格中单元格的宽度可以自行调整
    D. 表格支持背景色修改，也支持背景图片

2-2 框架

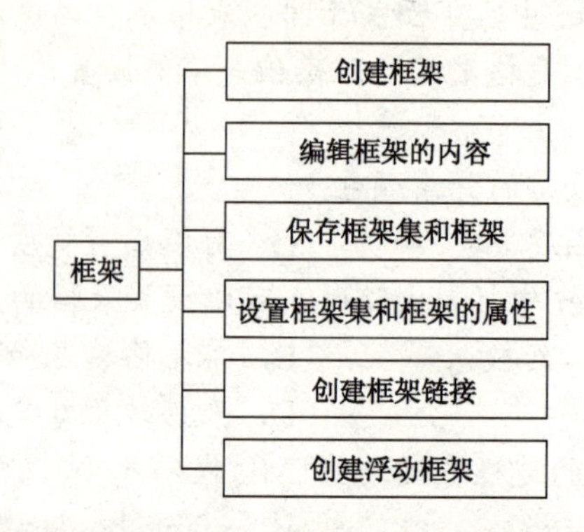

任务 2-2 应用框架布局和制作“作文园地”网页

本次任务要求使用框架布局和制作金华师范附属小学班级网站中的“作文园地”页面，效果如图 2-58 所示。

图 2-58 “作文园地”页面效果图

2.2.1 创建框架

框架是浏览器窗口中的一个区域，它可以显示与浏览器窗口的其余部分中所显示内容无

关的 HTML 文档。框架提供将一个浏览器窗口划分为多个区域、每个区域都可以显示不同 HTML 文档的方法。

框架集是 HTML 文件，它定义一组框架的布局和属性，包括框架的数目、框架的大小和位置，以及最初在每个框架中显示的页面 URL 地址。框架集文件本身不包含要在浏览器中显示的 HTML 内容，只是向浏览器提供应如何显示一组框架以及在这些框架中应显示哪些文档的有关信息。

创建框架的方法主要有以下两种：

（1）选择菜单【文件】→【新建】命令，弹出“新建文档”对话框，在左侧列表中选择“示例中的页”，在“示例文件夹”选项中选择“框架页”，在“示例页”选项中选择一个框架集，单击“创建”按钮，如图 2-59 所示。

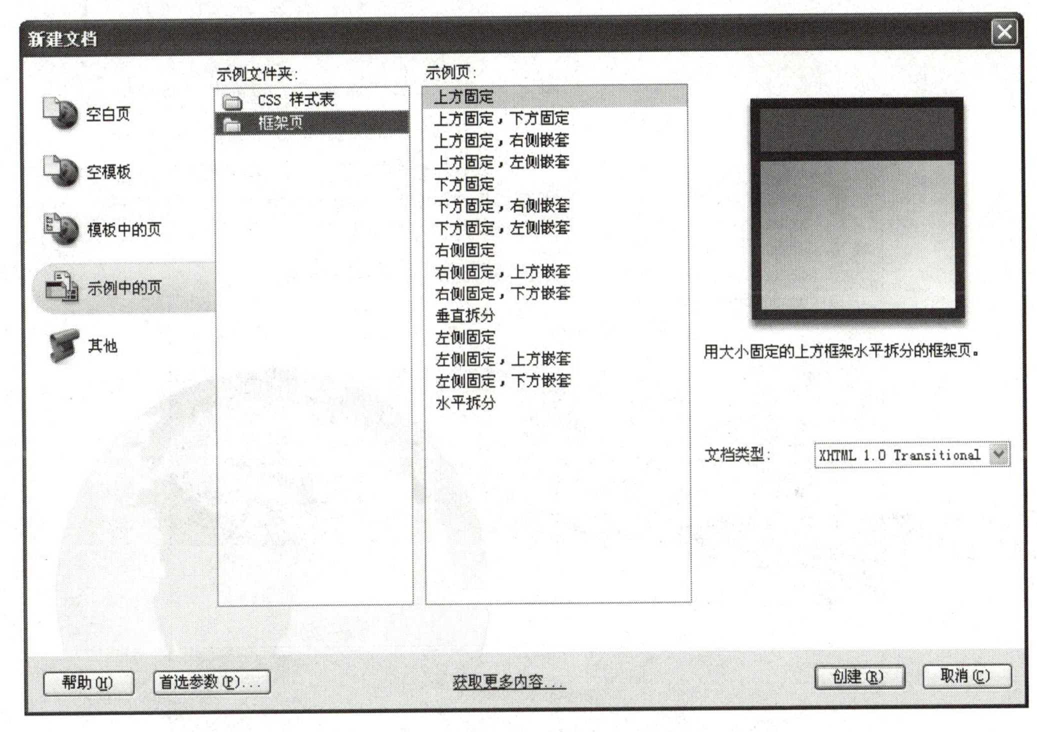

图 2-59　新建框架页面

（2）新建一个网页，在“插入”面板中选择“布局”选项卡，单击“框架”图标，在弹出的子菜单中选择一项命令，如图 2-60 所示。

在弹出如图 2-61 所示的“框架标签辅助功能属性”对话框后，再为各个框架重新定义标题，也可以直接单击“确定”按钮创建框架网页。

在创建顶部框架网页后，代码视图如图 2-62 所示。

其中：<frameset>…</frameset>定义一个框架集。rows 或 cols 属性设置在框架集中存在多少行或多少列。Frameborder 属性和 border 属性设置是否显示边框和边框宽度，framespacing 属性设置框架与框架间保留的空白距离。

框架：左侧框架
左侧框架
右侧框架
顶部框架
底部框架
下方和嵌套的左侧框架
下方和嵌套的右侧框架
左侧和嵌套的下方框架
右侧和嵌套的下方框架
上方和下方框架
左侧和嵌套的顶部框架
右侧和嵌套的上方框架
顶部和嵌套的左侧框架
上方和嵌套的右侧框架

图 2-60　框架按钮

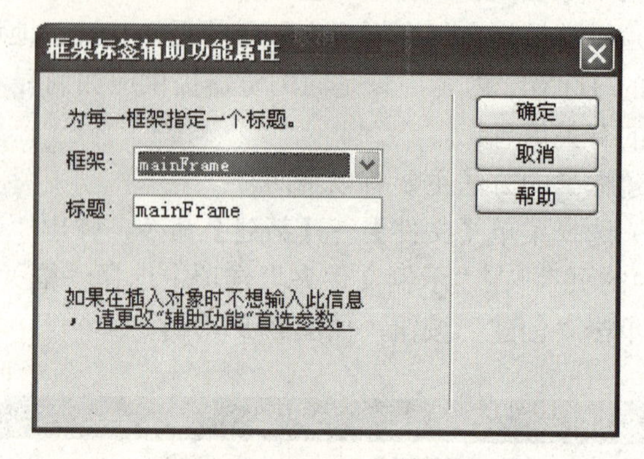

图 2-61　“框架标签辅助功能属性”对话框

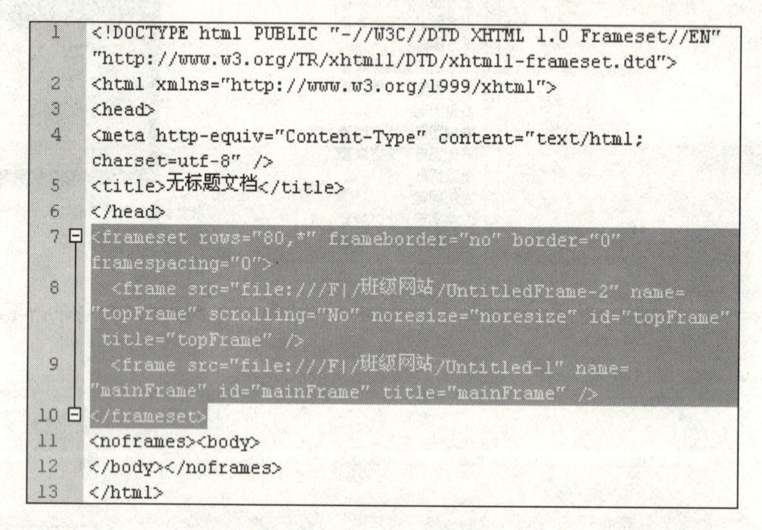

```
1  <!DOCTYPE html PUBLIC "-//W3C//DTD XHTML 1.0 Frameset//EN"
   "http://www.w3.org/TR/xhtml1/DTD/xhtml1-frameset.dtd">
2  <html xmlns="http://www.w3.org/1999/xhtml">
3  <head>
4  <meta http-equiv="Content-Type" content="text/html;
   charset=utf-8" />
5  <title>无标题文档</title>
6  </head>
7  <frameset rows="80,*" frameborder="no" border="0"
   framespacing="0">
8    <frame src="file:///F|/班级网站/UntitledFrame-2" name=
   "topFrame" scrolling="No" noresize="noresize" id="topFrame"
    title="topFrame" />
9    <frame src="file:///F|/班级网站/Untitled-1" name=
   "mainFrame" id="mainFrame" title="mainFrame" />
10 </frameset>
11 <noframes><body>
12 </body></noframes>
13 </html>
```

图 2-62　框架代码

<frame>定义 frameset 中的一个特定的框架。src 属性设置框架中显示的页面路径和名称，name 属性设置框架名称，scrolling 设置是否在框架中显示滚动条，noresize 属性设置浏览者是否可以用鼠标拖动框架边框来调整框架大小。

2.2.2　编辑框架的内容

在 Dreamweaver 界面的设计视图中，单击要编辑的框架文档，使之处于激活状态，然后就可以像编辑单个网页文档那样编辑了。

2.2.3　保存框架集和框架

在保存框架集和框架文件时，可以单独保存每个框架集文件和框架文件，也可以同时保

存框架集文件和框架中出现的所有文档。

1．保存框架集文件

选择菜单【窗口】→【框架】命令，打开“框架”面板，然后在“框架”面板上单击框架集的边框选择框架集，如图 2-63 所示。

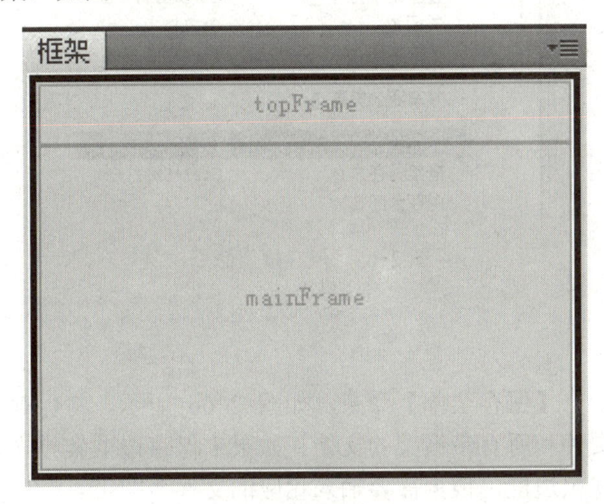

图 2-63　框架面板

也可以在文档窗口中按住 Ctrl 键的同时单击框架集的边框来选择框架集，再选择【文件】→【框架集另存为】命令，如图 2-64 所示，在打开的“另存为”对话框中选择框架集文件的保存路径，在“文件名”文本框中输入框架集的文件名即可。

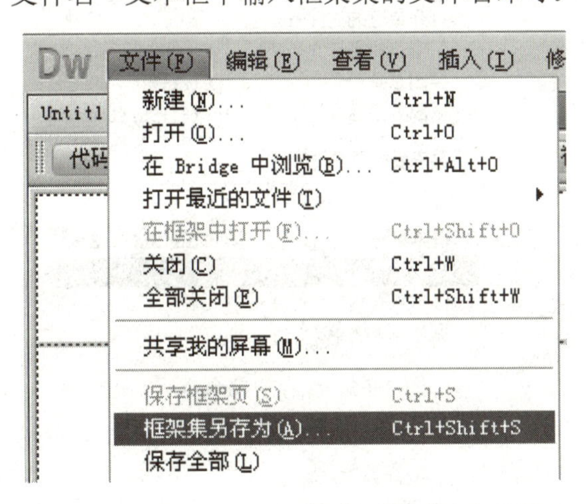

图 2-64　框架集另存为命令

2．保存框架文件

将光标定位于要保存的框架中，然后选择菜单【文件】→【保存框架】或选择菜单【文件】→【框架另存为】命令，如图 2-65 所示，在打开的“另存为”对话框中选择框架文件的保存路径，在“文件名”文本框中输入框架的文件名即可。

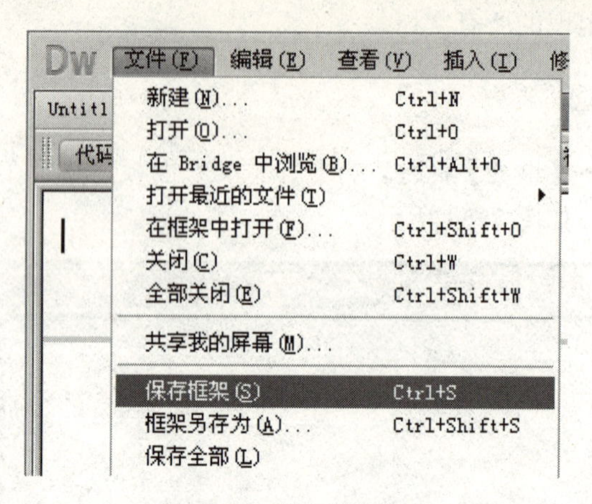

图 2-65　保存框架命令

3. 保存全部

选择菜单【文件】→【保存全部】命令，如图 2-66 所示。将保存在框架集中打开的所有文档，包括框架集文件和所有带框架的文档。如果未保存该框架集文件，则在设计视图中的框架集的周围将出现粗边框，根据需要输入相应的文件名即可。

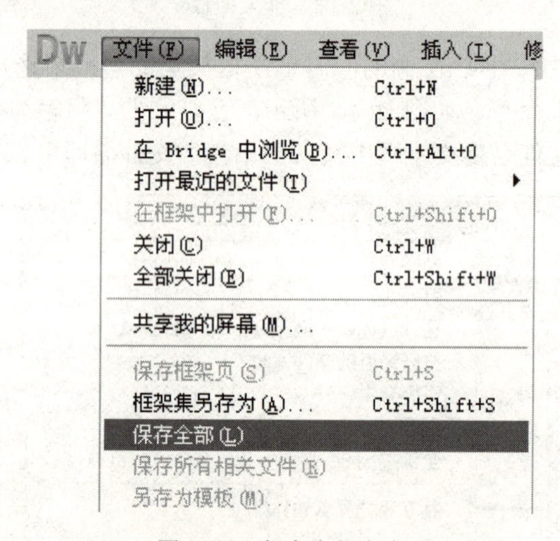

图 2-66　保存全部命令

2.2.4　设置框架集和框架的属性

1. 设置框架集的属性

选择菜单【窗口】→【框架】命令，打开“框架”面板，然后在“框架”面板上单击框架集的边框选择框架集，如图 2-67 所示。

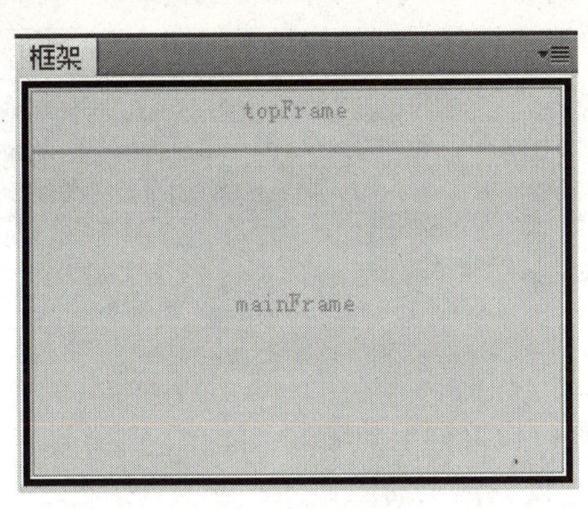

图 2-67 选择框架集

然后在“框架集”属性面板上设置该框架集的属性，如图 2-68 所示，各选项的作用如下。

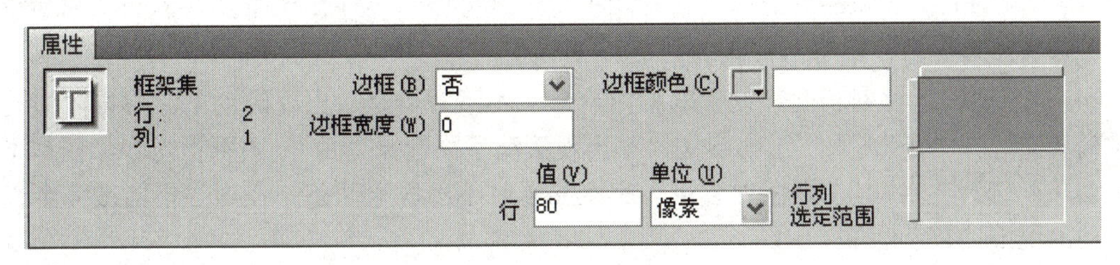

图 2-68 框架集属性面板

（1）“边框”下拉列表框：设置是否显示边框，如果需要显示，则选择“是”；如果不需要显示，则选择“否”。

（2）“边框宽度”文本框：设置当前框架集的边框的宽度。

（3）“边框颜色”文本框：设置当前框架集的边框的颜色。

（4）“行或列”文本框：设置框架大小。

2. 设置框架的属性

在框架面板上单击需要设置属性的框架，如图 2-69 所示。

图 2-69 选择框架

然后在“框架”属性面板上设置框架的属性，如图 2-70 所示，各选项的作用如下。

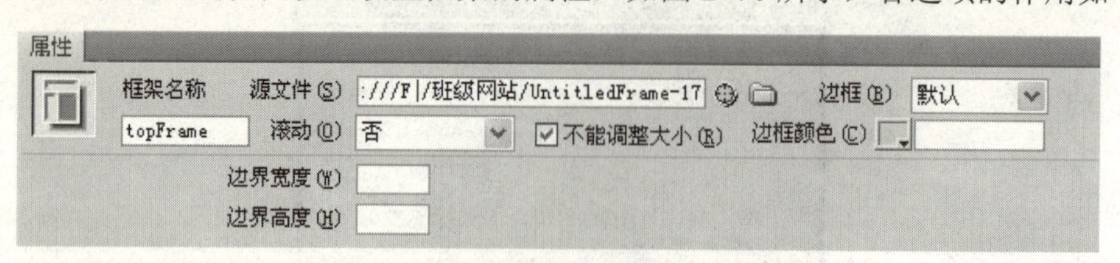

图 2-70 框架的属性面板

（1）“框架名称”文本框：设置框架的名称。

（2）“源文件”文本框：设置框架的源文件，可以直接在“源文件”文本框中输入文件的路径和名称，也可以单击“源文件”项右边的“指向文件”图标，或者单击“文件”图标，为框架指定一个源文件。

（3）“边框”下拉列表框：设置是否显示框架的边框。当所有相邻的框架边框都设置为“否”时，框架的边框才会消失。当所有相邻边框都设置为“默认”时，它们的父框架集的边框设置为“否”时，框架边框也会消失。

（4）“滚动”下拉列表框：设置框架内容显示不下时，是否出现滚动条。单击“滚动”下拉列表，选择“是”，则不管内容如何都出现滚动条；选择“否”，则不管内容如何都不出现滚动条；选择“自动”，则在内容可以完全显示时不出现滚动条，在内容不能被完全显示时自动出现滚动条。

（5）“不能调整大小”复选框：设置在浏览器中浏览网页时，浏览者是否可以用鼠标拖动框架边框来调整框架大小。如果选择了此复选项，则浏览者在浏览网页时，就不能调整框架的大小，反之则可以调整框架大小。

（6）“边框颜色”文本框：设置框架边框的颜色。

（7）“边界宽度”文本框：设置框架左右边距，即设置框架内容和边框之间的左右距离。

（8）“边界高度”文本框：设置框架上下边距，即设置框架内容和边框之间的上下距离。

2.2.5 创建框架链接

在 Dreamweaver 中，要为框架网页内的文本或对象指定一个链接，可以分为两部分进行操作：指定框架的链接文件和设置链接的目标。

在框架网页中，选择要设置链接的文本或图像，在属性面板的“链接”选项中设置链接要打开的网页的路径和文件名，此时“目标”选项变为可用。单击“目标”下拉列表，选取框架名称，则链接所要打开的网页就会显示在相应的框架窗口中，如图 2-71 所示。

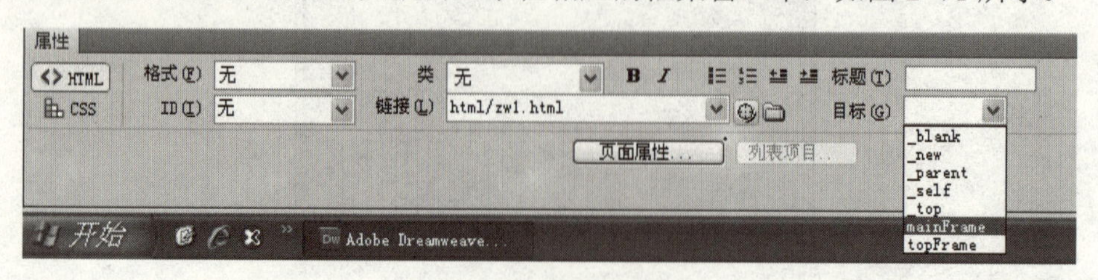

图 2-71 设置链接目标

2.2.6　创建浮动框架

浮动框架是一种特殊的框架页面，在浏览器窗口中可以嵌套子窗口，在其中显示页面的内容。浮动框架可以插入在页面中的任意位置。

1. 插入浮动框架

选择菜单【插入】→【标签】命令，如图2-72所示，弹出“标签选择器”对话框。

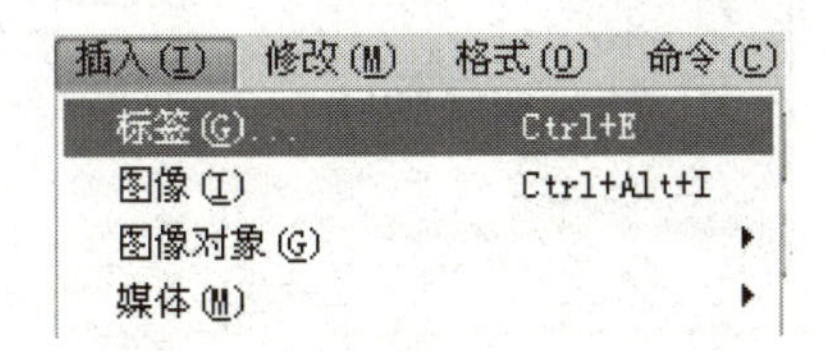

图2-72　选择标签命令

在“标签选择器”对话框中，选择“标记语言标签”→“HTML标签”→“页面元素”→“常规”选项，然后在右侧出现的列表中选择“iframe”，如图2-73所示。

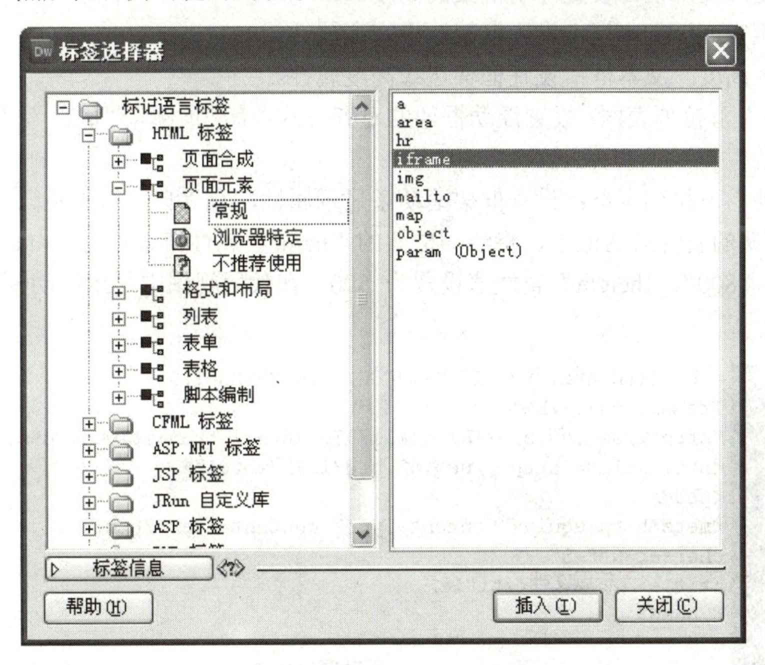

图2-73　选择“iframe”标签

单击“插入”按钮，弹出“标签编辑器”对话框，如图2-74所示，设置浮动框架的相应属性，单击“确定”按钮即可创建浮动框架。

“标签编辑器”对话框中各属性的含义如下。

（1）“源”文本框：设置浮动框架中显示页面的源文件路径和文件名。

（2）“名称”文本框：设置浮动框架的名称。

（3）“宽度”文本框：设置浮动框架的宽度。

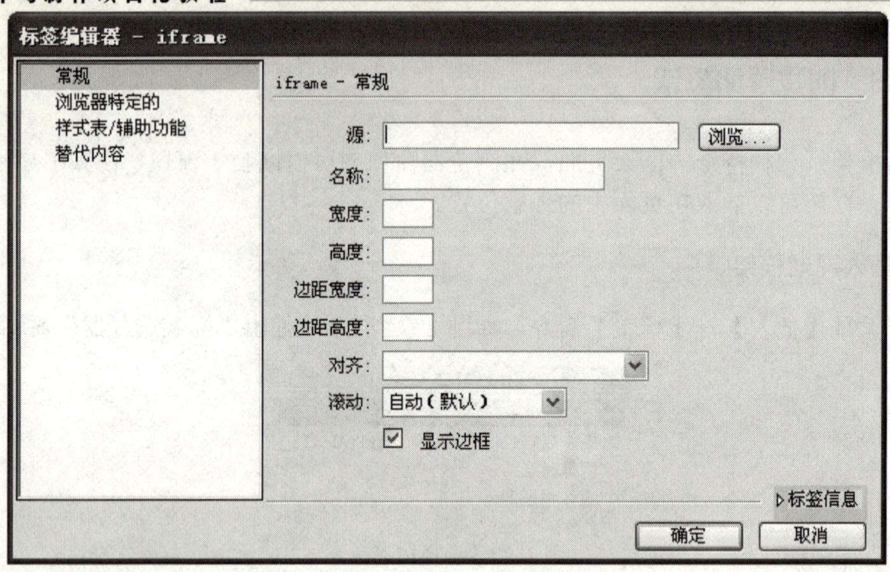

图 2-74　设置浮动框架属性

（4）“高度”文本框：设置浮动框架的高度。

（5）“边距宽度”文本框：设置框架边缘宽度属性。

（6）“边距高度”文本框：设置框架边缘高度属性。

（7）“对齐”下拉列表框：设置浮动框架的对齐方式，有“顶部”、“底部”、“中间”、“左”、“右”5 项。

（8）“滚动”下拉列表框：设置框架滚动条显示属性，有“自动”、“是”、“否”3 项。

在浮动框架的属性对话框中，将浮动框架的“name”属性值设置为“fudong”，“width”属性值设置为“800”，“height”属性值设置为 500。在代码视图中显示浮动框架的代码，如图 2-75 所示：

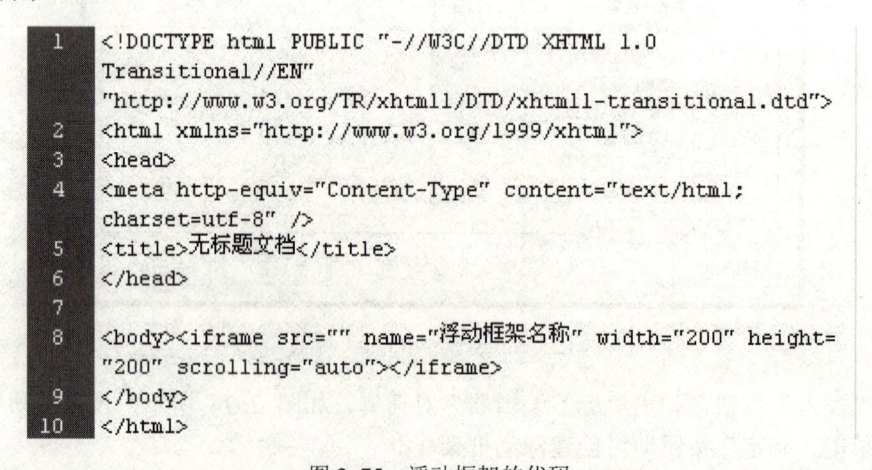

```
1  <!DOCTYPE html PUBLIC "-//W3C//DTD XHTML 1.0
   Transitional//EN"
   "http://www.w3.org/TR/xhtml1/DTD/xhtml1-transitional.dtd">
2  <html xmlns="http://www.w3.org/1999/xhtml">
3  <head>
4  <meta http-equiv="Content-Type" content="text/html;
   charset=utf-8" />
5  <title>无标题文档</title>
6  </head>
7
8  <body><iframe src="" name="浮动框架名称" width="200" height=
   "200" scrolling="auto"></iframe>
9  </body>
10 </html>
```

图 2-75　浮动框架的代码

2. 浮动框架的链接

可以将链接的网页在浮动框架中显示。只是设置时，需在代码视图中进行。

在刚刚创建的网页中，在浮动框架下方输入文字“金华职业技术学院信息工程学院”，在文字上创建链接，链接到网址“http://info.jhc.cn”。在代码视图中<a>标记后增加 target 属性，属性值为浮动框架名称“fudong”，如图 2-76 所示。

```
<!DOCTYPE html PUBLIC "-//W3C//DTD XHTML 1.0 Transitional//EN"
"http://www.w3.org/TR/xhtml1/DTD/xhtml1-transitional.dtd">
<html xmlns="http://www.w3.org/1999/xhtml">
<head>
<meta http-equiv="Content-Type" content="text/html; charset=utf-8" />
<title>无标题文档</title>
</head>

<body>
<iframe src="" scrolling="auto" name="fudong" width=800 height="500"></iframe>
<p><a href="http://info.jhc.cn" target="fudong" >金华职业技术学院信息工程学院</a>
</p>
</body>
</html>
```

图 2-76 浮动框架链接代码

这样，链接网页将在浮动框架中打开，如图 2-77 所示。

图 2-77 浮动框架链接效果

任务实施 2-2

（1）选择菜单【文件】→【新建】命令，弹出“新建文档”对话框，如图 2-78 所示。

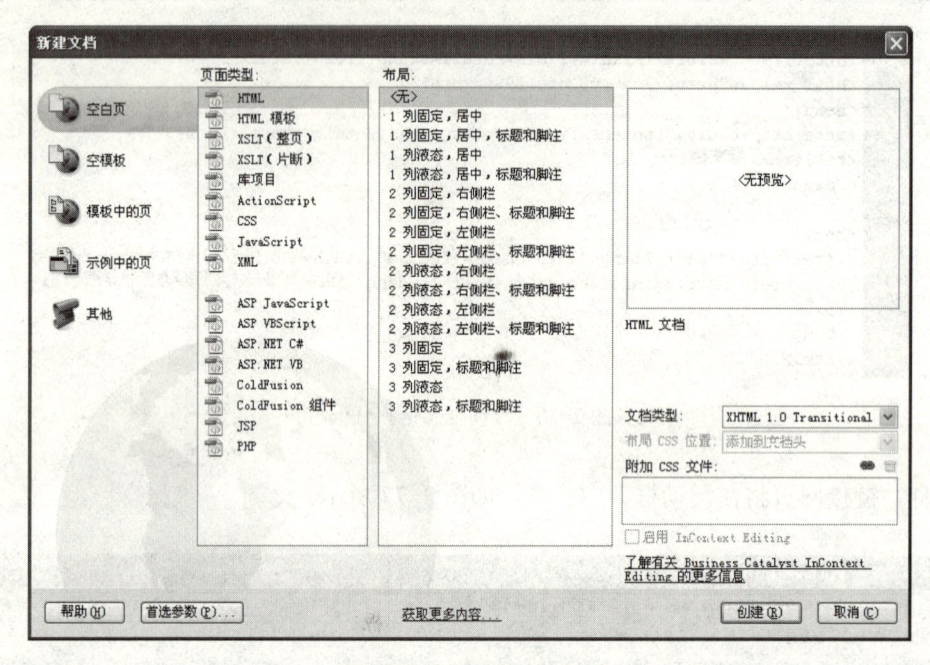

图 2-78　新建文档

（2）在左侧列表中选择“示例中的页”，在“示例文件夹”列表中选择“框架页”，在“示例页”列表中选择“上方固定，左侧嵌套”，如图 2-79 所示，单击“创建”按钮。

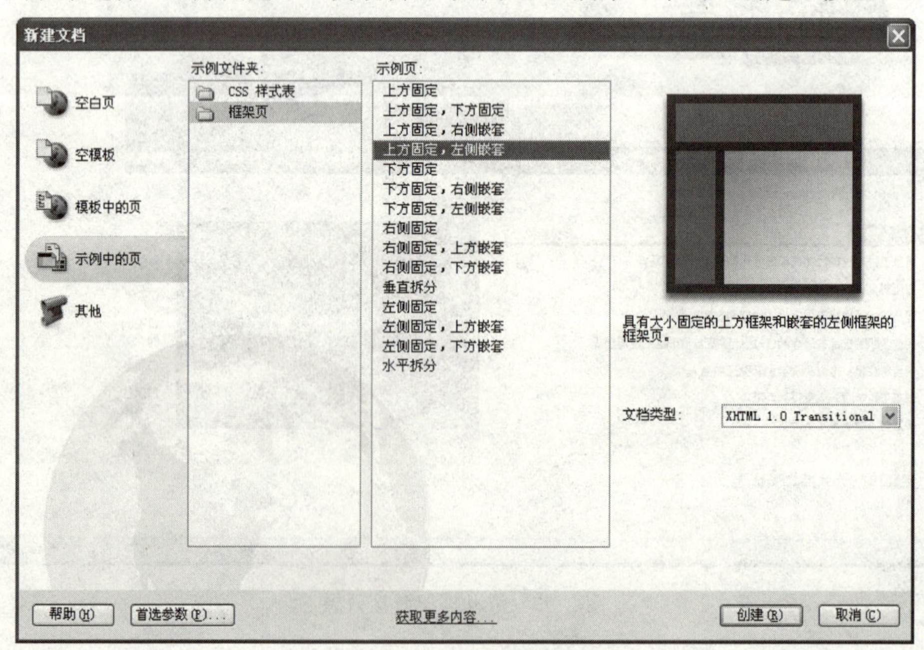

图 2-79　新建框架页面

（3）弹出“框架标签辅助功能属性”对话框，对每个“框架”重新指定“标题”，然后单击“确定”按钮即可创建框架网页，如图2-80所示。

图2-80 框架页面

（4）选择菜单【窗口】→【框架】命令，打开“框架”面板，然后在“框架”面板上单击框架集的边框选择框架集，如图2-81所示。

选择菜单【文件】→【框架集另存为】命令，在打开的“另存为”对话框中选择框架集文件的保存路径，在“文件名”文本框中输入文件名“zwyd.html”，如图2-82所示。

（5）用鼠标单击上方的框架，选择菜单【文件】→【保存框架】命令，在打开的“另存为”对话框中选择上方框架文件的保存路径，在“文件名”框中输入文件名“top.html”。然后用鼠标单击左侧的框架，选择菜单【文件】→【保存框架】命令，在打开的“另存为”对话框中选择左侧框架文件的保存路径，在“文件名”框中输入文件名“left.html”，最后用鼠标单击右侧的框架，选择菜单【文件】→【保存框架】命令，在打开的“另存为”对话框中选择右侧框架文件的保存路径，在“文件名”框中输入文件名“main.html”。

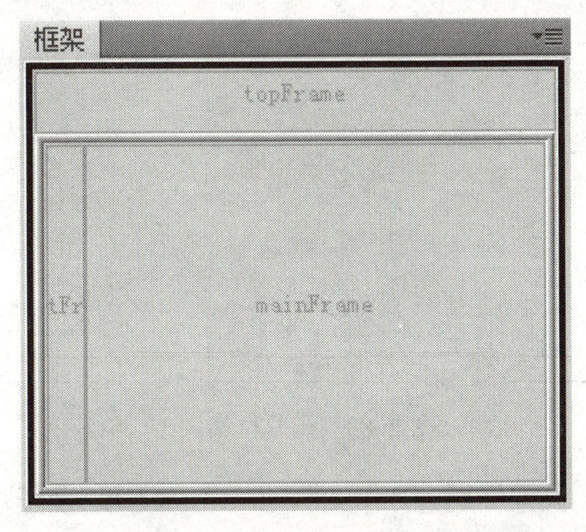

图2-81 选择框架集

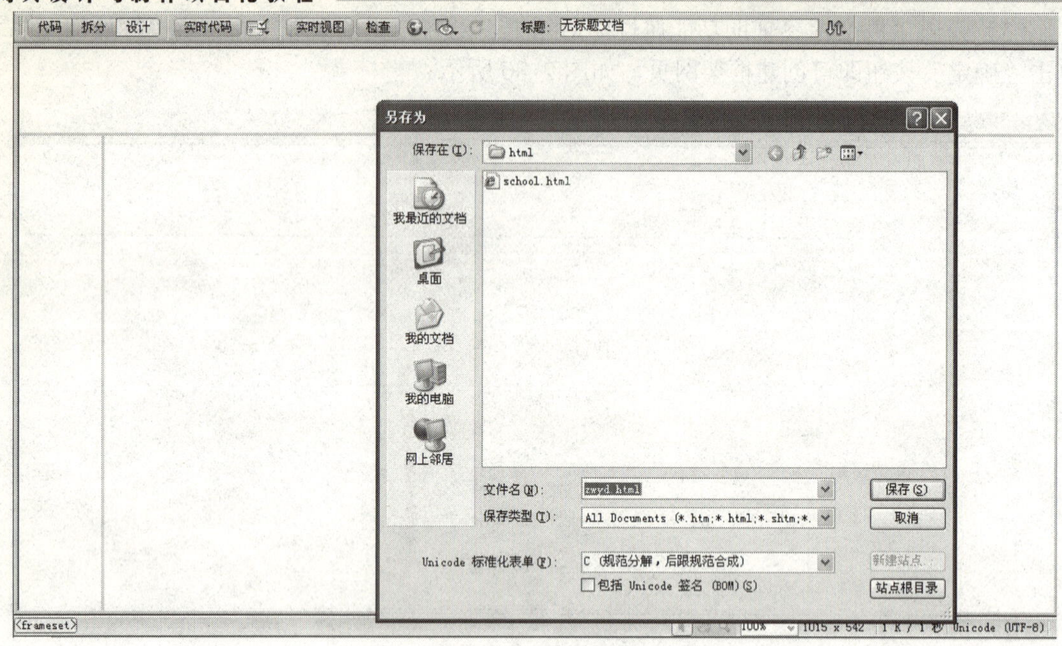

图 2-82　保存框架集

（6）将光标移至框架边框上，在出现双向箭头时，按住鼠标左键左右移动，可改变左侧与右侧框架的大小，如图 2-83 所示。同理可以改变上方框架的大小。

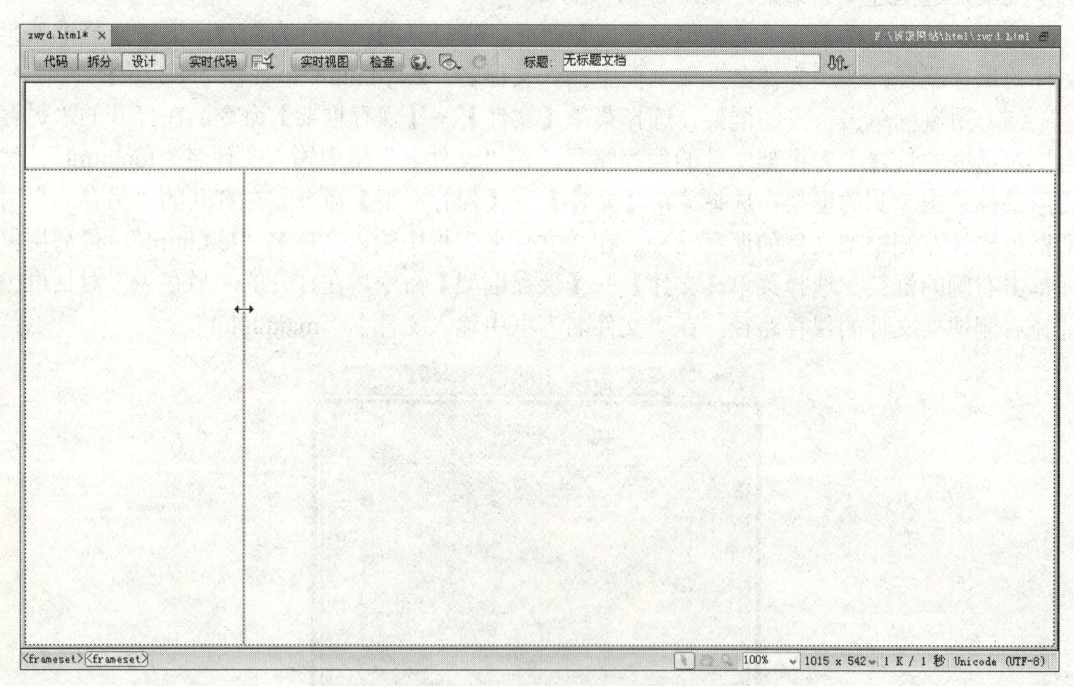

图 2-83　调整框架大小

（7）选中整个框架集，设置标题为“作文园地-二（八）班-金华师范附属小学”，如图 2-84 所示。

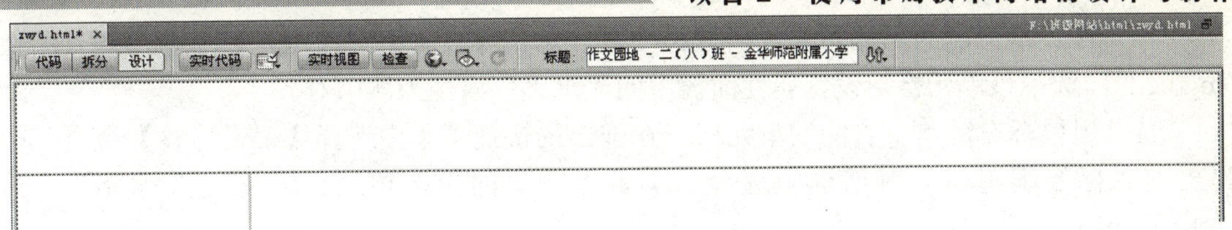

图 2-84　设置标题

（8）将光标置于上方框架中，单击属性面板中的“页面属性”按钮，在弹出的“页面属性”对话框中设置“页面字体”为宋体，大小为 12，“背景图像”为 bg.jpg，页面边距为 0，如图 2-85 所示，单击“确定”按钮。

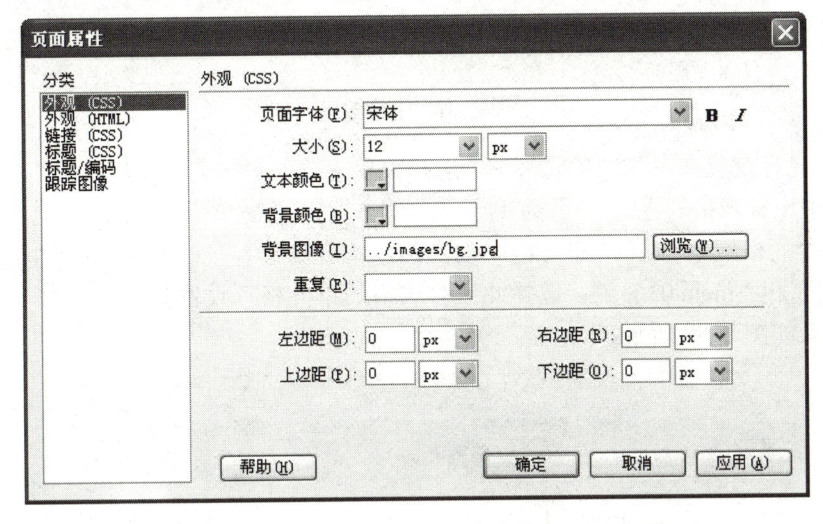

图 2-85　设置页面属性

（9）选择菜单【插入】→【表格】命令，在弹出的“表格”对话框中设置表格属性，“行”为 1，“列”为 2，“表格宽度”为 1000 像素，“边框粗细”为 0 像素，“单元格边距”为 0，“单元格间距”为 0，如图 2-86 所示。

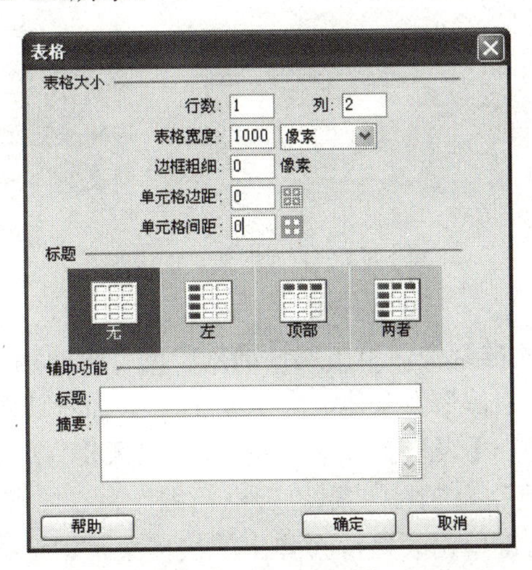

图 2-86　设置表格

（10）在表格左侧的单元格中单击鼠标左键，单击【插入】→【图像】命令，插入图像“logo.gif”，选中该单元格，设置属性面板中的“水平”属性为居中对齐。

（11）用鼠标右键单击右侧的单元格，在弹出的快捷菜单中选择【编辑标签】命令，在弹出的“标签编辑器”对话框中选择“浏览器特定的”选项，设置单元格背景图像为“school_menu.gif”。

（12）调整单元格的列宽和行高，使右侧单元格的背景图像能完全显示，效果如图 2-87 所示。

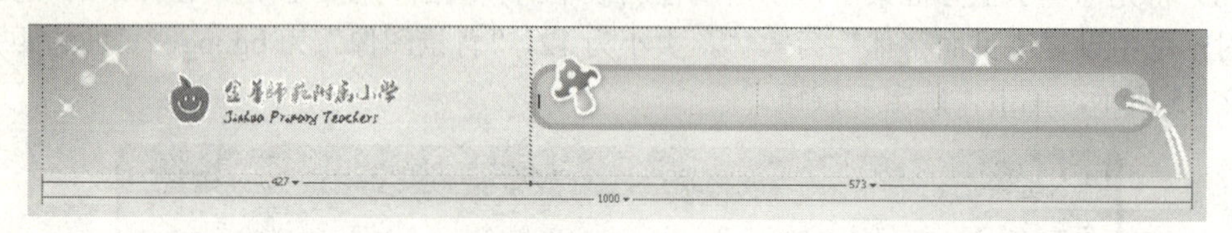

图 2-87　表格效果

（13）将光标定位在右侧的单元格中，选择菜单【插入】→【表格】命令，在弹出的“表格”对话框中设置表格属性，“行”为 1，“列”为 3，“表格宽度”为 80 百分比，“边框粗细”为 0 像素，“单元格边距”为 0，“单元格间距”为 0。分别在三个单元格插入图像“menu01.jpg”、“menu02.jpg”和“menu03.jpg”。选择此嵌套表格的单元格，设置其“水平”对齐方式为居中对齐，效果如图 2-88 所示。

图 2-88　表格效果

（14）至此上方框架页面已制作完成，效果如图 2-89 所示。

图 2-89　上方框架页面效果

（15）将光标定位于左侧框架中，单击属性面板中的“页面属性”按钮，在弹出的“页面属性”对话框中设置“页面字体”为宋体，大小为 12，页面各边距为 0，单击“确定”按钮。

（16）选择菜单【插入】→【表格】命令，在弹出的“表格”对话框中设置表格属性，“行”为 9，“列”为 1，“表格宽度”为 216 像素，“边框粗细”为 0 像素，“单元格边距”为 0，“单元格间距”为 0。用鼠标右键单击表格，在弹出的快捷菜单中选择【编辑标签】命令，在弹出的“标签编辑器”对话框中选择“浏览器特定的”选项，设置表格背景图像为 left_bgbase.gif。

调整表格高度和各行的高度，设置各行的“水平”对齐属性为居中对齐，效果如图2-90所示。

（17）分别在第二行到最后一行输入文字“拔牙记、可爱的小猫、四季、小企鹅、读书的乐趣、北京七日游、长屿洞天游记、游动物园”，选中文字，在属性面板中设置“颜色”为“#F57137”。至此左侧框架页面已制作完成，效果如图2-91所示。

图2-90　插入表格效果

图2-91　左侧框架页面效果

（18）将光标定位于右侧框架中，单击属性面板中的“页面属性”按钮，在弹出的“页面属性”对话框中设置“页面字体”为宋体，大小为12，“背景图像”为“right_bgbase.gif”，页面各边距为0，单击“确定”按钮。

（19）选择菜单【插入】→【表格】命令，在弹出的“表格”对话框中设置表格属性，“行”为3，“列”为1，“表格宽度”为640像素，“边框粗细”为0像素，“单元格边距”为0，“单元格间距”为0，效果如图2-92所示。

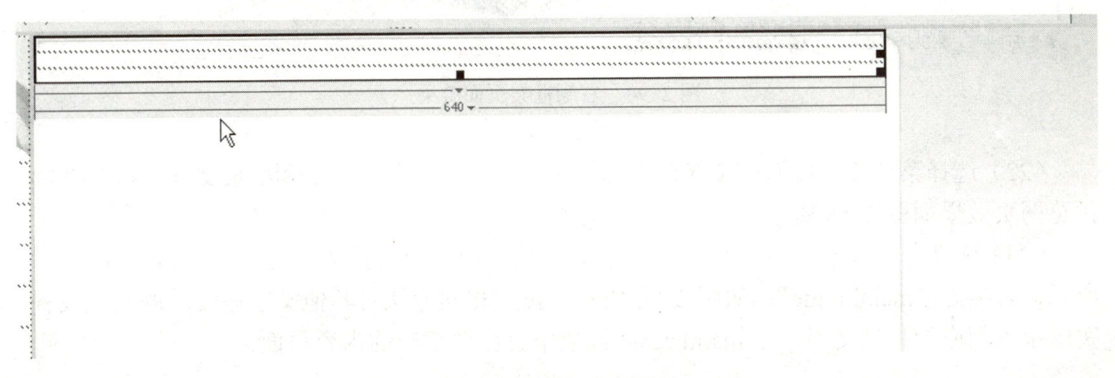

图2-92　插入表格效果

（20）将光标定位于第二行的单元格中，设置属性面板中“水平”属性为居中对齐，输入文字“作文的写法”，选中文字，在属性面板中设置“字体”为华文行楷，大小为36px，“颜色”为“#E76552”，效果如图2-93所示。

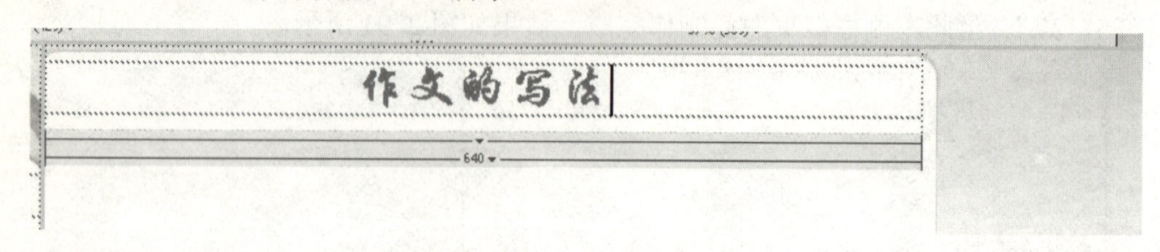

图2-93　输入文字效果

（21）将光标定位于第三行的单元格中，输入相应文字（作文写法的具体内容），设置属性。插入图像zwyd.jpg，选中图像，在属性面板设置“对齐”属性为右对齐，至此右侧框架页面已制作完成，效果如图2-94所示。

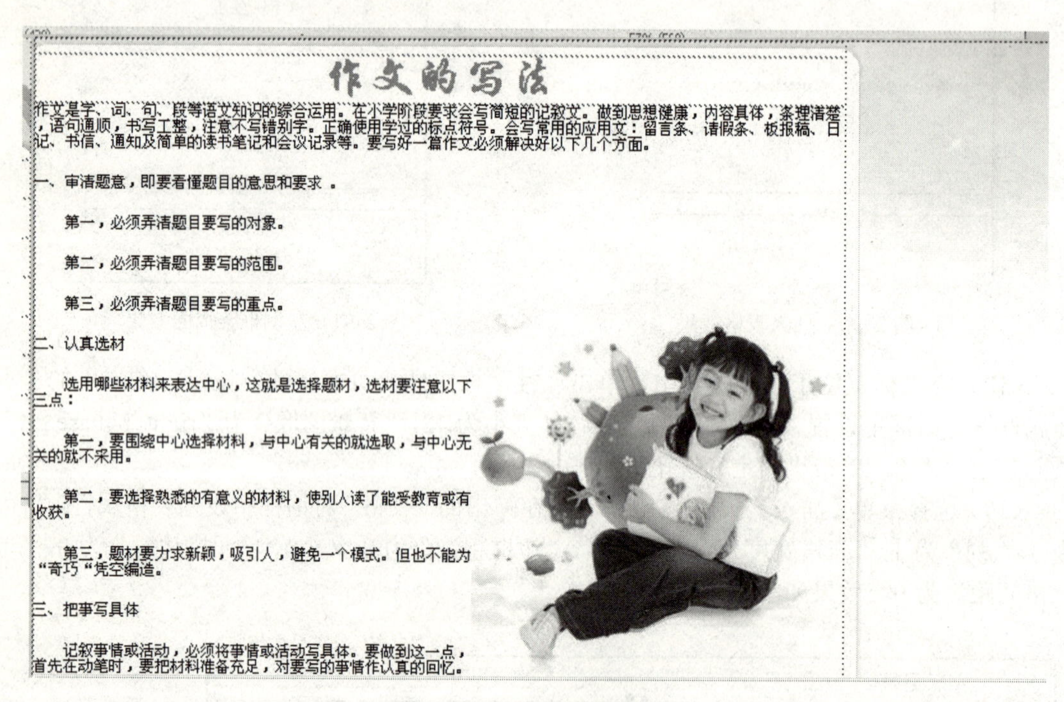

图2-94　右侧框架页面效果

（22）选择菜单【文件】→【保存全部】命令，保存所有框架集和框架文件，按F12键，预览网页效果如图2-58所示。

（23）选择左侧框架中的文字“拔牙记”，在属性面板中设置链接为zw1.html，如图2-95所示，目标为“mainFrame”，如图2-96所示。按照相同方法对其他文字做相应的属性设置，实现单击相应的栏目文字，在mainFrame框架中会出现相应的内容页面。

图 2-95　设置链接

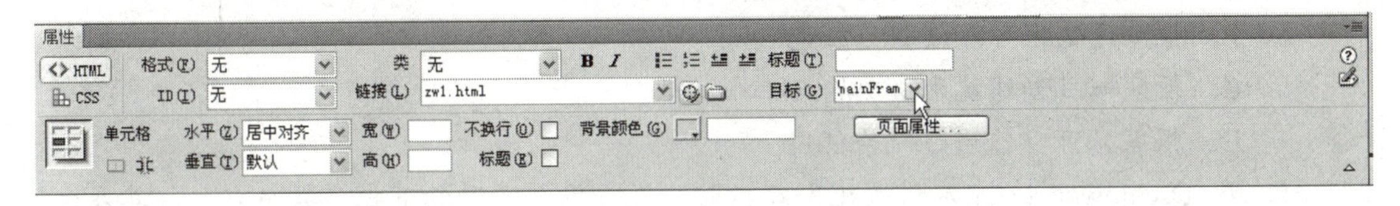

图 2-96　设置链接目标

（24）选择菜单【文件】→【保存全部】命令，保存所有框架集和框架文件。按 F12 键，预览网页，单击“拔牙记”，效果如图 2-97 所示。

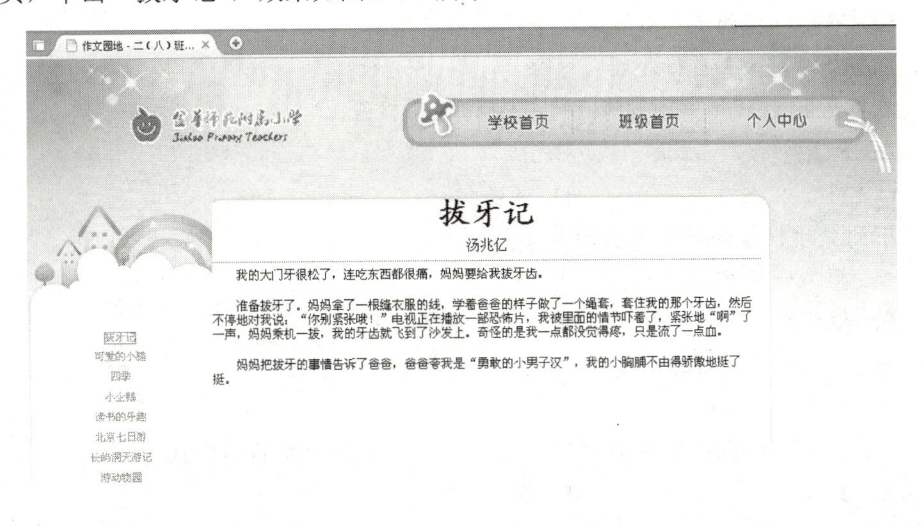

图 2-97　“拔牙记”链接页面效果

职业技能知识点考核 5

1. 在 Dreamweaver 中，想在浏览器中的不同区域同时显示几个网页，可使用（　　）。

A. 表格　　B. 框架

C. 表单　　D. 单元格

2. 在 Dreamweaver 中，框架是按照（　　）来进行排列的。

A. 表格　　B. 水平线

C. 对角线　　D. 行与列

3. 下面关于创建一个框架的说法错误的是（　　）。

A. 新建一个 HTML 文档，直接插入系统预设的框架就可以建立框架了

B. 打开【文件】菜单，选择【保存全部】命令，系统自动会叫你保存

C. 如果要保存框架时，在编辑区的所保存框架周围会看到一圈虚线

D. 不能创建 13 种以外的其他框架的结构类型

4. 下面关于框架的说法正确的是（　　）。

A. 框架可以在页面中自由移动

B. 框架的边框可以设置为红色

C. 框架一旦创建就无法删除

D. 框架只可以作为导航条使用

5. 在 Dreamweaver 中，设置框架属性时，选择设置滚动的下拉参数为自动，其表示（　　）。

A. 在内容可以完全显示时不出现滚动条，在内容不能被完全显示时自动出现滚动条

B. 无论内容如何都不出现滚动条

C. 不管内容如何都出现滚动条

D. 由浏览器来自行处理

6. 在 Dreamweaver 中预设有（　　）种常用框架。

A. 8　　B. 9

C. 11　　D. 13

7. 下列关于框架的说法正确的是（　　）。

A. 框架一经建立就不能修改

B. 框架的内容可以修改，但大小不能修改

C. 框架可以通过模板建立

D. 凡是有框架的网页必定有表格

8. 一个有 3 个框架的 Web 页实际上有（　　）个独立的 HTML 文件。

A. 2　　B. 3

C. 4　　D. 5

9. 若要使访问者无法在浏览器中通过拖动边框来调整框架大小，则应在框架的属性面板中设置（　　）。

A. 将“滚动”设为“否”

B. 将“边框”设为“否”

C. 选中“不能调整大小”

D. 设置“边界宽度”和“边界高度”

10. 如图 2-98 所示，Dreamweaver 中框架面板的主要作用是（　　）。

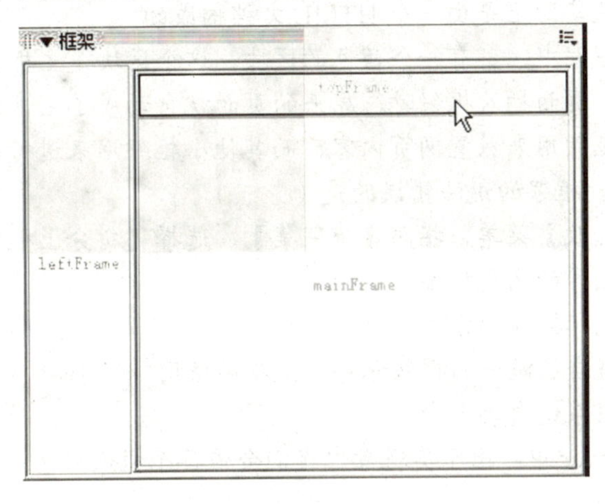

图 2-98

A. 用来拆分框架页面结构

B. 用来给框架页面命名

C. 用来给框架页面制作链接

D. 用来选择框架中的不同框架

11. 下面关于使用框架的弊端和作用的说法错误的是（　　）。

A. 增强网页的导航功能

B. 在低版本的浏览器中不支持框架

C. 整个浏览空间变小，让人感觉缩手缩脚

D. 容易在每个框架中产生滚动条，给浏览造成不便

12. 下面关于删除框架的说法错误的是（　　）。

A. 刚开始建立时可以用撤销来删除

B. 在操作了比较长的时间后，不可以通过菜单命令来删除

C. 用鼠标拖动框架间的边框，一直把它拖到最边上，就可以删除一个框架了

D. 选中某一框架通过组合键 Ctrl+D 可以用来删除框架

13. 在 Dreamweaver 中，在设置各框架属性时，滚动属性是用来设置（　　）的。

A. 是否进行颜色设置

B. 是否出现滚动条

C. 是否设置边框宽度

D. 是否使用默认边框宽度

14. 在 Dreamweaver 中，设置框架属性时，要（　　）实现无论内容如何都不出现滚动条。

A. 设置滚动的下拉参数为默认

B. 设置滚动的下拉参数为是

C. 设置滚动的下拉参数为否

D. 设置滚动的下拉参数为自动

15. 下面关于框架的构成及设置的说法正确的是（　　）。

A. 一个框架实际上是由一个 HTML 文档构成的

B. 在每个框架中，都有一个蓝色的区块，这个区块是主框架的位置

C. 当在一个页面插入框架时，原来的页面就自动成了主框架的内容

D. 一般主框架用来放置网页内容，而其他小框架用来进行导航

16. 下面关于分割框架的说法错误的是（　　）。

A. 打开【修改】菜单，指向【框架集】，选择【拆分上框架】命令，把页面分为上下相等的两个框架

B. 可以用鼠标拖拽的方法来分割框架

C. 你可以将自己做好的框架保存以便以后使用

D. 分割框架系统自动会命名

17. 在 Dreamweaver 中，出于美观考虑我们会使各个框架成为一个整体，下面的设置说法正确的是（　　）。

A. 框架的边界设置为 0

B. 把导航条中的元素设置成相对位置

C. 滚动条尽量只出现在非主框架

D. 以上说法都错误

18. 在 Dreamweaver 中，下面给框架加入 HTML 文档的说法错误的是（　　）。

A. 组织 HTML 是建立框架的目的

B. 在框架建立完成后，需要向每个框架填入正确的 HTML 文档

C. 在框架的命名时，如果出现重命名，没有关系，系统将会自动命名

D. 在属性设置的源文件栏中单击“文件”按钮，在出现的文件选择窗口中选择需要加入的 HTML 文档

19. <frameset cols=#>是用来指定（　　）

A. 混合分框　　　B. 纵向分框

C. 横向分框　　　D. 任意分框

20. 框架中“不能调整大小”的语法是下列哪一项（　　）

A. <IMG SRC="URL" BORDER=? >

B. <SAMP></SAMP>

C. <ADDRESS></ADDRESS>

D. <FRAME NORESIZE>

2-3　模板和库

知识分布网络

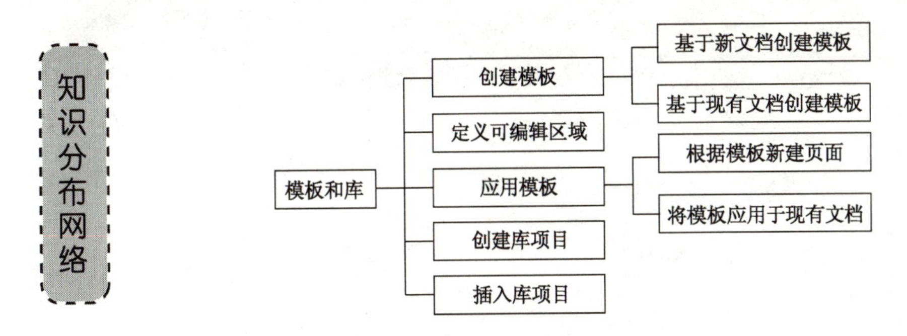

任务 2-3　应用模板制作“我爱我家”网页

创建模板，使用制作好的模板制作其他二级页面。模板效果如图 2-99 所示，二级页面效果如图 2-100 所示。

图 2-99　模板效果图

2.3.1　创建模板

模板是一种特殊类型的文档，用于设计“固定的”页面布局；然后可以基于模板来创建文档，创建的文档会继承模板的页面布局。可以基于新文档也可以基于现有文档来创建模板。

图 2-100　二级页面“我爱我家”的效果图

1．基于新文档创建模板

基于新文档创建模板有以下三种方法：

（1）选择菜单【文件】→【新建】命令，弹出“新建文档”对话框，在左侧列表中选择“空模板”，在“模板类型”选项中选择“HTML 模板”，在“布局”选项中选择“无”，单击“创建”按钮，如图 2-101 所示。

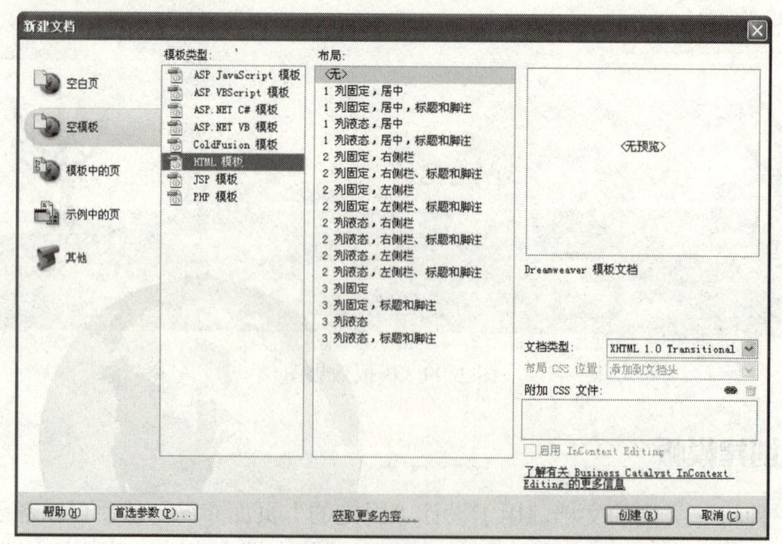

图 2-101　新建文档

（2）新建一个网页，在“插入”面板中，选择“常用”工具栏，单击“模板：创建模板”图标命令，在弹出的子菜单中选择“创建模板”，如图2-102所示。

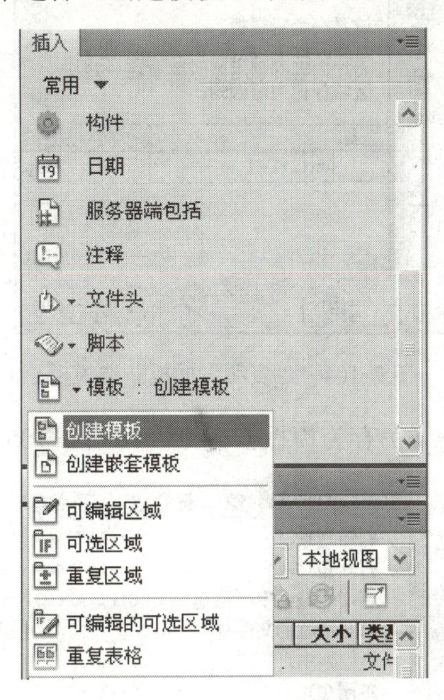

图2-102　插入面板创建模板按钮

弹出“另存模板”对话框，如图2-103所示。

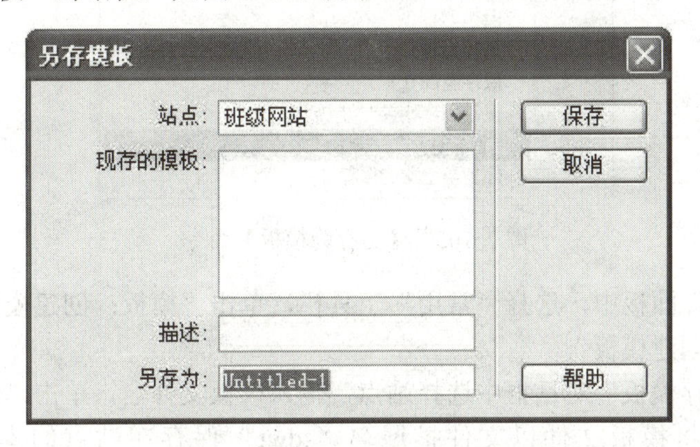

图2-103　“另存模板”对话框

在对话框的“站点”下拉菜单中选择一个用来保存模板的站点，然后在“另存为”文本框中输入模板文件名，单击“保存”按钮即可。

（3）选择菜单【窗口】→【资源】命令，打开“资源”面板，在“资源”面板中单击左侧的“模板”按钮，然后单击“资源”面板底部的“新建模板”按钮，输入模板的名称即可创建一个模板，如图2-104所示。

2．基于现有文档创建模板

打开要另存为模板的文档，执行下列操作之一：

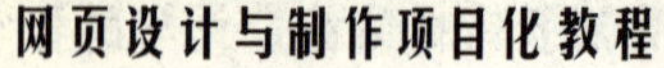

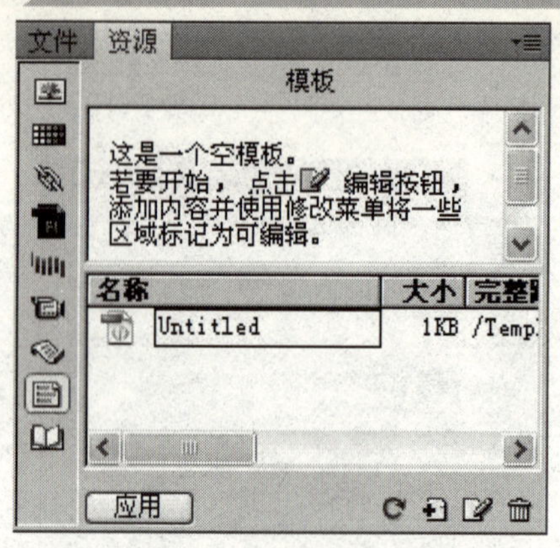

图 2-104 “资源”面板新建模板

（1）选择菜单【文件】→【另存为模板】命令，如图 2-105 所示。

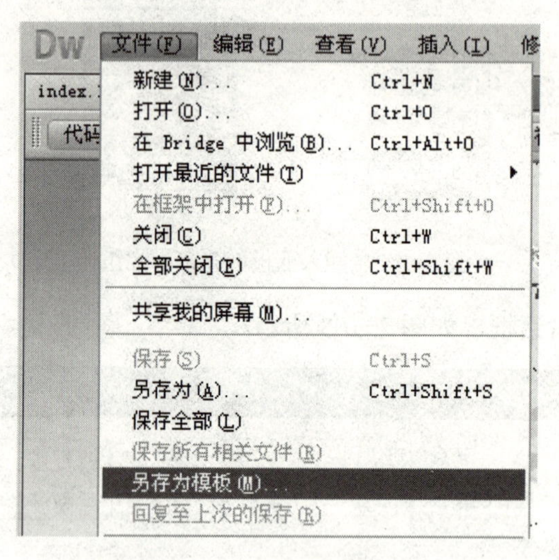

图 2-105 【另存为模板】命令

（2）在“插入”面板中，选择“常用”工具栏，单击“模板：创建模板”图标，在弹出的子菜单中选择“创建模板”。

在弹出的“另存模板”对话框中选择站点，输入模板文件名，单击“保存”按钮即可。

Dreamweaver 将模板文件以文件扩展名“.dwt”保存在站点的本地根文件夹下的“Templates”文件夹中。如果该“Templates”文件夹在站点中不存在，Dreamweaver 将在保存新建模板时自动创建该文件夹。

注意：不要将模板移动到 Templates 文件夹之外或者将任何非模板文件放在 Templates 文件夹中。也不要将 Templates 文件夹移动到本地根文件夹之外。

2.3.2 定义可编辑区域

（1）打开模板文件，将插入点放在想要插入可编辑区域的地方。

（2）执行下列操作之一插入可编辑区域。

① 选择菜单【插入】→【模板对象】→【可编辑区域】命令。

② 在“插入”面板中，选择“常用”工具栏，单击“模板：创建模板”图标，在弹出的子菜单中选择“可编辑区域”，如图 2-106 所示。

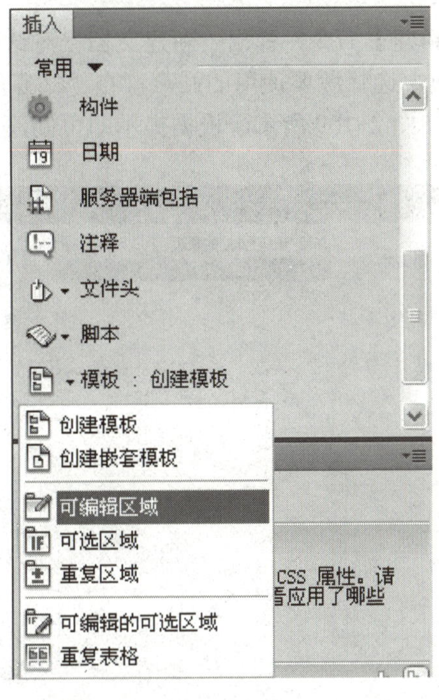

图 2-106　“可编辑区域”按钮

（3）弹出“新建可编辑区域”对话框，如图 2-107 所示，在对话框的“名称”文本框中输入该可编辑区域的名称，单击“确定”按钮。

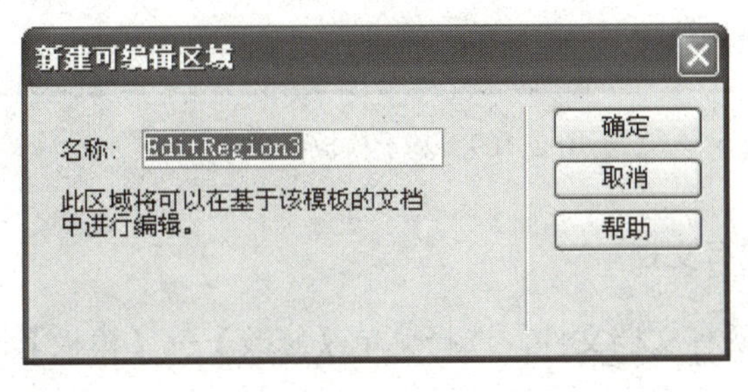

图 2-107　新建可编辑区域对话框

（4）可编辑区域在模板中由高亮显示的矩形边框围绕，如图 2-108 所示，该区域左上角的选项卡显示该区域的名称。

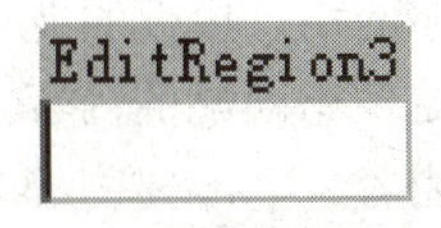

图 2-108　插入可编辑区域效果

2.3.3 应用模板

1. 根据模板新建页面

选择菜单【文件】→【新建】命令，弹出“新建文档”对话框，在左侧列表中选择“模板中的页”，在“站点”选项中选择所要使用的站点，在“站点的模板”选项中选择相应的模板，单击“创建”按钮，如图 2-109 所示，根据提示即可创建类似的新页面。

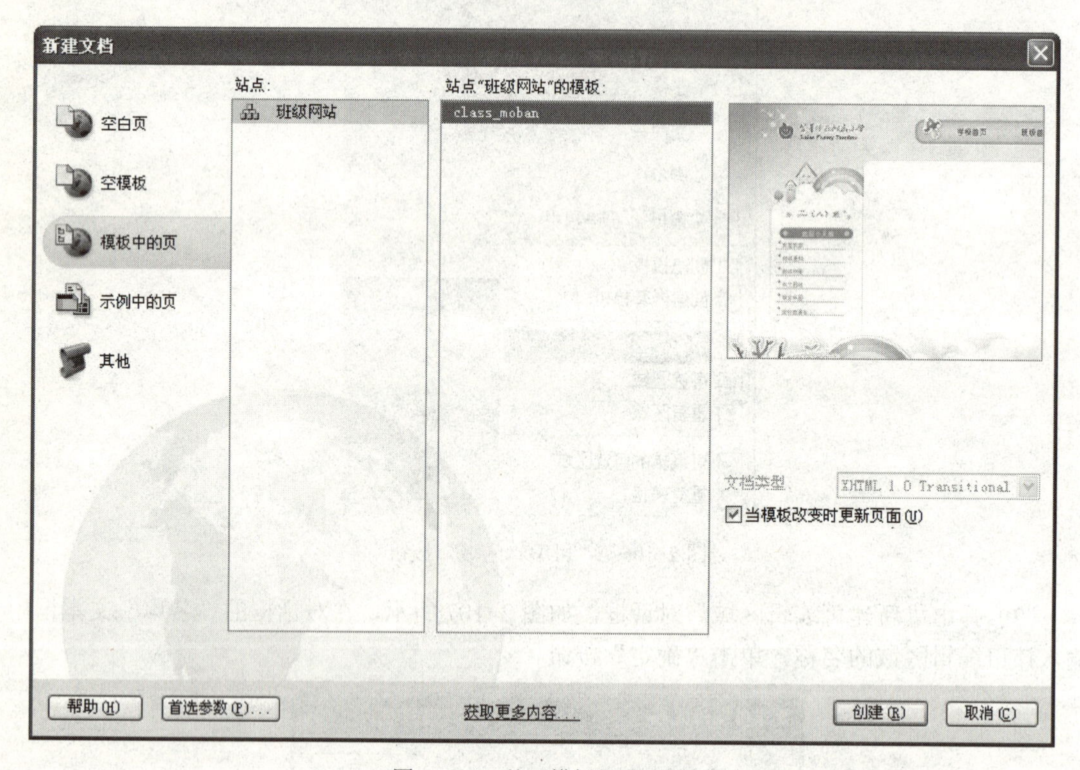

图 2-109　基于模板新建网页

2. 将模板应用于现有文档

打开要应用模板的现有文档文件，选择菜单【修改】→【模板】→【应用模板到页】命令，如图 2-110 所示。

弹出“选择模板”对话框，如图 2-111 所示。选择需要使用的具体站点下的模板，单击“选定”按钮就可以将此模板应用于现有文档。

将模板应用到包含现有内容的文档时，Dreamweaver 会尝试将现有内容与模板中的区域进行匹配。如果将模板应用于一个尚未应用过模板的文档，则没有可编辑区域可供比较并且会出现不匹配。Dreamweaver 将跟踪这些不匹配的内容，可以选择将当前页面的内容移到哪个或哪些区域，也可以删除不匹配的内容。

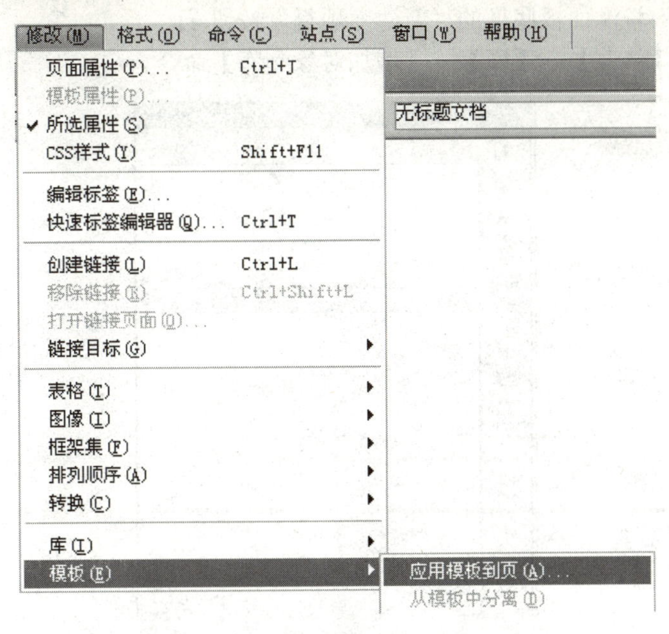

图 2-110　【应用模板到页】命令

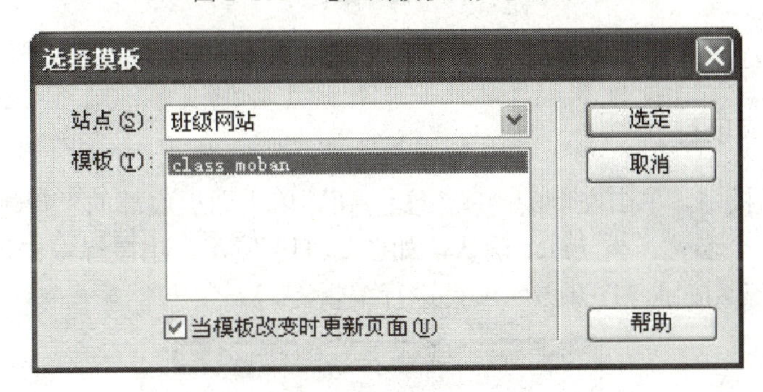

图 2-111　“选择模板”对话框

2.3.4　创建库项目

库是一种特殊的 Dreamweaver 文件，其中包含可放置到网页中的一组单个资源或资源副本。库中的这些资源称为库项目。库项目是要在整个网站范围内重新使用或经常更新的元素。库项目包括图像、表格、声音等各种网页元素。每当编辑某个库项目时，可以自动更新所有使用该项目的页面。

1．基于选定内容创建库项目

（1）在软件的文档窗口中，选择要保存为库项目的文档部分。

（2）选择菜单【窗口】→【资源】命令，打开“资源”面板，单击左侧的“库”按钮，显示库资源，如图 2-112 所示。

（3）执行下列操作之一：

① 将选定内容拖入“库”资源面板。

② 单击“库”资源面板底部的“新建库项目”按钮。

③ 选择菜单【修改】→【库】→【增加对象到库】命令。

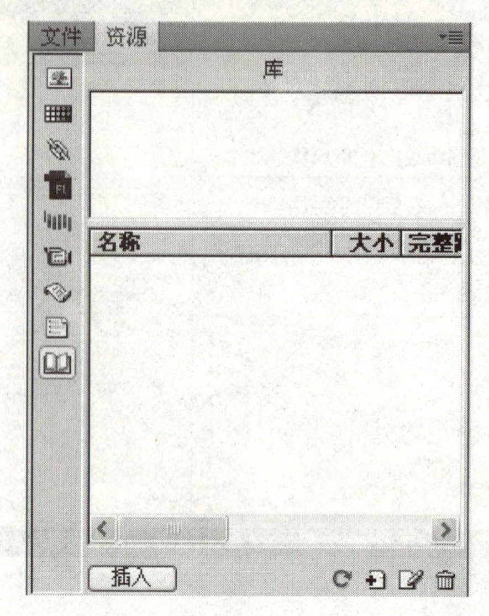

图 2-112　库资源

（4）为新的库项目键入一个名称，然后按 Enter 键确定。

2. 创建空白库项目

在“资源”面板中，单击左侧的“库”按钮，单击面板底部的“新建库项目”按钮，为该库项目输入一个名称，按 Enter 确认，如图 2-113 所示。用鼠标双击该库项目或单击面板底部的“编辑”按钮，打开该库项目进行编辑。

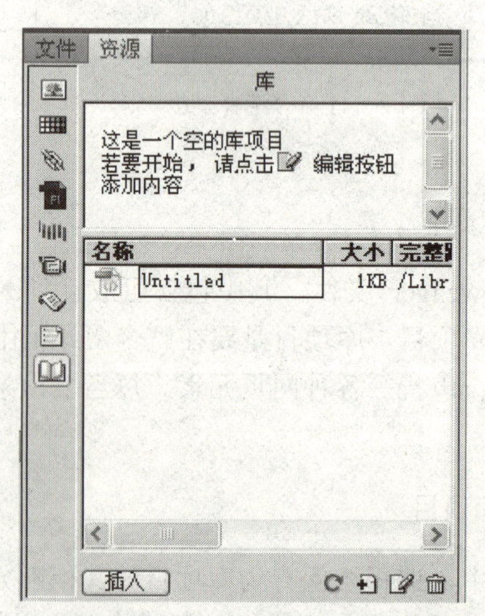

图 2-113　新建库项目

Dreamweaver 将每个库项目作为一个单独的文件保存在站点本地根文件夹下的“Library”文件夹中，库文件的文件扩展名为“.lbi”。

2.3.5　插入库项目

在文档窗口中设置插入点，然后 在“资源”面板中，单击左侧的“库”按钮，将要插入的库项目从“资源”面板拖动到文档窗口中；或者选择一个库项目，然后单击面板底部的“插入”按钮即可。

任务实施 2-3

（1）打开任务 1-2 中完成的“index.html”文件，选择菜单【文件】→【另存为模板】命令，弹出“另存模板”对话框，在“另存为”文本框中输入模板文件名“class_moban”，单击“保存”按钮，弹出信息提示框，提示是否需要更新链接，单击“是”按钮，即完成模板的创建。

（2）删除网页主体右侧的部分图像和文字内容，如图 2-114 所示。

图 2-114　删除内容

（3）选择第二行和第三行，单击属性面板中“合并所选单元格，使用跨度”按钮，将所选的单元格合并为一个单元格，如图 2-115 所示。

图 2-115　合并单元格效果

（4）将光标定位在合并生成的单元格中，选择菜单【插入】→【模板对象】→【可编辑

区域】命令，弹出“新建可编辑区域”对话框，在对话框的“名称”文本框中输入可编辑区域的名称为“内容”，如图 2-116 所示，单击“确定”按钮，效果如图 2-117 所示。

（5）选择菜单【文件】→【保存】命令，保存模板。

（6）选择菜单【文件】→【新建】命令，弹出“新建文档”对话框，选择“模板中的页”

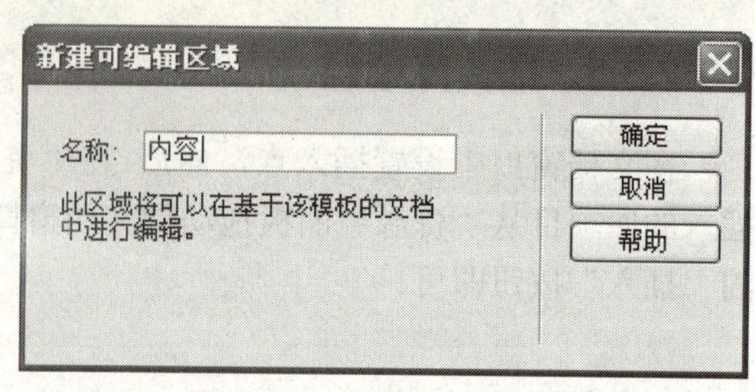

图 2-116　新建可编辑区域

图 2-117　新建可编辑区域效果

列表项，在“站点”列表中选择当前所在的站点，在“站点的模板”列表框中选择刚刚创建的模板“class_moban”，如图 2-118 所示。

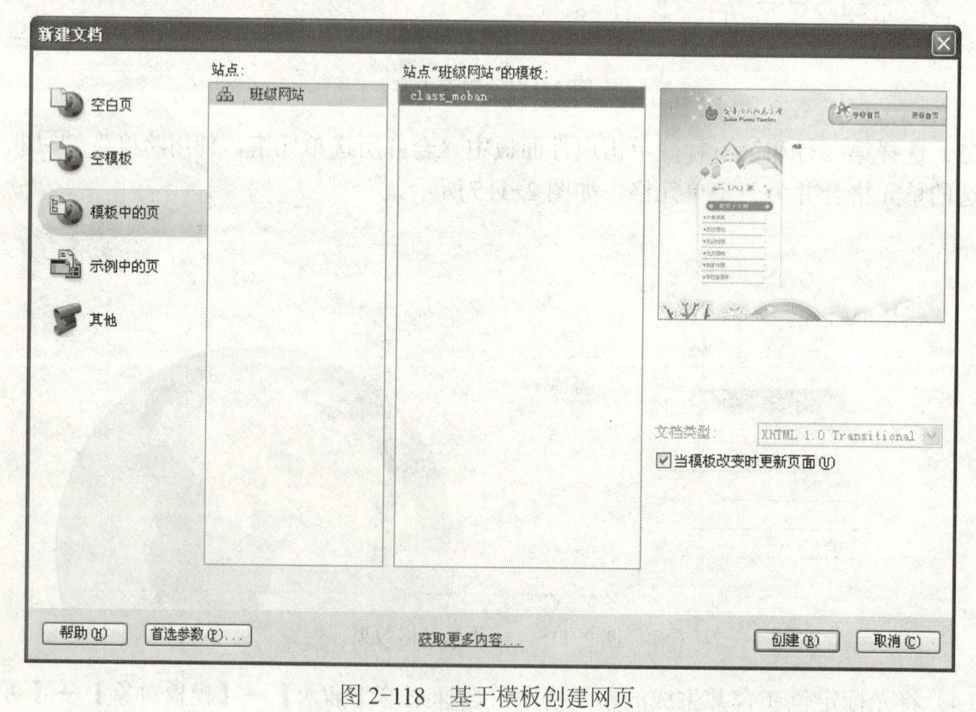

图 2-118　基于模板创建网页

（7）单击“创建”按钮，创建在模板基础上的新文件，鼠标移动到不可编辑区域时不能进行任何操作，只能在可编辑区域进行定位，如图2-119所示。

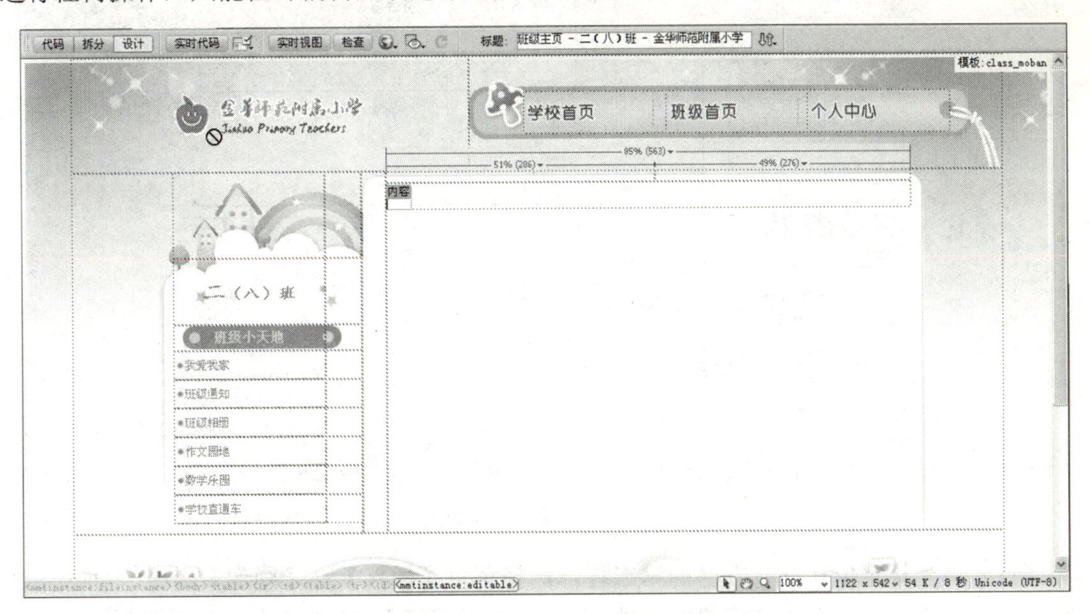

图2-119　基于模板创建网页效果

（8）修改网页标题为“我爱我家-二（八）班-金华师范附属小学”。

（9）在可编辑区域“内容”处定位光标，选择菜单【插入】→【表格】命令，在弹出的“表格”对话框中设置表格属性，“行”为9，“列”为1，“表格宽度”为100百分比，“边框粗细”为0像素，“单元格边距”为0，“单元格间距”为0，效果如图2-120所示。

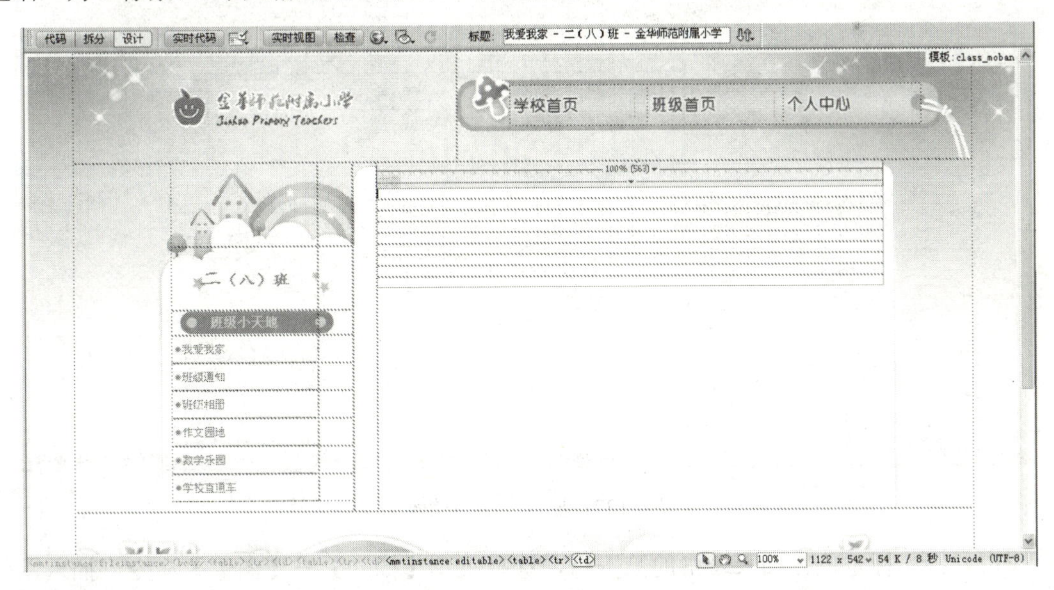

图2-120　插入表格

（10）将光标定位在插入表格的第一行，选择菜单【插入】→【图像】命令，插入图像“class_home.jpg”，如图2-121所示。

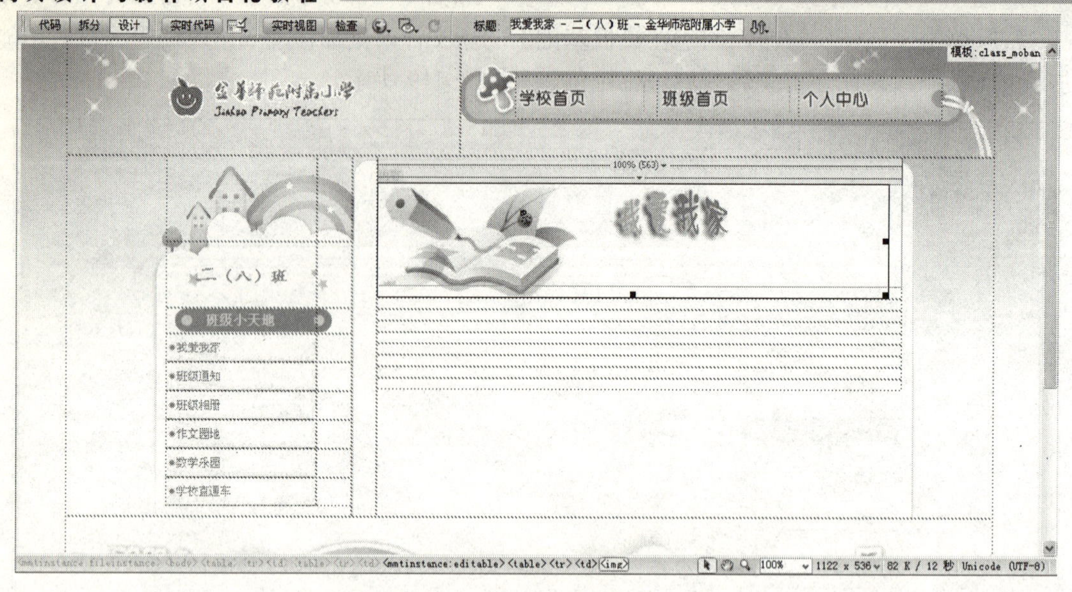

图 2-121 插入图像效果

（11）将光标定位在插入表格的第二行，选择菜单【插入】→【图像】命令，插入图像“home.gif”，在图像后输入文字“> 班级首页 > 我爱我家”，选中文字，在属性面板中设置“颜色”为“#919191”。选中文字所在的单元格，在属性面板设置单元格“水平”对齐属性为右对齐，效果如图 2-122 所示。

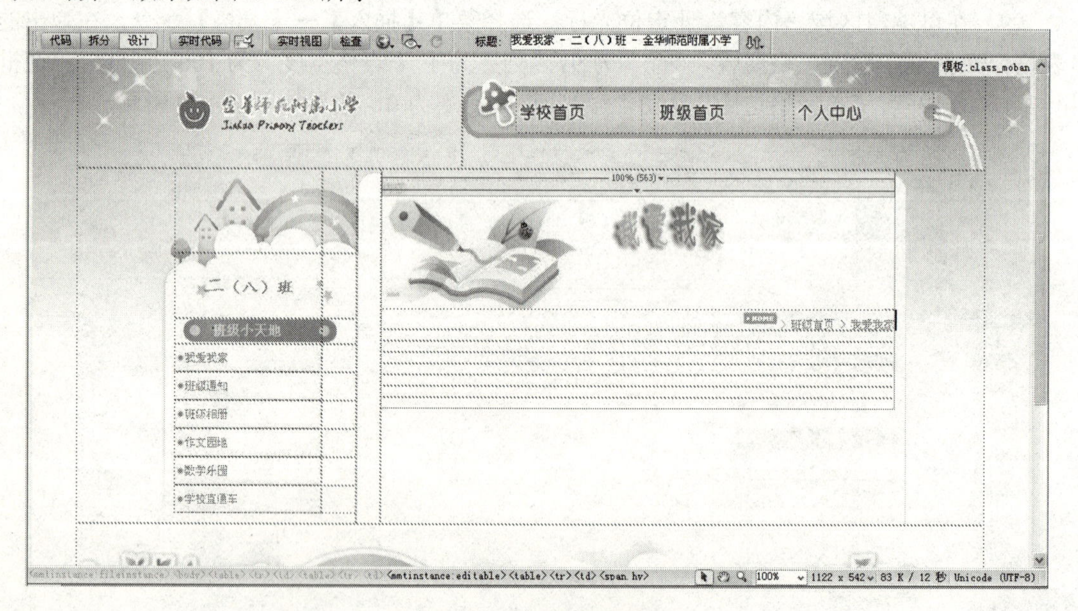

图 2-122 插入文字图像效果

（12）将光标定位在插入表格的第三行，选择菜单【插入】→【图像】命令，插入图像“senior.gif”，在图像后输入文字“班级简介”，选中文字，在属性面板中设置“颜色”为“#919191”。按照相同方法在剩下的单元格中插入图像，输入文字，设置属性。选中表格的下面七行，在属性面板设置单元格“高”属性为 25，效果如图 2-123 所示。

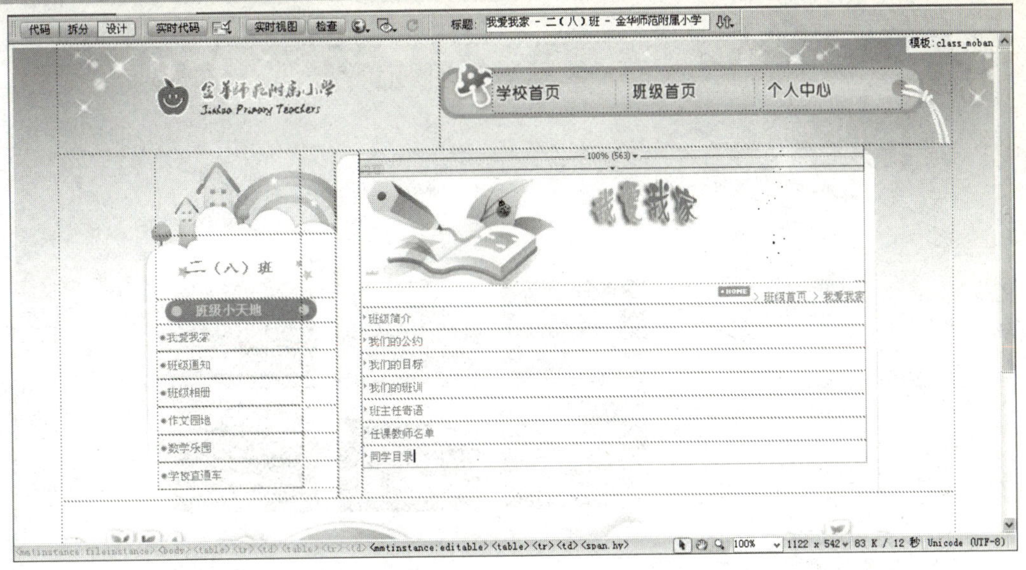

图 2-123　输入文字效果

（13）选择菜单【文件】→【保存】命令，在弹出的“另存为”对话框输入文件名“wawj.html”保存，按 F12 键，预览网页，效果如图 2-100 所示。

任务扩展 2-2

根据创建的模板新建页面，制作完成其他二级页面，效果如图 2-124、2-125、2-126 所示。

图 2-124　“班级通知”页面效果

图 2-125 “班级相册”页面效果

图 2-126 “数学乐园”页面效果

职业技能知识点考核6

1. 模板和库是（　　）的得力助手，也是（　　）的重要方法。
   A. 批量制作网页，统一网站风格
   B. 单一制作网页，统一网站风格
   C. 表格，网站
   D. 表单，网站
2. 默认模板的后缀名是（　　）。
   A. dwt　　B. doc
   C. txt　　D. dwo
3. 模板的创建有两种方式，分别是（　　）和（　　）。
   A. 新建模板，已有网页保存为模板
   B. 新建网页，保存网页
   C. 新建模板，保存 AP Div 元素
   D. 新建 AP Div 元素，保存模板
4. 模板有（　　）和（　　）两种类型的区域。
   A. 可编辑区域　　B. 可选择区域
   C. 锁定区域　　D. 可插入区域
5. 下面说法错误的是（　　）。
   A. 模板必须创建可编辑区域，否则在使用模板的时候无法达到预期效果
   B. 为了达到最佳的网页兼容性，可编辑区的命名应用中文
   C. 在模板中，蓝色为可编辑区，黄色是非编辑区
   D. 模板是一种特殊的网页
6. 在将模板应用于文档后，下列说法中正确的是（　　）。
   A. 模板将不能被修改　　B. 模板还可以被修改
   C. 文档将不能被修改　　D. 文档还可以被修改
7. 在 Dreamweaver 中，下面关于模板的说法正确的是（　　）。
   A. 模板是一个文件
   B. 模板默认状态下被保存在站点根目录下的“Templates”子目录下
   C. 模板是固定不变的
   D. 模板和库尽管有相似之处，但总的来说仍是不同的两个概念
8. 当编辑模板自身时，以下说法正确的是（　　）。
   A. 只能修改可编辑区域中的内容
   B. 只能修改锁定区域的内容
   C. 可编辑区域中的内容和锁定区域的内容都可以修改
   D. 可编辑区域中的内容和锁定区域的内容都不能修改
9. 在创建模板时，下面关于可选择区的说法正确的是（　　）。

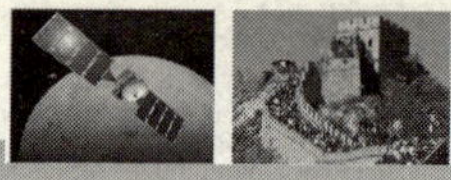

A. 在创建网页时定义的
B. 可选区的内容不可以是图片
C. 使用模板创建网页，对于可选择区的内容，可以选择显示或不显示
D. 以上说法都错误

10. 在创建模板时，下面关于定义可编辑区的说法错误的是（　　）。
A. 可以将网页中的整个表格定义为可编辑区
B. 可以将分开的单元格定义为可编辑区
C. 也能一次性将多个单元格定义为可编辑区
D. 较常见的方式是使用层、表格来建立框架，在表格里插入层，并将层定义为可编辑区

11. 在模板编辑时可以定义、而在网页编辑时不可以定义的是（　　）。
A. 可编辑区　　B. 可选择区
C. 可重复区　　D. 设置框架

12. 下面关于使用“资源管理”面板插入模板的说法错误的是（　　）。
A. 将插入点定位在需要插入模板的位置，单击“资源管理”面板左下角的“插入”按钮，模板被插入
B. 直接用鼠标将预览窗口中的模板拖到编辑窗口中，不能实现快速插入模板
C. “文件”列表中的文件拖到编辑窗口中，可以实现快速插入模板
D. 模板可以在预览窗口中预览

13. 下面关于定义模板的可和不可编辑区的说法正确的是（　　）。
A. 要尽量留下足够的可编辑区
B. 不可编辑区也需要定义
C. 可编辑区的定义数量上有一定的限制
D. 以上说法都错

14. 在命名可编辑区域时，以下（　　）字符可以用于设置可编辑区域的名字
A. 双引号　　B. |
C. 小括号　　D. &

15. 下面制作网站其他子页面的说法错误的是（　　）。
A. 各页面的风格保持一致很重要
B. 我们可以使用模板来保持网页的风格一致
C. 在Dreamweaver中，没有模板的功能，需要安装插件
D. 使用模板可以制作不同内容却风格一致的网页

16. 在Dreamweaver中，下面关于创建模板的说法错误的是（　　）。
A. 在“模板”子面板中单击右下角的“新建模板”按钮，就可以创建新的摸板
B. 在“模板”子面板中双击已命名的名字，就可以对其重新命名了
C. 在“模板”子面板中单击已有的模板就可以对其进行编辑了
D. 以上说法都是错误的

17. 下列（　　）为 Dreamweaver 库文件的扩展名。
A. dwt　　B. htm

C. lbi　　D. cop

18. 在 Dreamweaver 中，以下关于应用库项目的操作描述，正确的是（　　）。
    A. 选择要插入的库项目后，单击“修改”→“库”→“更新当前页面”命令
    B. 选择要插入的库项目后，双击“库”面板上半部分出现的内容
    C. 选择要插入的库项目后，单击“库”面板底部的“插入”按钮
    D. 选择要插入的库项目后，将库项目从“库”面板的列表中拖到文档窗口
19. 下列关于库的说法中不正确的一项是（　　）
    A. 库是一种用来存储整个网站上经常被重复使用或更新的页面元素
    B. 库实际上是一段 HTML 源代码
    C. 在 Dreamweaver 中，只有文字、数字可以作为库项目，而图片、脚本不可以作为库项目
    D. 库可以是 E-mail 地址、一个表格或版权信息等
20. 更新库文件时，以下说法正确的是(　　)。
    A. 使用库文件的网页会自动更新
    B. 使用模板文件的网页会自动更新
    C. 使用库文件的网页不会自动更新
    D. 使用模板文件的网页不会自动更新
21. 在 Dreamweaver 中，下面关于把库元素加入到网页中的说法正确的是（　　）。
    A. 在“库”子面板中，选中要插入的库元素，然后单击右下角的“插入”按钮
    B. 在“库”子面板中，选择要插入的库元素，将其拖动到网页中即可
    C. 在“库”子面板中，选择要插入的库元素，按快捷键 F8
    D. 以上说法都是错误的

知识梳理与总结

本项目的设计和制作主要使用了网页的布局方法，包括表格、框架、模板和库。

（1）表格。通过使用表格，能够对页面中的网页元素进行准确定位，并且对页面进行更加合理的布局。在网页布局方面，表格有举足轻重的作用。

（2）框架。框架可以将一个浏览器窗口划分为多个区域，每个区域都可以显示不同的 HTML 文档。使用框架的最常见情况就是：一个框架显示包含导航控件的文档，而另一个框架显示包含内容的文档。

（3）模板和库。模板和库都是一种特殊类型的文档，使用模板和库是提高网页制作效率的有效途径。

本章对网页的布局方法进行了详细的分析，并使用实际案例详细讲解了各种布局方法的基本操作。

项目扩展

在本项目中，我们已经学会了网页布局的基本方法和流程，请结合你自己的班级，设计并制作一个班级网站。网站所需素材请大家自行到因特网上获取。

要求：

（1）创建的本地站点要规范、合理，文件按类别保存到站点内对应的文件夹下。

（2）主题要突出，内容应充实、健康向上，结构要清晰。

（3）色彩搭配合理、美观，设计新颖、有创意。

（4）各页面间能正确、方便地进行链接。

（5）网站至少包含 5 个页面，其中 1 个为首页，二、三级页面的个数自行决定，要求首页使用表格布局，二级页面使用模板创建，是否使用框架自行决定。显示分辨率以 1024×768 状态为准。

（6）首页统一命名为“index.html”，保存在站点根目录下。

项目3

综合网站的设计与制作

教学导航

<table>
<tr><td rowspan="4">教</td><td>知识重点</td><td>1. 创建CSS样式；
2. 设置CSS样式属性；
3. 创建表单；
4. 添加行为；
5. 插入Flash动画和多媒体</td></tr>
<tr><td>知识难点</td><td>CSS样式的设置与应用</td></tr>
<tr><td>推荐教学方式</td><td>任务驱动，项目引导，教学做一体化</td></tr>
<tr><td>建议学时</td><td>18学时</td></tr>
<tr><td rowspan="3">学</td><td>推荐学习方法</td><td>结合教师讲授的新知识和新技能，动手实践完成相应的任务，并通过实践总结经验，提高技能</td></tr>
<tr><td>必须掌握的理论知识</td><td>1. CSS样式表规则；
2. 表单的HTML标签</td></tr>
<tr><td>必须掌握的技能</td><td>1. 使用CSS编辑器设置CSS属性；
2. 制作简单的表单页面；
3. 在网页上插入Flash动画和视频文件</td></tr>
</table>

项目描述

本项目以设计与制作南宁职业技术学院信息工程学院各专业的专业介绍网页为实例，如图 3-1 所示为“计算机应用技术专业”的页面结果。在设计与制作这些网页的过程中，我们将使用到如何应用 CSS 样式表美化网页、设置 CSS 样式表属性、设计表单、添加行为，以及插入 Flash 动画与视频等操作方法与技巧。

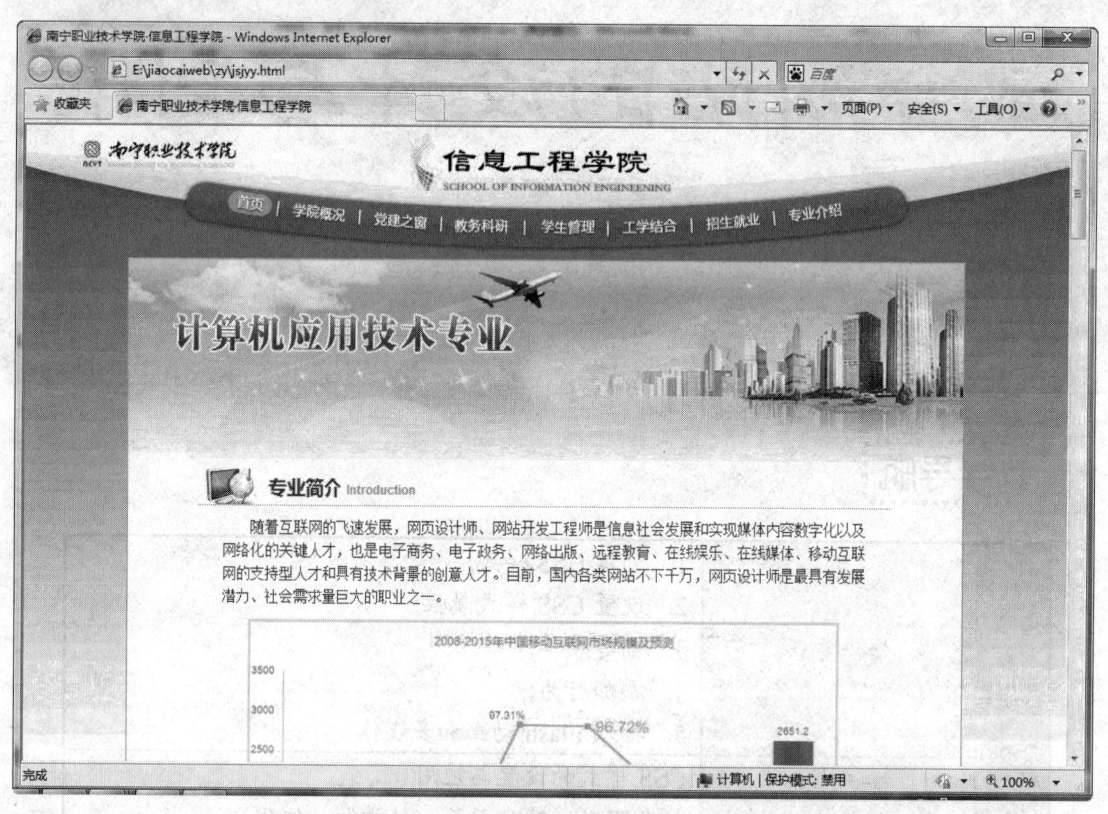

图 3-1 “计算机应用技术专业”介绍页面

3-1 利用 CSS 样式表美化网页

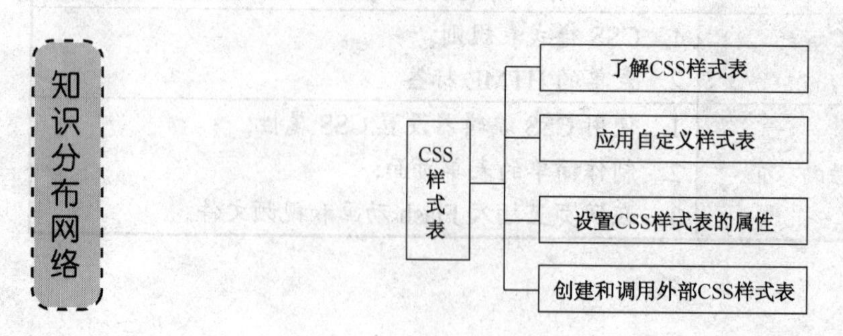

任务 3-1　应用样式表美化信息工程学院专业介绍网页

在网页的制作过程中，每个页面都会用到文字、图像、表格等网页元素。对于这些元素的显示，如果没有 CSS 样式控制是无法做到美观的，而应用 CSS 样式可以解决这个问题，可以让网页显示得更加美观。

本次任务就是要利用 CSS 样式表美化信息工程学院专业介绍网页中的文字。

3.1.1　了解 CSS 样式表

在制作一个网站时，使用 CSS 样式表，可以快速定义整个站点或多个网页中的字体、图像等网页元素的格式以及设计网页的布局，下面让我们来了解什么是 CSS 样式表。

CSS 是 Cascading Style Sheets 的简称，中文译作层叠样式表单。CSS 样式表是一系列格式设置规则，利用它们能控制网页页面内容的外观。使用 CSS 样式表可以非常灵活、更加方便地控制页面的外观，从精确的布局定位到特定的字体和样式等。很难想像，如果在一个页面里频繁地更替字体的颜色、大小等，最终生成的 HTML 代码一定会比较复杂和繁长。CSS 样式表的创建，可以统一定制网页文字的大小、字体、颜色、边框、链接状态等效果。在 Dreamweaver 的新版本中，CSS 样式的设置方式有了很大的改进，更为方便、实用、快捷。

1. 样式表的语法规则

CSS 的语法是由三个部分构成：选择器（selector），属性（properties）和属性的取值（value）。

选择器可以是多种形式，一般是要定义样式的 HTML 标记，例如 body、p、table……，通过此方法定义它的属性和值，属性和值要用冒号“:”隔开。

例如：以下代码的效果是使页面中.style1 的字体为宋体、大小为 25 像素、颜色值为 #CC0000、加粗、文字居中。

```
<style type="text/css">
<!--
.style1 {
    font-family: "宋体";
    font-size: 25px;
    color: #CC0000;
    font-weight: bold;
    text-align: center;
}
-->
</style>
```

如果需要对一个选择器指定多个属性时，使用分号将所有的属性和值分开。

例如：

```
p {text-align: right; color: green;} /*段落居右; 并且段落中的文字为绿色*/
```

注释符/* ... */，表示在 CSS 中插入注释来说明代码的意思，注释有利于你或别人以后编辑和更改代码时理解代码的含义。在浏览器中，注释是不显示的。CSS 注释以“/*”开头，以“*/”结尾，例如：

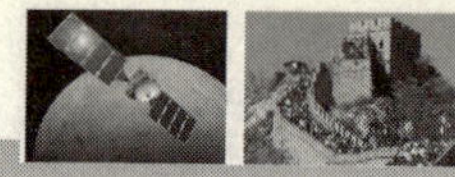

```
/*定义段落样式表*/
p
{
    text-align: center; /* 文本居中排列 */
    color: black; /* 文字为黑色 */
    font-family: arial /* 字体为 arial */
}
```

2. CSS 样式表的应用类型

在 HTML 网页应用的 CSS 样式表，可分为三种类型：内联样式，内部样式，与外部样式。

1）内联样式

内联样式是写在 HTML 标记的 style 属性中的样式，这些样式规则只对其所在的标记有效。例如：

```
<span style=" font-family:"微软雅黑",黑体;font-size:18px;">专业简介</span>
```

优点：能够对特定标记的显示样式进行精确设定。

缺点：需要对每一种标记进行反复设定，而且网页修改的工作量太大。

2）内部样式

将样式放在标记<style>和</style>内，直接包含在 HTML 文档中。以这种方式使用的样式表必须出现在 HTML 文档的 head 中。

例如：

```
<style type="text/css">
<!--
body {
    background:#fff url(../img/topbg.jpg);
    background-position：left top;
    background-repeat：repeat-x;
    font-family:"宋体", Arial;
    font-size:12px;
    text-align:center;
    line-height:160%;
    color:#404040;
}
-->
</style>
```

优点：能够使整个页的显示风格达到统一，而不需重复设置。

3）外部样式

外部样式表是一个独立的样式表文件（*.css），保存在本地站点中，外部样式表不仅可应用在当前的文档中，还可以根据需要在其他的网页文档、甚至在整个站点中应用。

将一组 CSS 样式规则保存为一个独立的.css 文件，在每个页面开头通过<link>标记指定该文档。

例如：

```
<head>
    <link href="../css/main.css" rel="stylesheet" type="text/css" />
</head>
```

优点：样式代码可以复用，便于修改，提高网页显示的速度。

三种样式表的作用顺序为：内联样式的层次最高，内部样式次之，外部样式的层次最低。也就是说当一个页面中有三种样式存在时内联样式起作用；只有内部样式和外部样式存在时，内部样式起作用；当只有外部样式的时候它才起作用。

3.1.2　应用自定义 CSS 样式

应用自定义 CSS 样式的具体操作步骤如下：

（1）打开如图 3-2 所示网页文档（zy_demo/index.html）。

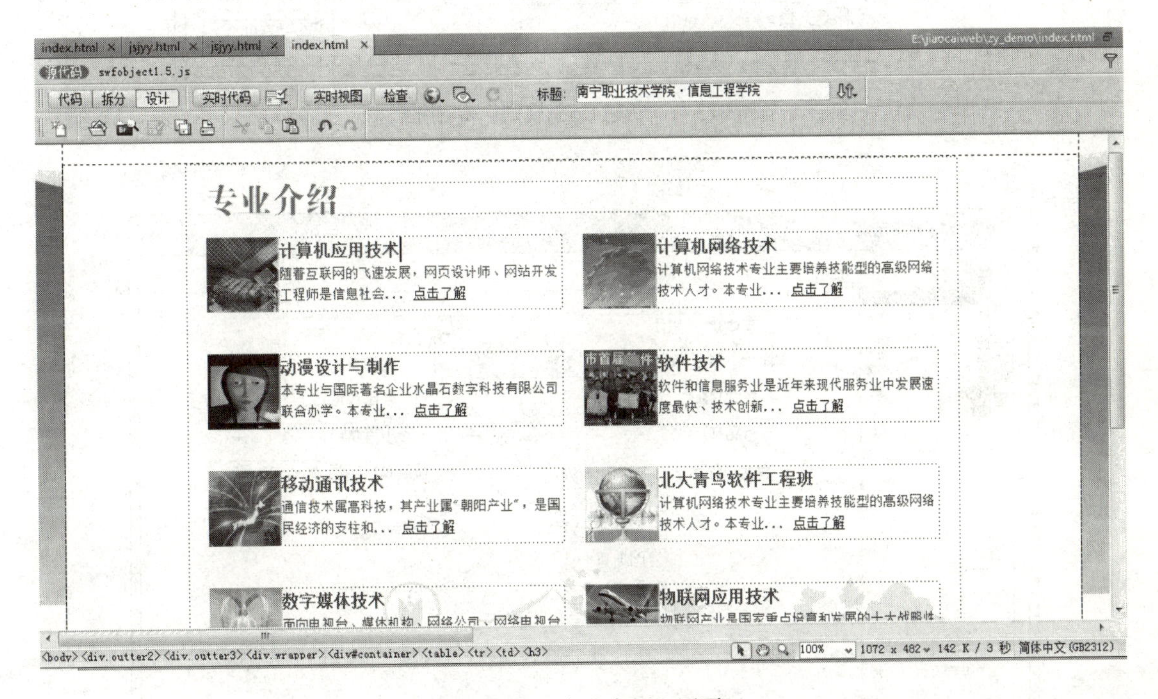

图 3-2　“专业介绍”网页

（2）选择【窗口】→【CSS 样式】命令，在打开的“CSS 样式”面板中单击面板下方的“新建 CSS 规则”按钮，在弹出的“新建 CSS 规则”对话框中将“选择器类型”设置为“类（可应用于任何 HTML 元素）”，“选择器名称”设置为“zymc”，“规则定义”设置为“仅限该文档”，如图 3-3 所示。

（3）单击“确定”按钮，在弹出的“.zymc 的 CSS 规则定义”对话框中将“字体”设置为“黑体”，大小设置为“16 像素”，文本颜色设置为“#C47503”，如图 3-4 所示。

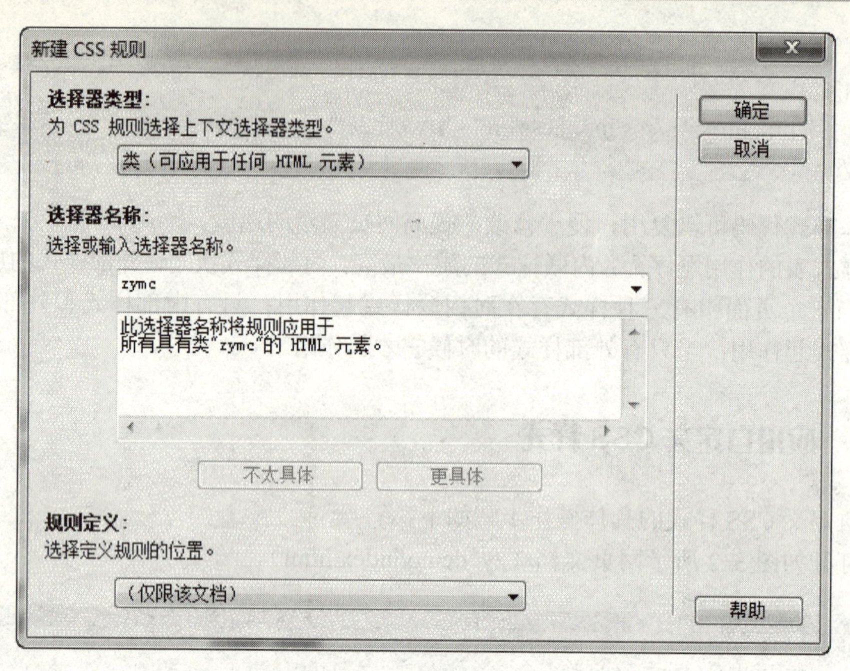

图 3-3 “新建 CSS 规则”对话框

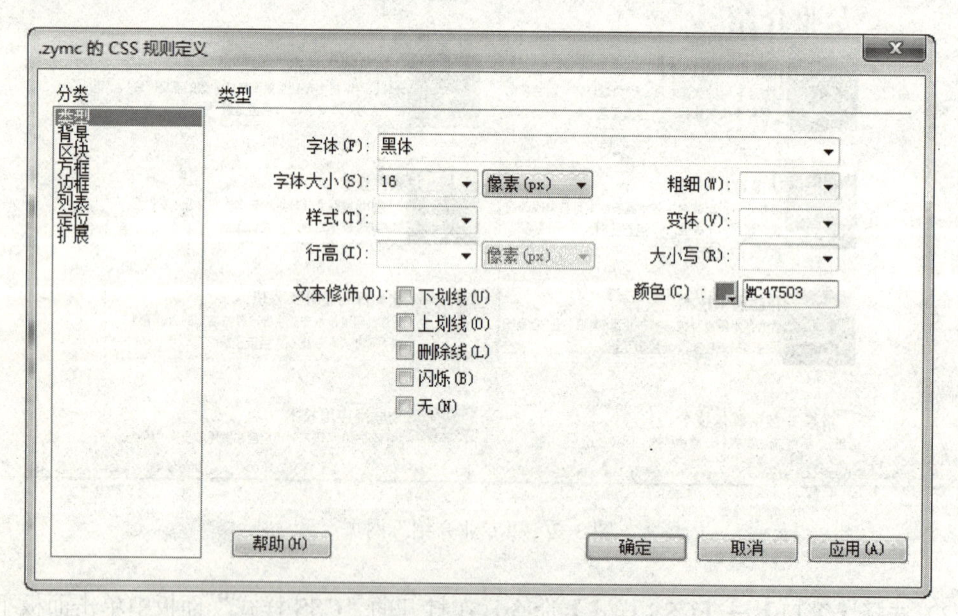

图 3-4 “.zymc 的 CSS 规则定义”对话框

（4）单击“确定”按钮，在“CSS 样式”面板中可以看到新建的“.zymc”样式，如图 3-5 所示。

（5）选中要套用样式的文字，如“计算机应用技术”，在属性面板的“类”下拉列表中，选择“zymc”样式，如图 3-6 所示。

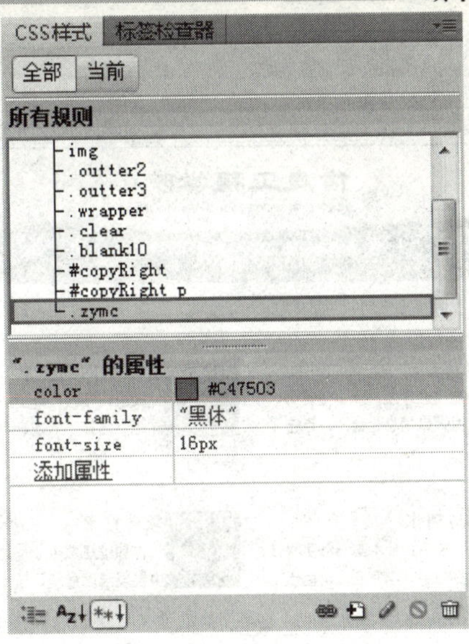

图 3-5　新建的“.zymc”样式

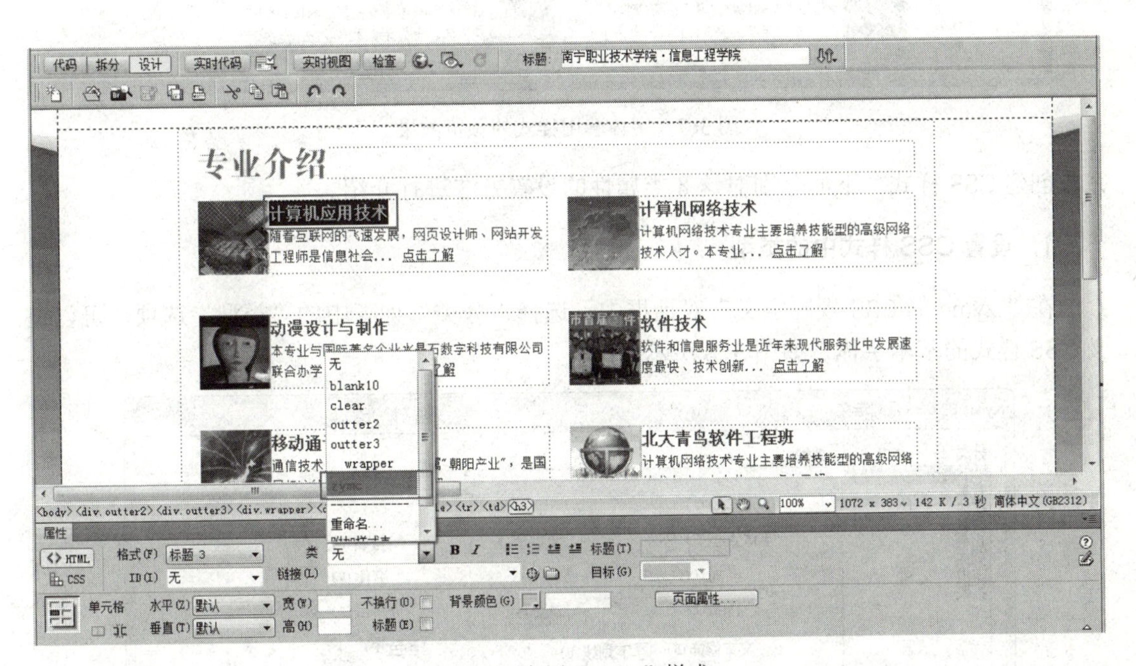

图 3-6　套用“zymc”样式

（7）保存文档，按 F12 键在浏览器中预览效果，如图 3-7 所示。其他的专业名称，用同样的方法套用该样式，即可把自定义的样式表应用到网页当中。

3.1.3　设置 CSS 样式表的属性

CSS 的属性被分为 8 大类，主要分为类型、背景、区块、方框、边框、列表、定位和扩展，每个选项都可以对所选标记做不同方面的样式设置，当设置完毕后，单击“确定”按钮，

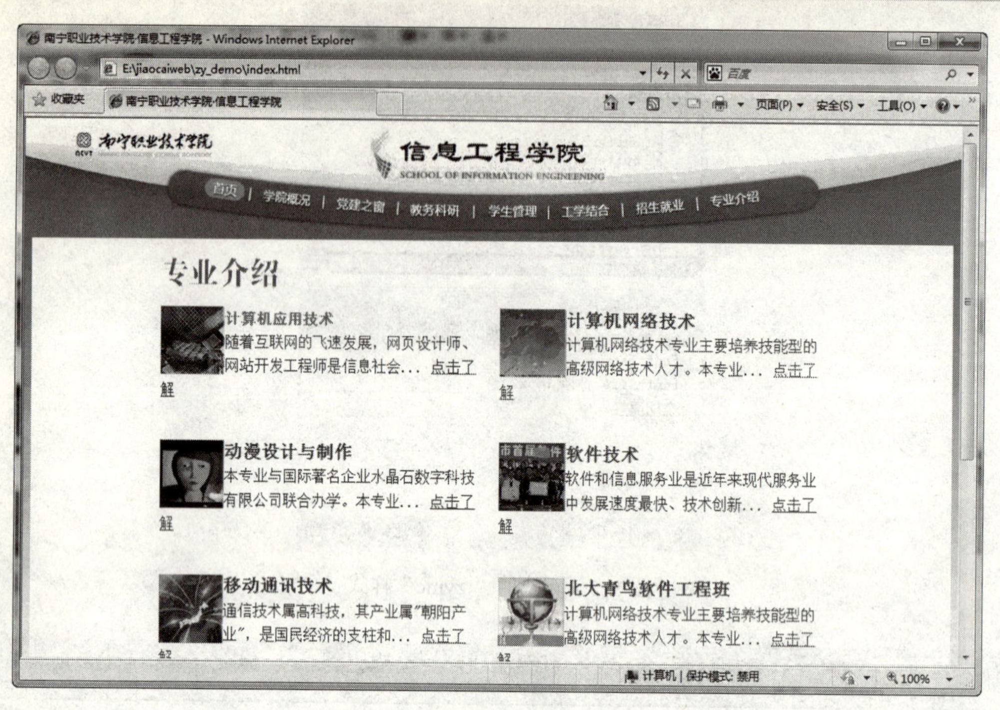

图 3-7　字体套用样式的预览效果

完成创建 CSS 样式。下面分别对这 8 类属性的设置方法进行介绍。

1. 设置 CSS 样式中的类型

在“.zymc 的 CSS 规则定义”对话框中，选择“分类”列表中的“类型”选项，可以定义 CSS 样式的基本字体，如图 3-8 所示。

.zymc 的 CSS 规则定义
分类：类型、背景、区块、方框、边框、列表、定位、扩展
类型
字体(F)：
字体大小(S)：　像素(px)　粗细(W)：
样式(T)：　变体(V)：
行高(I)：　像素(px)　大小写(R)：
文本修饰(D)：下划线(U)　上划线(O)　删除线(L)　闪烁(B)　无(N)　颜色(C)：
帮助(H)　确定　取消　应用(A)

图 3-8　CSS 规则“类型”选项

在CSS规则“类型”选项中，可以进行以下设置。

（1）“字体”下拉列表框：为样式设置字体。单击右侧的下三角选择字体，如果不用这些字体，我们可以通过下拉列表最下面的“编辑字体列表”来添加新的字体。

（2）“字体大小”下拉列表框：定义文本大小。可以通过选择数字和度量单位选择特定的大小，也可以选择相对大小。以像素为单位可以有效地防止浏览器文本变形。

（3）“样式”下拉列表框：将“正常”、“斜体”或“偏斜体”指定为字体样式。默认设置是“正常”。

（4）“行高”下拉列表框：设置文本所在行的高度。选择“正常”时会自动计算字体大小的行高，或输入一个确切的值并选择一种度量单位。

（5）“文本修饰”复选框：向文本中添加下划线、上划线或删除线，或使文本闪烁。正常文本的默认设置是“无”。链接的默认设置是“下划线”。

（6）“粗细”下拉列表框：对字体应用特定或相对的粗体量。“正常”等于 400；“粗体”等于 700。

（7）“变体”下拉列表框：设置文本的小型大写字母变体或正常。

（8）“大小写”下拉列表框：将选定内容中的每个单词的首字母大写或将文本设置为全部大写或小写。

（9）“颜色”文本框：设置文本颜色。

2. 设置CSS样式中的背景

使用CSS规则定义对话框“分类”列表中的“背景”选项，可以在网页的元素后面加入固定的背景颜色与背景图像，如图3-9所示。

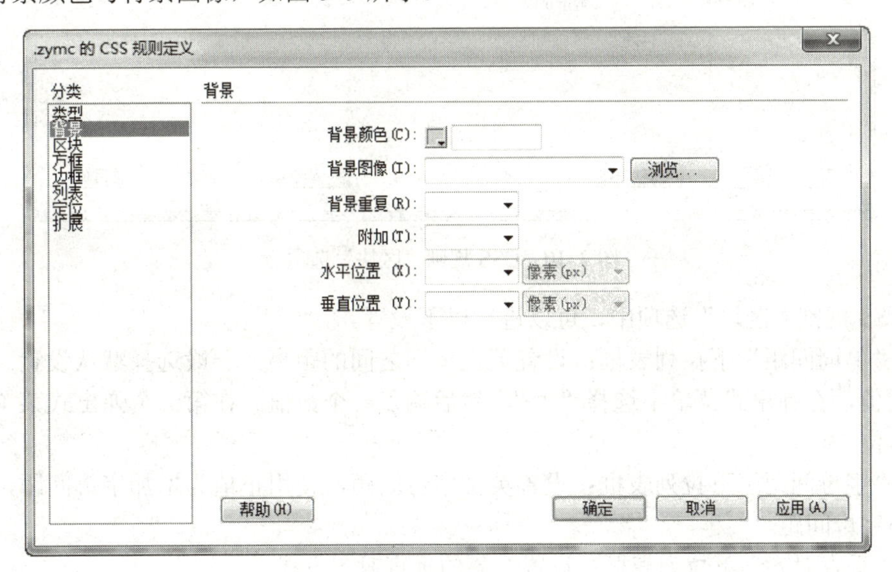

图3-9 CSS规则“背景”选项

在CSS规则“背景”选项中，可以进行以下设置。

（1）“背景颜色”文本框：选择固定的颜色作为背景。

（2）“背景图像”下拉列表框：直接填写背景图像的路径，或单击“浏览”按钮找到背

景图像的路径。

（3）“背景重复”下拉列表框：在使用图像作为背景时，可以使用此项设置背景图像的重复方式，包括“不重复”、“重复”、“横向重复”、和“纵向重复”。

（4）“附加”下拉列表框：选择图像做背景时，可以设置图像是否跟随网页一同滚动，包括“滚动”、“固定”。

（5）“水平位置”下拉列表框：设置水平方向的位置，可以选择“左对齐”、“右对齐”、“居中”。还可以设置数值与单位结合表示位置的方式，比较常用的单位是像素。

（6）“垂直位置”下拉列表框：可以选择“顶部”、“底部”、“居中”。还可以设置数值和单位结合表示位置的方式。

3. 设置 CSS 样式中的区块

使用 CSS 规则定义对话框“分类”列表中的“区块”选项，可以定义标记和属性的间距，设置对齐方式，如图 3-10 所示。

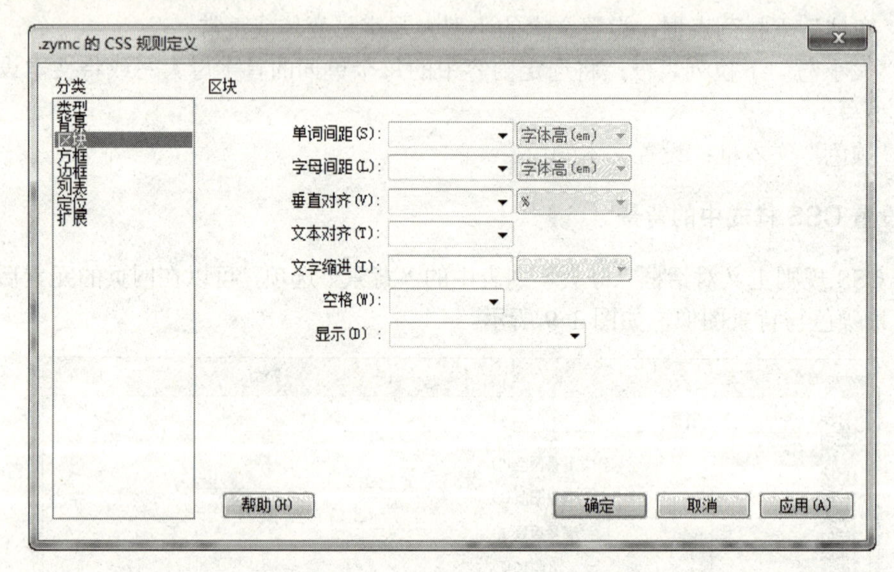

图 3-10　CSS 规则“区块”选项

在 CSS 规则“区块”选项中，可以进行以下设置。

（1）“单词间距”下拉列表框：设置英文单词之间的距离，一般选择默认设置。若要设置特定的值，在弹出式菜单中选择“值”，然后输入一个数值。在第二个弹出式菜单中，选择度量单位。

（2）“字母间距”下拉列表框：设置英文字母间距，使用正值为增加字母间距，使用负值为减小字母间距。

（3）“垂直对齐”下拉列表框：设置对象的垂直对齐方式。

（4）“文本对齐”下拉列表框：设置文本的水平对齐方式。

（5）“文字缩进”下拉列表框：指定第一行文本缩进的程度。中文文字的首行缩进就是由它来实现的。首先填入具体的数值，然后选择单位。

（6）“空格”下拉列表框：对源代码文字空格的控制。有三个选项可以选择：“正常”表

示收缩空白；“保留”表示保留所有空白，包括空格、制表符和换行符；“不换行”表示仅当遇到
 标记时文本才换行。

（7）“显示”下拉列表框：设置是否显示以及如何显示元素。选择“无”则关闭已被设置元素的显示。

4. 设置 CSS 样式中的方框

使用 CSS 规则定义对话框“分类”列表中的“方框”选项，可以为控制元素在页面上放置方式的标记和属性定义设置，如图 3-11 所示。

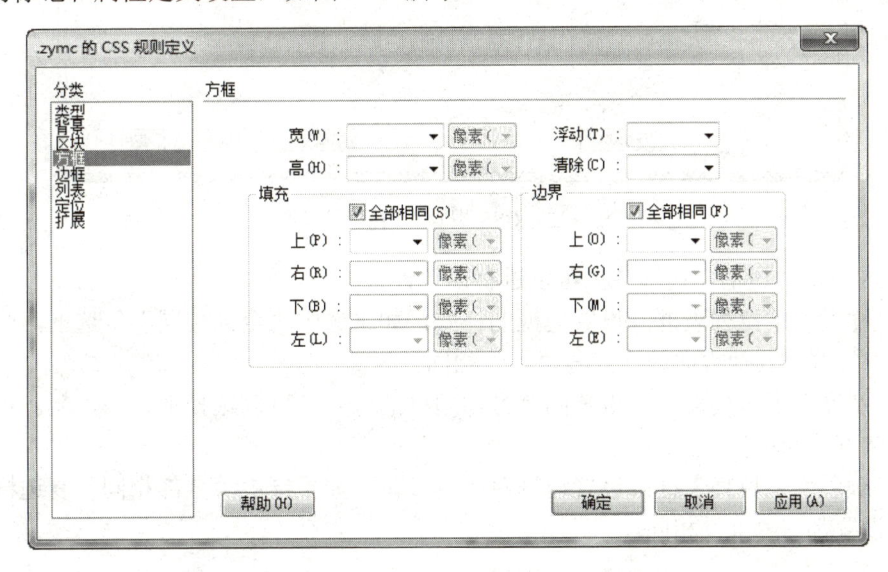

图 3-11　CSS 规则“方框”选项

在 CSS 规则“方框”选项中，可以进行以下设置。

（1）“宽”下拉列表框：通过数值和单位设置对象的宽度。

（2）“高”下拉列表框：通过数值和单位设置对象的高度。

（3）“浮动”下拉列表框：实际就是文字等对象的环绕效果。选择“右对齐”，对象居右，文字等内容从另外一侧环绕对象。选择“左对齐”，对象居左，文字等内容从另一侧环绕。“无”取消环绕效果。

（4）“清除”下拉列表框：规定对象的一侧不允许有层。可以通过选择“左对齐”、“右对齐”，选择不允许出现层的一侧。如果在清除层的一侧有层，对象将自动移到层的下面。“两者”是指左右都不允许出现层。“无”是不限制层的出现。

（5）“填充”下拉列表框和“边界”下拉列表框：如果对象设置了边框，“填充”是指边框和其中内容之间的空白区域；“边界”是指边框外侧的空白区域。

5. 设置 CSS 样式中的边框

使用 CSS 规则定义对话框“分类”列表中的“边框”选项，可以用来设置边框的格式，包括边框的颜色和宽度等，如图 3-12 所示。

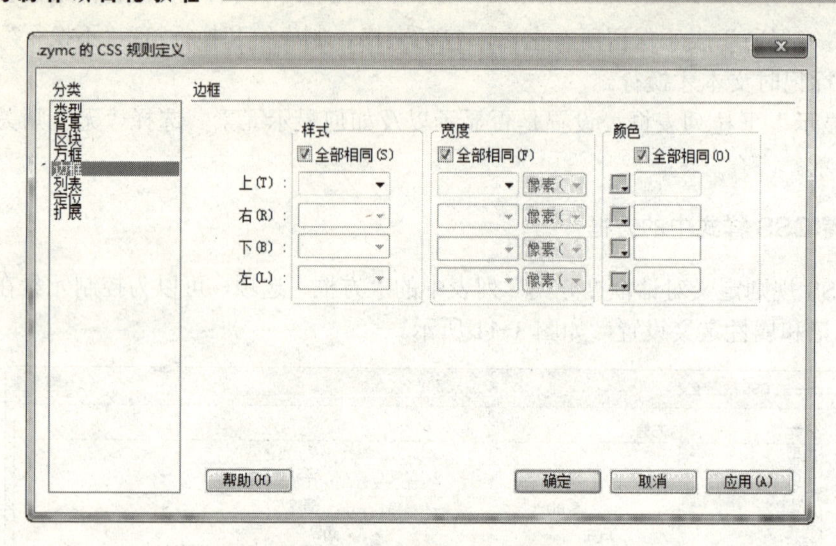

图 3-12　CSS 规则“边框”选项

在 CSS 规则“边框”选项中，可以进行以下设置。

（1）“样式”下拉列表框：设置边框的样式，如果选中“全部相同”复选框，则只需要设置“上”样式，其他方向的样式与“上”相同。

（2）“宽度”下拉列表框：设置四个方向边框的宽度。可以选择细、中、粗。也可以设置边框的宽度值和单位。

（3）“颜色”下拉列表框：设置边框对应的颜色，如果选中“全部相同”复选框，则其他方向的设置都与“上”相同。

6．设置 CSS 样式中的列表

使用 CSS 规则定义对话框“分类”列表中的“列表”选项，可以设置列表的外观，起到美化列表的作用，如图 3-13 所示。

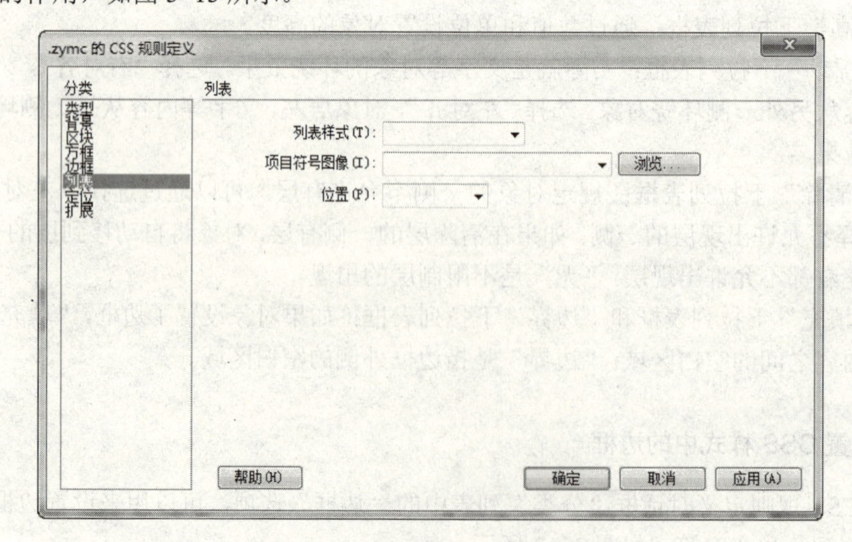

图 3-13　CSS 规则“列表”选项

（1）“列表样式”下拉列表框：设置项目符号或编号的外观。包括“圆点”、“圆圈”、“数字”等。

（2）“项目符号图像”下拉列表框：可以为项目符号指定自定义图像。单击“浏览”按钮选择图像或键入图像的路径。

（3）“位置”下拉列表框：设置列表项文本是否换行和缩进，以及文本是否换行到左边距。

7. 设置 CSS 样式中的定位

使用 CSS 规则定义对话框“分类”列表中的“定位”选项，可以对 AP 元表进行设置，如图 3-14 所示。

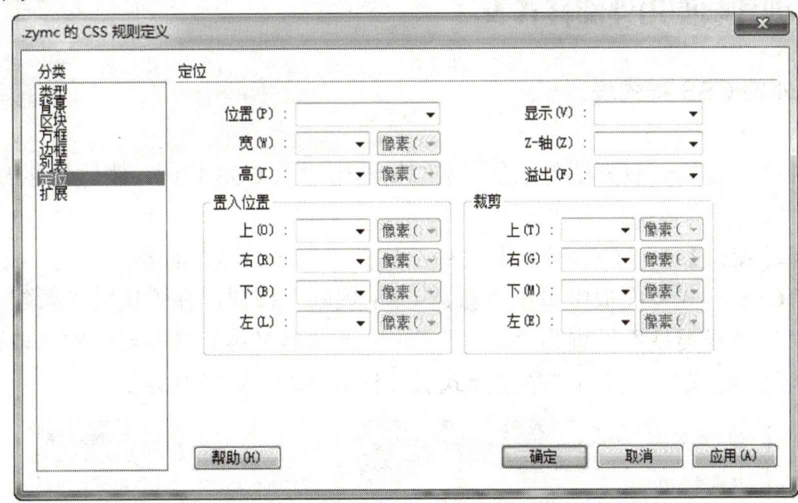

图 3-14　CSS 规则“定位”选项

8. 设置 CSS 样式中的扩展

CSS 规则定义对话框“分类”列表中的“扩展”选项包括滤镜、分页和光标选项，如图 3-15 所示。

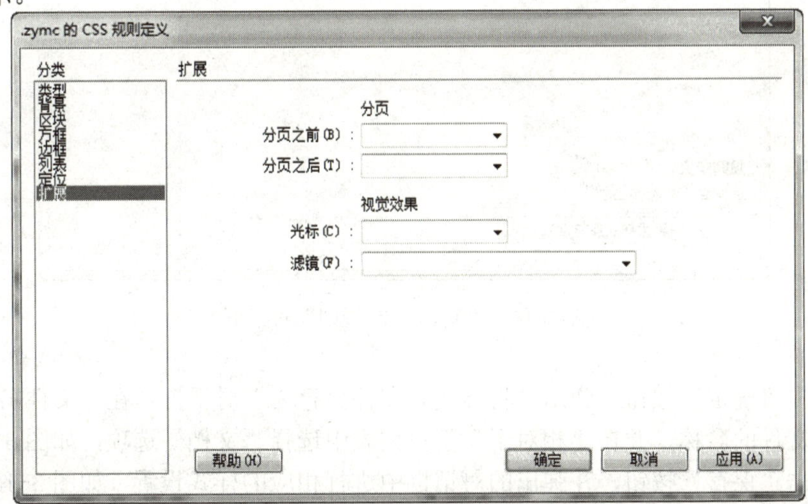

图 3-15　CSS 规则“扩展”选项

在 CSS 规则“扩展”选项中，可以进行以下设置。

（1）“分页”下拉列表框：为打印页面设置分页符，打印网页中的内容时在某指定的位置停止，然后将接下来的内容继续打印在下一页纸上。

（2）“光标”下拉列表框：通过样式改变鼠标光标的形状，鼠标光标放置于被此项设置修饰的区域上时，形状会发生改变。

（3）“滤镜”下拉列表框：使用 CSS 语言实现过滤器（滤镜）效果。单击“滤镜”下拉列表按钮，可以看见有多种滤镜效果可供选择。

3.1.4 创建和调用外部样式表

1. 创建外部 CSS 样式表

创建外部样式表的一般方法是：在文本编辑器中输入 CSS 代码，然后另存为一个后缀名为.css 的文件即可。具体操作步骤如下：

（1）选择【窗口】→【CSS 样式】命令，打开“CSS 样式”面板。

（2）在“CSS 样式”面板中单击“新建 CSS 规则”按钮，在弹出的“新建 CSS 规则”对话框中将“选择器类型”设置为“标签”，在“选择器名称”文本框中输入段落的 HTML 标签 p，将“规则定义”设置为“新建样式表文件”，如图 3-16 所示。

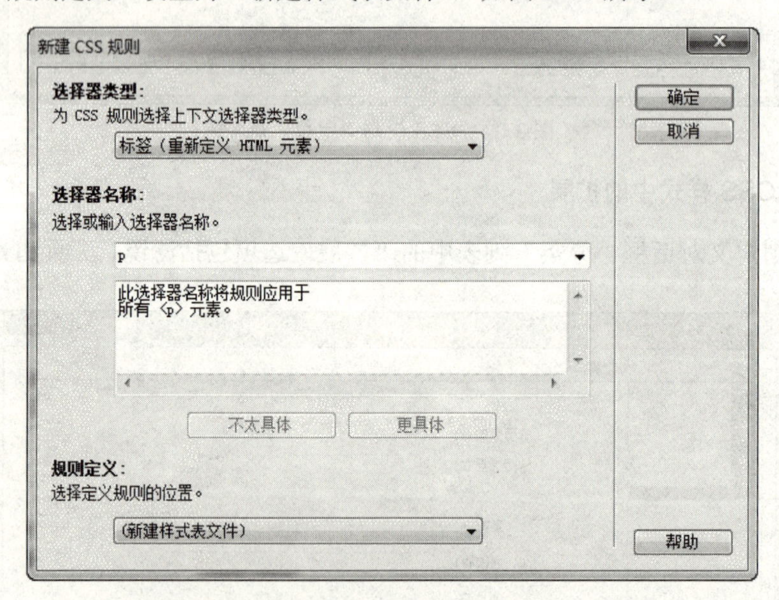

图 3-16 “新建 CSS 规则”对话框

（3）单击“确定”按钮，弹出“将样式表文件另存为”对话框，在“文件名”文本框中输入样式表文件的名称，并在“相对于”下拉列表中选择“文档’选项，如图 3-17 所示。

（4）单击“保存”按钮，在弹出的对话框中进行相应的样式设置，如图 3-18 所示。

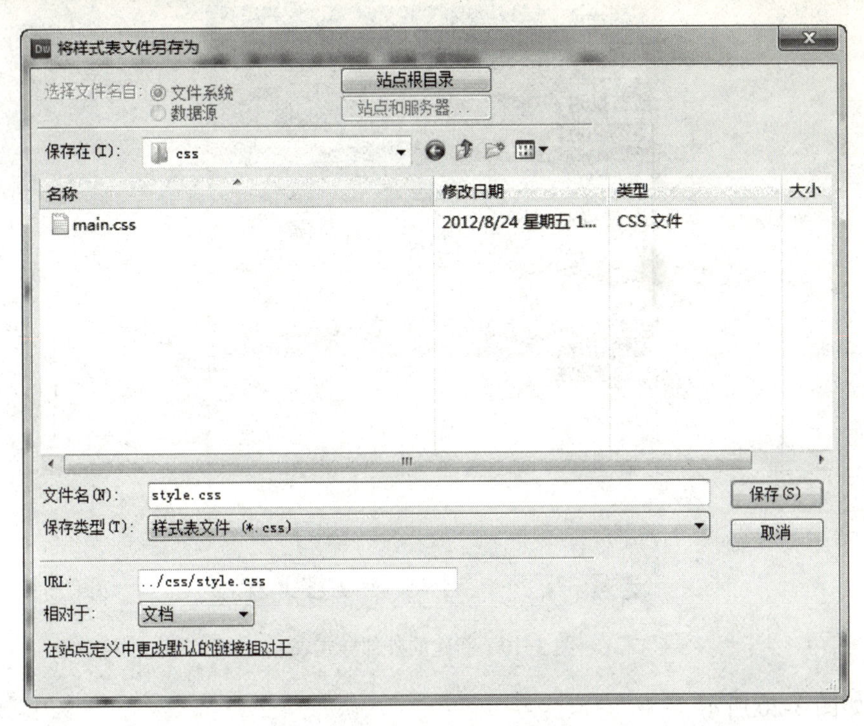

图 3-17　样式表文件保存

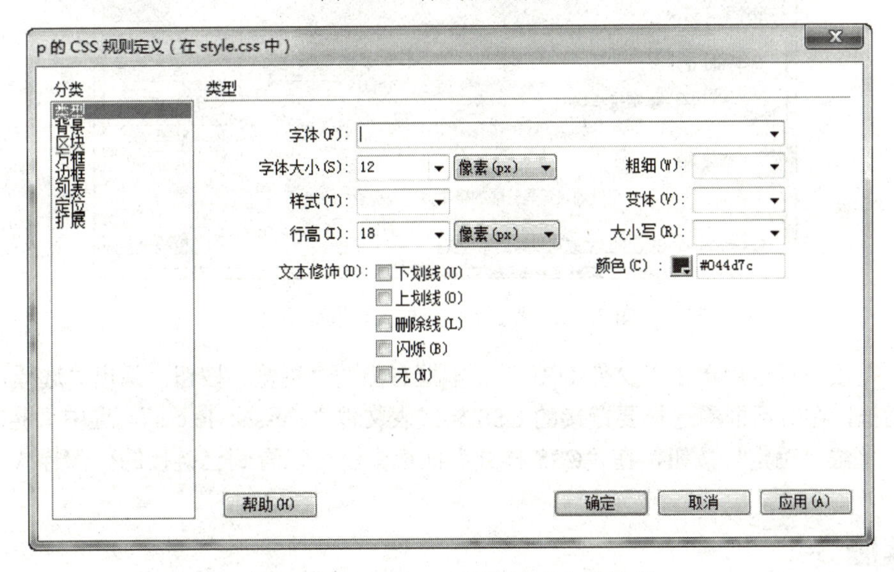

图 3-18　“p 的 CSS 规则定义”对话框

（5）单击“确定”按钮，在文档窗口中可以看到新创建的外部样式表文件“style.css”，如图 3-19 所示。

2．调用外部 CSS 样式表

（1）打开网页文档，选择【窗口】→【CSS 样式】命令，打开“CSS 样式”面板，在面板中单击鼠标右键，在弹出的快捷菜单中执行【附加样式表】命令，弹出“链接外部样式表”

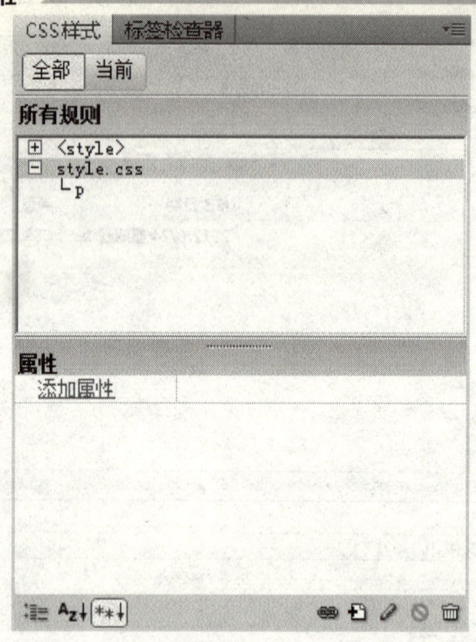

图 3-19　新建的外部样式表

对话框，如图 3-20 所示。

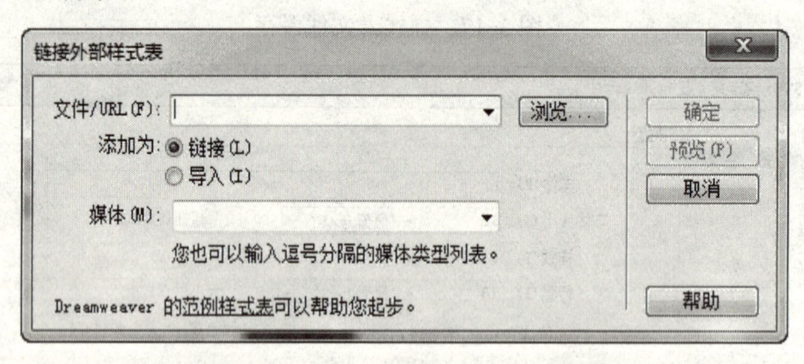

图 3-20　“链接外部样式表”对话框

（2）在该对话框中单击“文件/URL”文本框右侧的“浏览”按钮，弹出“选择样式表文件”对话框，在对话框中选择要链接的 CSS 样式表文件“../css/style.css”，选中“链接”单选按钮后，单击“确定”按钮，在“CSS 样式”面板中就可以看到已链接的外部样式表。

任务实施 3-1

我们已经应用 CSS 样式表美化了“专业介绍”网页的文字，现在我们通过创建 CSS 的样式来控制超链接文本的显示，操作步骤如下。

（1）打开“专业介绍”网页文档（zy_demo/index.html），选择【窗口】→【CSS 样式】命令，在打开的“CSS 样式”面板中单击面板下方的“新建 CSS 规则”按钮，在弹出的“新建 CSS 规则”对话框中将“选择器类型”设置为“复合内容（基于选择的内容）”，在“选择器名称”下拉列表中，我们可以看到四项：“a:link”（未访问的超链接）、“a:visited”（已经访

问过的超链接)、“a:hover”(鼠标指针移动到上面时的超链接)、“a:active”(正在访问的超链接),如图 3-21 所示,选择“a:link”项。

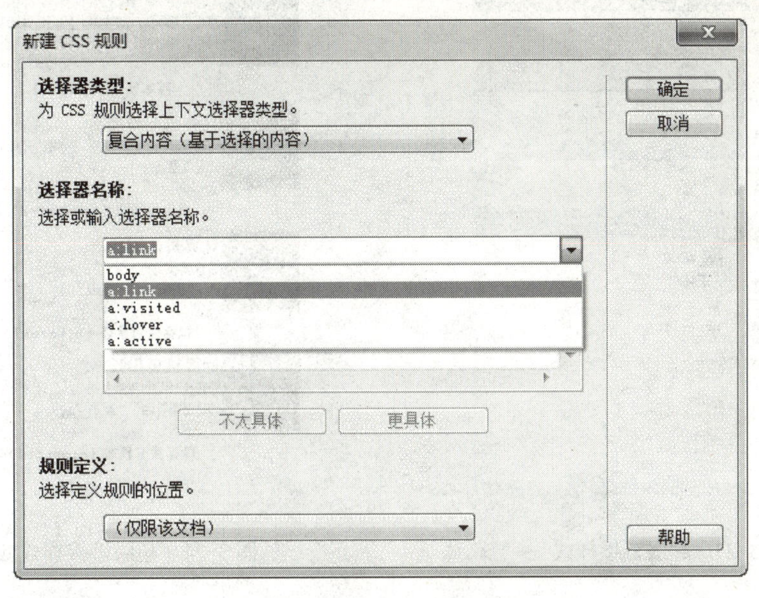

图 3-21 “新建 CSS 规则”对话框

(2)单击“确定”按钮,弹出“a:link 的 CSS 规则定义”对话框,将字体大小设置为“12 像素”,文本颜色设置为“#C47503”,文本修饰设置为“无”,如图 3-22 所示。

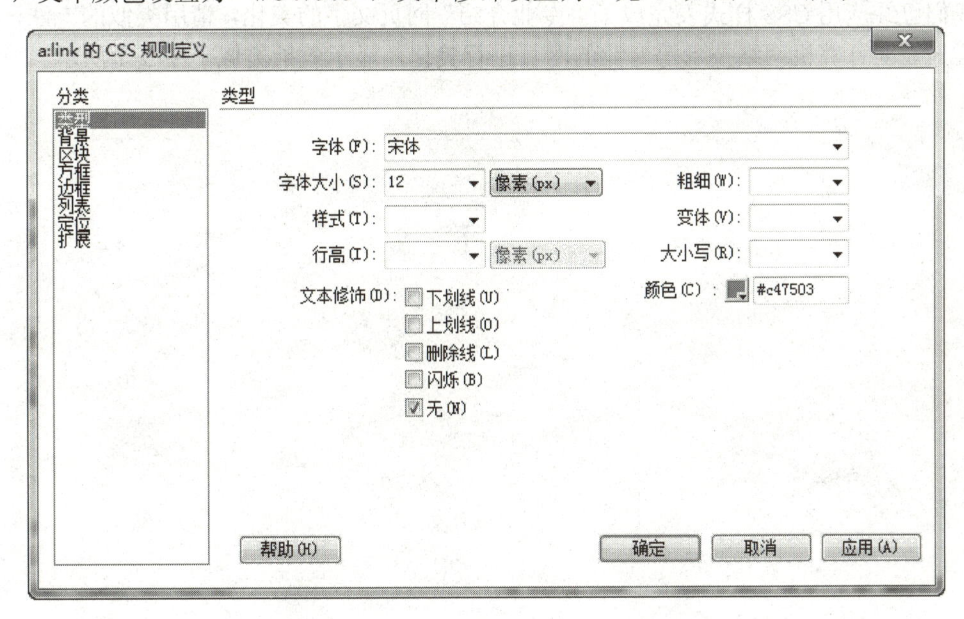

图 3-22 “a:link 的 CSS 规则定义”对话框

(3)设置好以后单击“确定”按钮,完成“a:link”项的设置。重复以上操作步骤,继续设置“a:visited”、“a:hover”和“a:active”项的样式,这样就可以完成对超级链接的样式设置,如图 3-23 所示。

（4）设置完成后，保存网页文档，按 F12 键预览网页链接效果，如图 3-24 所示。

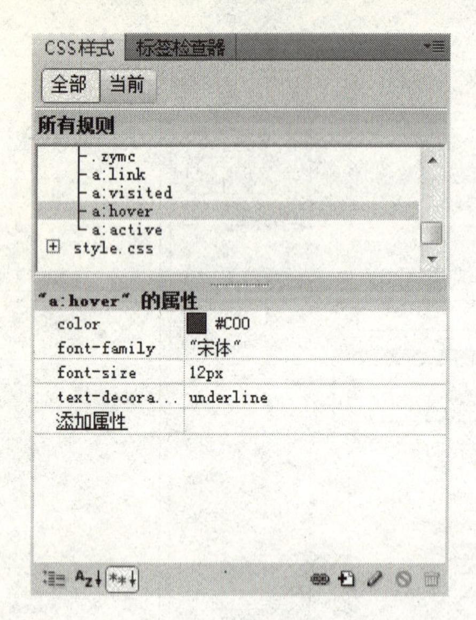

图 3-23　超级链接样式

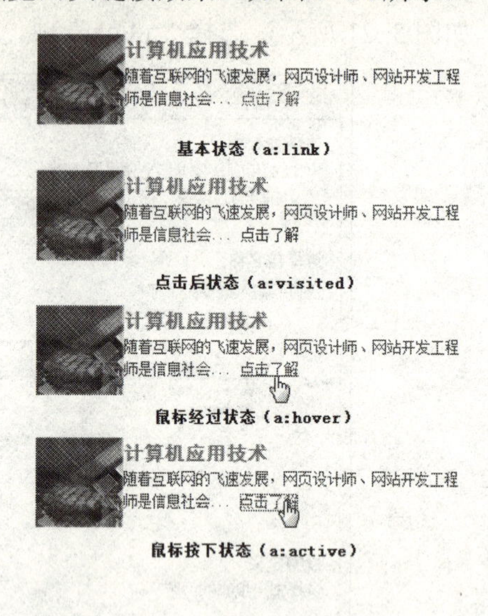

图 3-24　超级链接样式效果

任务扩展 3-1

我们已经应用 CSS 样式表完成了“专业介绍”网页文字的美化，请用类似的方法，应用 CSS 样式表对计算机网络技术等专业的网页进行美化，显示效果类似于图 3-1 所示。

职业技能知识点考核7

1. CSS的全称是（　　），中文译作（　　）。

A. cading style sheets，层叠样式表

B. cascading style sheets，层次样式表

C. cascading style sheets，层叠样式表

D. cading style sheets，层次样式表

2. 下面说法错误的是（　　）。

A. CSS样式表可以将格式和结构分离

B. CSS样式表可以控制页面的布局

C. CSS样式表可以使许多网页同时更新

D. CSS样式表不能制作体积更小、下载更快的网页

3. CSS样式表不可能实现（　　）功能。

A. 将格式和结构分离

B. 一个CSS文件控制多个网页

C. 控制图片的精确位置

D. 兼容所有的浏览器

4. （　　）不是溢出的属性。

A. visible　　B. hidden

C. inherit　　D. auto

5. 下面不属于CSS插入形式的是（　　）。

A. 索引式　　B. 内联式

C. 嵌入式　　D. 外部式

6. 下列选项中，只有（　　）是正确的CSS样式格式命名。

A. ab　　B. b

C. txt　　D. exe

7. 以下各项中可以精确控制文本大小，使得文本的样式并不随浏览器设置而产生变化的是（　　）。

A. CSS　　B. HTMLStyle

C. HTML　　D. Style

8. CSS表示（　　）

A. 层　　B. 行为

C. 样式表　　D. 时间线

9. CSS通过（　　）方法将样式格式化应用到用户的页面中。

A. 创建新的样式表

B. 内部样式表

C. 外部的、被链接的样式表

D. 被嵌入的样式规则

10. CSS 样式选择器的类型有（　　　　）。

A. 标签、类、文本

B. 类、标签、图像

C. 类、标签、高级

D. Flash、类、ID

11. Dreamweaver 打开“CSS 样式”面板的快捷操作键是（　　）。

A. Shift + F11　　B. F8

C. F9　　D. F10

12.（　　）几乎可以控制所有文字的属性，它也可以套用到多个网页，甚至整个网站的网页上。

A. HTML 样式　　B. CSS 样式

C. 页面属性　　D. 文本属性面板

13. CSS 样式表存在于文档的（　　　）区域中。

A. HTML　　B. BODY

C. HEAD　　D. TABLE

14. Dreamweaver 中 CSS 滤镜特效属于 CSS 样式定义分类中的（　　　　）。

A. 定位　　B. 类型

C. 边框　　D. 扩展

15. 如果要使一个网站的风格统一并便于更新，在使用 CSS 文件的时候，最好是使用（　　）

A. 外部链接样式表　　B. 内嵌式样式表

C. 局部应用样式表　　D. 以上三种都一样

16. 下列关于 CSS 的说法错误的是（　　）。

A. CSS 的全称是 Cascading Style Sheets，中文的意思是“层叠样式表”

B. CSS 的作用是精确定义页面中各元素以及页面的整体样式

C. CSS 样式不仅可以控制大多数传统的文本格式属性，还可以定义一些特殊的 HTML 属性

D. 使用 Dreamweaver 只能可视化创建 CSS 样式，无法以源代码方式对其进行编辑

17. 要通过 CSS 设置中文文字的间距，可以通过调整样式表中（　　）属性实现？

A. 文字间距　　B. 字母间距　　C. 数字间距　　D. 无法实现

18. 下面关于 DHTML 的动态样式说法错误的是（　　）。

A. DHTML 的动态样式是通过 CSS（层叠样式表）来实现的

B. CSS 是 W3C 所批准的规范，也是 DHTML 的核心

C. CSS 还可以作为一个链接文件，供其他任何网页调用

D. 在 Dreamweaver 中，不能手工编写 CSS

3.2 表单

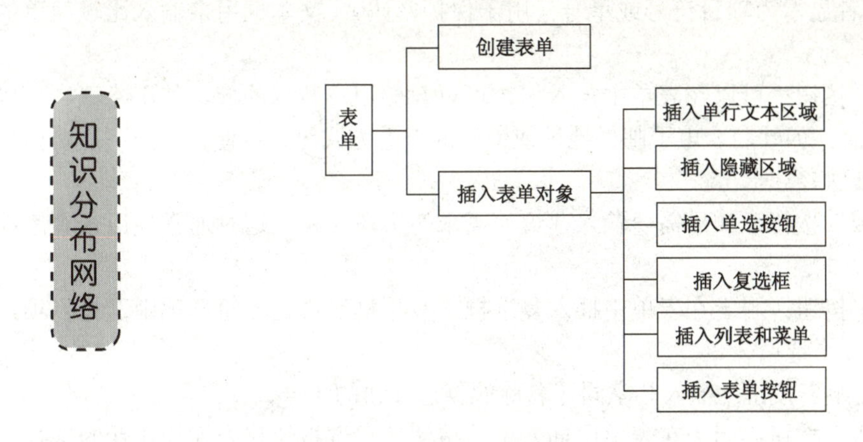

任务 3-2 应用表单制作“在线咨询”网页

目前大多数的网站，尤其是大中型的网站，都需要与用户进行动态的交流，要实现与用户的交互，表单是必不可少的，如在线注册、在线购物、在线调查问卷等。这些过程都需要填写一系列表单，用户填写好这些表单，将其发送到网站的后台服务器，交由服务器端的脚本或应用程序来处理，所以表单是网站管理员和用户之间进行沟通的桥梁。

本次任务的主要内容是制作“在线咨询”页面，以便更好地为网友提供咨询服务。本任务的基本要求，就是掌握这些对象的创建和使用方法。

3.2.1 创建表单

表单是实现动态网页的一种主要的外在形式，可以使网站的访问者与网站之间轻松地进行交互。使用表单，可以帮助 Internet 服务器从用户那里收集信息，实现用户与网页上的功能互动。通过表单可以收集站点访问者的信息，可以用做调查工具或收集客户登录信息，也可用于制作复杂的电子商务系统。

表单相当于一个容器，它容纳的是承载数据的表单对象，例如文本框、复选框等。因此一个完整的表单包括两部分：表单及表单对象，二者缺一不可。

用户可以通过选择【插入记录】→【表单】命令来插入表单对象，或者通过“插入”面的“表单”工具栏来插入表单对象，如图 3-25 所示，其作用分别介绍如下。

图 3-25 “表单”工具栏

1. 认识表单对象

(1)“表单”按钮：用于在文档中插入表单。任何其他表单对象，如文本域、按钮等，

都必须插入表单中，这样所有浏览器才能正确处理这些数据。

（2）“文本字段”按钮：文本字段可接受任何类型的字母或数字项。输入的文本可以显示为单行、多行或者显示为项目符号或星号（用于保护密码）。文本框用来输入比较简单的信息。

（3）“隐藏域”按钮：可以在表单中插入一个可以存储用户数据的域。使用隐藏域可以存储用户输入的信息，如姓名、电子邮件地址或爱好的查看方式等，以便该用户下次访问站点时可以再次使用这些数据。

（4）“文本区域”按钮：如果需要输入建议、需求等大段文字，这时通常使用带有滚动条的文本区域。

（5）“复选框”按钮：用于在表单中插入复选框。复选框允许在一组选项中选择多项，用户可以选择任意多个选项。

（6）“复选按钮组”按钮：插入共享同一名称的复选按钮的集合。

（7）“单选按钮”按钮：用于在表单中插入单选按钮。单选按钮代表互相排斥的选择。选择一组中的某个按钮，就会取消选择该组中的所有其他按钮。例如，用户可以选择“是”或“否”。

（8）“单选按钮组”按钮：插入共享同一名称的单选按钮的集合。

（9）“列表/菜单”按钮：可以在列表中创建用户选项。“列表”选项在滚动列表中显示选项值，并允许用户在列表中选择多个选项。“菜单”选项在弹出式菜单中显示选项值，而且只允许用户选择一个选项。

（10）“跳转菜单”按钮：用于插入可导航的列表或弹出式菜单。跳转菜单允许插入一种菜单，在这种菜单中的每个选项都链接到文档或文件。

（11）“图像域”按钮：可以在表单中插入图像。可以使用图像域替换“提交”按钮，以生成图形化按钮。

（12）“文件域”按钮：可在文档中插入空白文本域和“浏览”按钮。文件域使用户可以浏览到其硬盘上的文件，并将这些文件作为表单数据上传。

（13）“按钮”按钮：用于在表单中插入文本按钮。按钮在单击时执行任务，如“提交”或“重置表单”。可以为按钮添加自定义名称或标记，或者使用预定义的“提交”或“重置”标记之一。

（14）“标签”按钮：可在文档中给表单加上标签，以<label></label>形式开头和结尾。

（15）“字段集”按钮：可在文本中设置文本标记。

2. 创建表单的具体步骤

使用表单必须具备两个条件：一个是建立含有表单元素的网页文档；另一个是表单处理程序，它能够处理用户输入到表单的信息。下面就创建一个基本表单，具体步骤如下：

（1）打开“在线咨询”网页文档（zy_demo/zxzx.html）。

（2）将鼠标指针置于文档要插入表单的位置，选择菜单【插入】→【表单】→【表单】命令（或选择“插入”面板的“表单”工具栏，然后单击“表单”图标）按钮，选择命令后页面上会出现红色的虚线，这个红色的虚线就是表单，如图 3-26 所示。

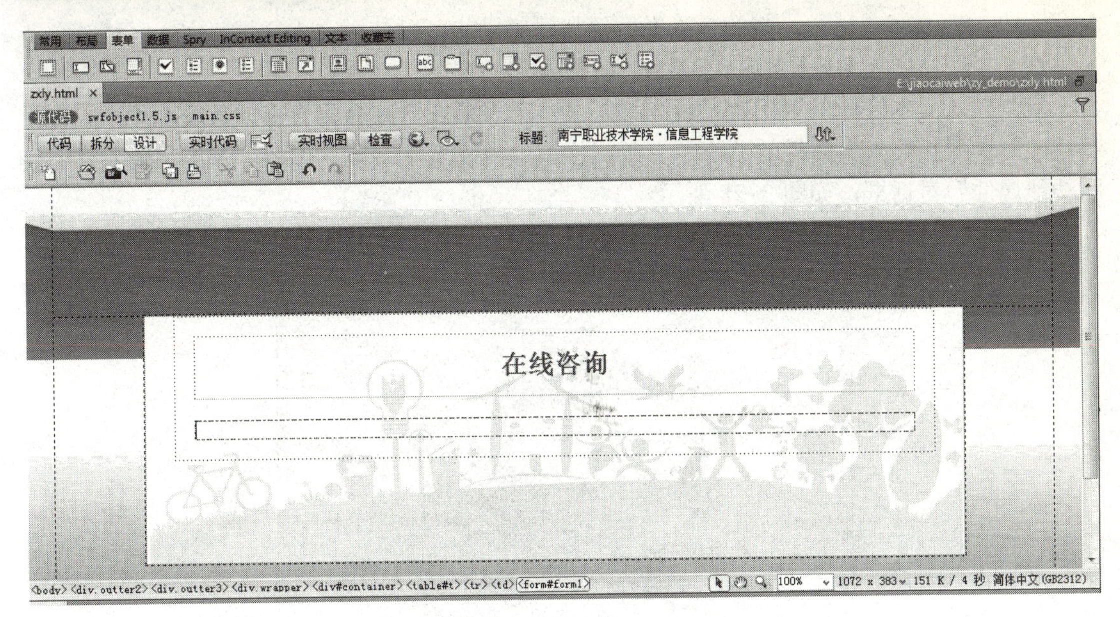

图 3-26　插入表单

（3）选择菜单【窗口】→【属性】命令，打开“属性”面板，在“属性”面板的“表单名称”文本框中输入“form1”，如图 3-27 所示。

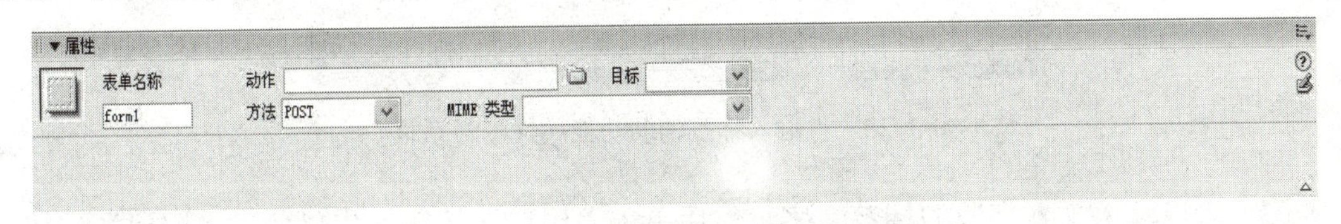

图 3-27　表单属性

用鼠标选中表单，在“属性”面板中可以设置此表单的以下各项属性：

①“表单名称”文本框：给表单命名，这样方便用脚本语言对其进行控制。

②“动作”文本框：指定处理表单信息的服务器端应用程序。可单击右侧的“文件夹”图标按钮，找到应用程序，或直接输入应用程序路径。

③“目标”下拉列表框：选择打开返回信息网页的方式。

④“方法”下拉列表框：定义处理表单数据的方法，具体内容如下。

- “默认”：使用浏览器默认的方法（一般为 GET）。
- “GET”：把表单值添加给 URL，并向服务器发送 GET 请求。
- “POST”：把表单数据嵌入到 HTTP 请求中发送。

⑤“MIME 类型”下拉列表框：用来设置发送 MIME 编码的类型。

3.2.2　插入表单对象

1. 插入文本区域

文本区域是表单中非常重要的表单对象。当浏览者浏览网页需要输入文字资料时，如姓

名、地址、E-mail 或稍长一些的个人介绍等栏目时，就可以使用文本区域。文本区域分单行文本域、多行文本域和密码域三种类型。具体操作如下：

（1）插入文本区域前请确定已经先插入了一个表单域，并且将光标放入表单域中。

（2）选择“插入”面板的“表单”工具栏，单击“文本字段”按钮，弹出“输入标签辅助功能属性”对话框，如图 3-28 所示。

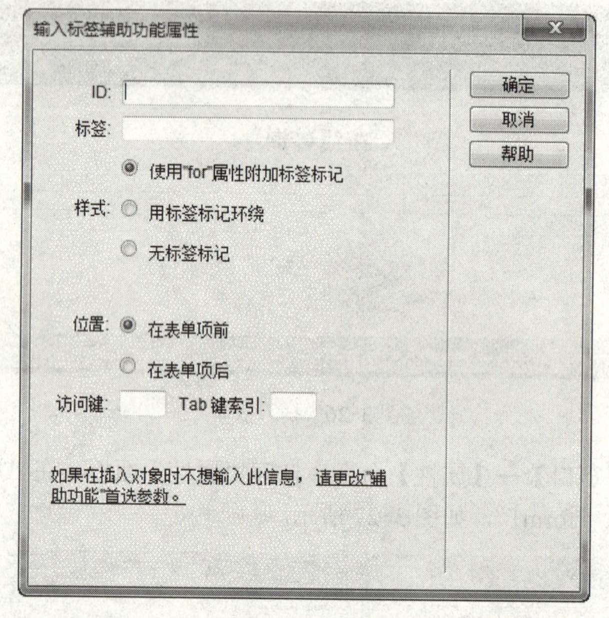

图 3-28 “输入标签辅助功能属性”对话框

（3）可以输入文本字段的标签文字，然后单击“确定”按钮，也可单击“取消”按钮，在表单域中自行添加文字作为文本字段的标签文字。

（4）设置文本字段的属性。选择输入的文本字段，在其属性面板上进行属性设置，如图 3-29 所示。

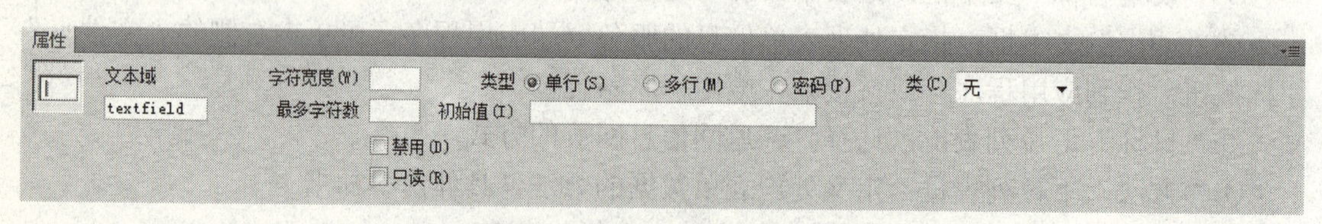

图 3-29 “文本域”属性面板

“文本域”对象具有下列属性。

①“文本域”文本框：指定文本域的名称，通过它可以在脚本中引用该文本区域。

②“字符宽度”文本框：设置文本区域中最多可显示的字符数。

③“最多字符数”文本框：允许使用者输入的最大的字符个数。

④“初始值”文本框：表单首次被载入时显示在文本字段中的值。

⑤“类型”单选按钮：可以选择文本区域的类型，其中包括“单行”、“多行”和“密码”。

- “单行”：只可显示一行文本，是插入文本区域时默认的选项。

- “多行”：可以显示多行文本，选择该项时属性面板将产生变化，增加了用于设置多行文本的选项。
- “密码”：用于输入密码的单行文本区域。输入的内容将以符号显示，防止被其他人看到，但该数据通过后台程序发送到服务器上时将仍然显示为原来的内容。

⑥“初始值”文本框：表单首次被载入时显示在文本域中的值。

当“类型”选择为“多行”时，文本字段就变成了文本区域，属性面板里的“最多字符数”变为“行数”，用来设置文本域中的行数，如图 3-30 所示。

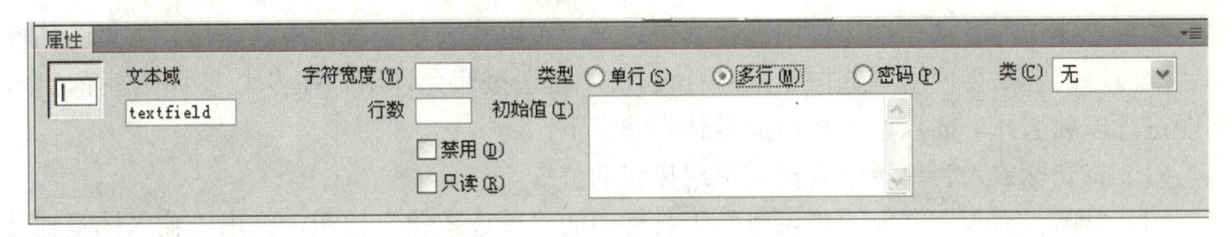

图 3-30 “文本域”属性面板

图 3-31 所示是一个同时拥有 3 种文本区域类型的实例。

在线注册

姓名：李明
密码：●●●●●●●●●
确认密码：●●●●●●●●●
注册原因：咨询计算机应用技术专业的课程设置情况以及往年的招生分数、录取情况，请给予解答，谢谢！
提交 重置

图 3-31 文本区域的 3 种类型

2. 插入隐藏区域

若要在表单结果中包含不让站点访问者看见的信息，可在表单中添加隐藏区域。当提交表单时，隐藏区域就会将非浏览者输入的信息发送到服务器上，为制作数据接口做准备。操作步骤如下：

（1）将光标置于页面中需要插入隐藏区域的位置。

（2）选择“插入”面板的“表单”工具栏，单击“隐藏域”按钮，随后一个隐藏区域的标记便插入到了网页中。

（3）单击隐藏区域的标记将其选中，该隐藏区域的属性面板会显示出来，如图 3-32 所示。

“隐藏区域”对象具有下列属性：

①“隐藏区域”文本框：指定隐藏区域的名称，默认为 hiddenField。

②“值”文本框：设置要为隐藏区域指定的值，该值将在提交表单时传递给服务器。

图 3-32 隐藏区域“属性”面板

3. 插入单选按钮

如果想让访问者从一组选项中选择其中之一，可以在表单中添加单选按钮。常见的如性别、学历等内容都会使用单选按钮来进行设置。 单选按钮允许用户在多个选项中选择一个，不能进行多项选择。插入单选按钮的具体步骤如下：

（1）将光标放入表单域中要插入单选按钮的位置。

（2）单击“插入”面板的“表单”工具栏中的“单选按钮”按钮，弹出“输入标签辅助功能属性”对话框，如图 3-28 所示。

（3）可以输入单选按钮的标签文字，并选择文字在单选按钮的前面显示或后面显示，然后单击“确定”按钮。也可单击“取消”按钮，在表单域中自行添加文字作为标签文字，如图 3-33 所示，在表单中添加单选按钮。

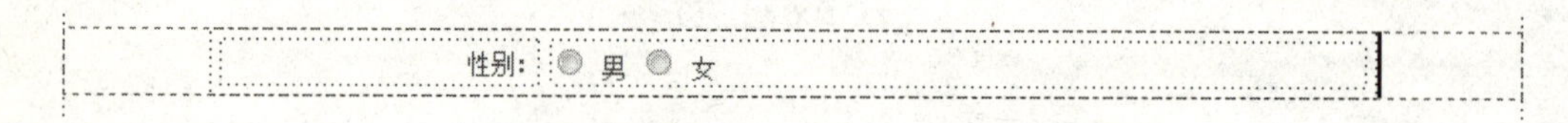

图 3-33 插入“单选按钮”表单对象

（4）设置单选按钮的属性。单击“单选按钮”对象，在其属性面板上进行属性设置，如图 3-34 所示。

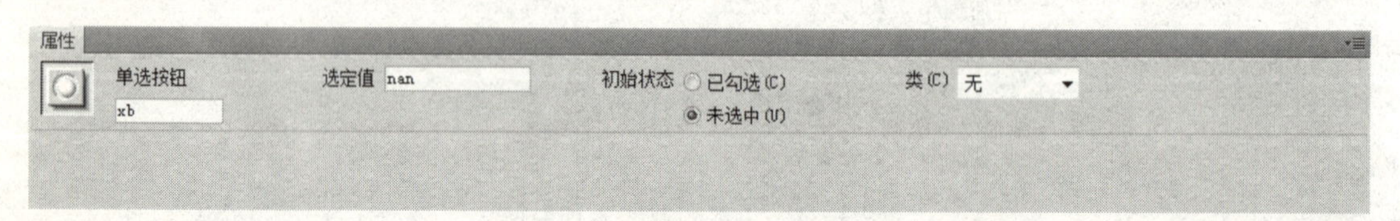

图 3-34 “单选按钮”属性面板

“单选按钮”对象具有下列属性：

①“单选按钮”文本框：单选按钮的名称，在同一组的单选按钮名称必须相同。

②“选定值”文本框：设置该按钮被选中时发送给服务器的值。

③“初始状态”文本框：有“已勾选”和“未选中”两种，表示该按钮是否被选中。

- “已勾选”：表示在浏览时单选按钮显示为勾选状态；
- “未选中”：表示在浏览时单选按钮显示为不勾选的状态。在一组单选按钮中只能设置一个单选按钮为“已勾选”。

4. 插入复选框

使用“复选框”表单对象可以在网页中设置多个可供浏览者进行选择的项目，常用于调

查类栏目中。插入复选框的具体步骤如下：

（1）将光标放入表单域中要插入复选框的位置。

（2）选择“插入”面板的“表单”工具栏中的“复选框”按钮，弹出“输入标签辅助功能属性”对话框，如图3-28所示。

（3）“复选框”标签文字的设置方法与“单选按钮”标签文字的设置方法相同，如图3-35所示，在表单中添加复选框。

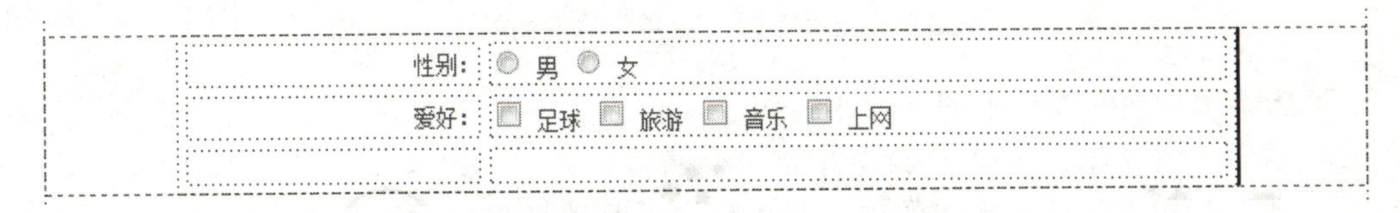

图3-35 插入“复选按钮”表单对象

（4）设置复选框的属性。单击“复选框”对象，在其属性面板上进行属性设置，如图3-36所示。

图3-36 “复选框”属性面板

“复选框”对象具有下列属性：

①“复选框名称”文本框：用于给复选框命名，通过该名称可以在脚本中引用复选框。

②“选定值”文本框：用于设置复选框被选择时发送给服务器的值。

③“初始状态”单选按钮：为设置首次载入表单时复选框是已选还是未选，具体方法同“单选按钮”。

5. 插入列表和菜单

使用“列表/菜单”对象，可以让访问者从“列表/菜单”中选择选项。在拥有较多选项并且网页空间比较有限的情况下，“列表/菜单”将会发挥出最大的作用。其具体操作步骤如下。

（1）将光标置于页面中需要插入列表、菜单的位置。

（2）选择“插入”面板的“表单”工具栏，单击“列表/菜单”按钮，弹出“输入标签辅助功能属性”对话框，如图3-28所示，单击“确定”按钮后，一个“列表/菜单”便插入到了网页中，如图3-37所示。

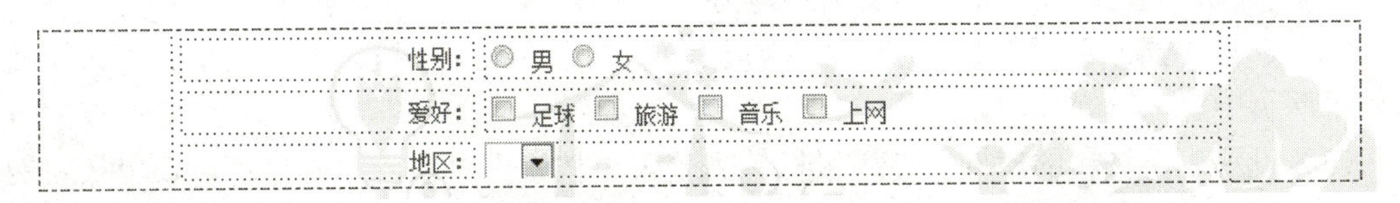

图3-37 插入“列表/菜单”

（3）设置“列表/菜单”的属性。使用鼠标单击“列表/菜单”表单对象，此时显示“列表/菜单”的属性面板，如图 3-38 所示。

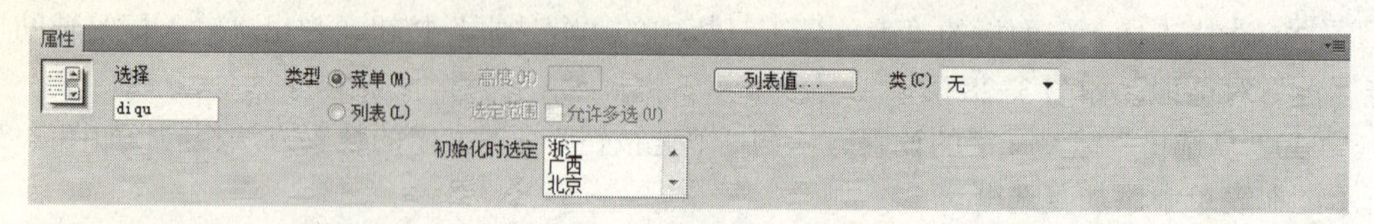

图 3-38　“列表/菜单”属性面板

“列表/菜单”属性面板中的选项作用如下。

①“选择”文本框：为列表/菜单指定一个名称。

②“类型”单选按钮：有“菜单”和“列表”两种可选。

③“列表值…”按钮：可选的列表的值。

④“高度”文本框：用来设置列表菜单中的项目数。如果实际的项目数多于此数目，那么列表菜单的右侧将使用滚动条。

⑤“允许多选”复选框：允许浏览者从列表菜单中选择多个项目。

⑥“初始化时选定”列表框：可以设置一个项目作为列表中默认选择的菜单项。

（4）单击属性面板中“列表值…”按钮，出现“列表值”对话框，单击“+”按钮依次添加“项目标签”和“值”，如图 3-39 所示，单击“确定”按钮完成设置，效果如图 3-41 所示。

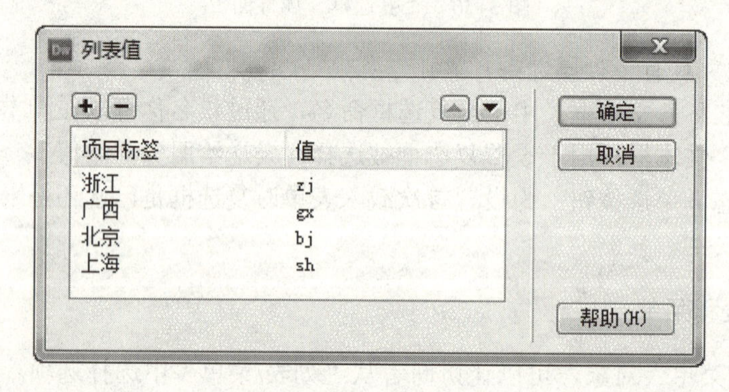

图 3-39　列表值

6. 插入表单按钮

对表单而言，按钮是非常重要的，它能够控制对表单内容的操作，如“提交”按钮或“重置”按钮。要将表单内容发送到远端服务器上，请使用“提交”按钮；要清除现有的表单内容，请使用“重置”按钮。插入表单按钮的具体操作步骤如下。

（1）将鼠标光标置于页面中需要插入表单按钮的位置。

（2）选择“插入”面板的“表单”工具栏，单击“按钮”按钮，随后一个表单按钮便插入到了网页中。

（3）设置表单按钮的属性。使用鼠标单击“表单按钮”对象，此时显示该表单按钮的属性面板，如图 3-40 所示。

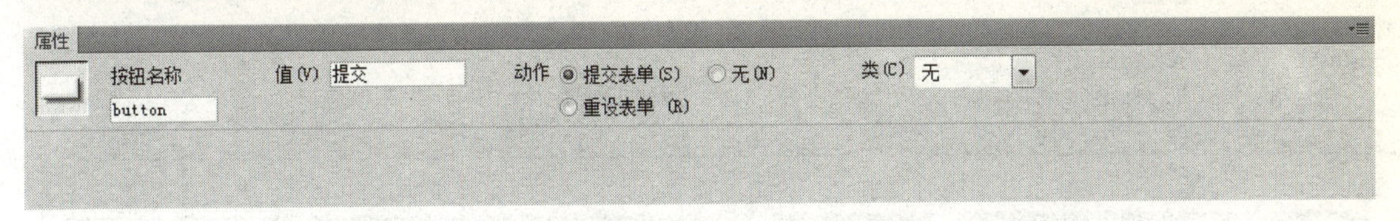

图 3-40 “表单按钮”属性面板

“表单按钮”属性面板中的选项作用如下。

①“按钮名称”文本框：为按钮设置一个名称。

②“值”文本框：设置显示在按钮上的文本。

③“动作”单选按钮：为确定按钮被单击时发生的操作，有以下 3 种选择。

- “提交表单”：表示单击按钮将提交表单数据内容至表单域“动作”属性中指定的页面或脚本。
- “重设表单”：表示单击该按钮将清除表单中的所有内容。
- “无”：表示单击该按钮时不发生任何动作。

（4）添加“表单按钮”对象后的页面效果如图 3-41 所示。

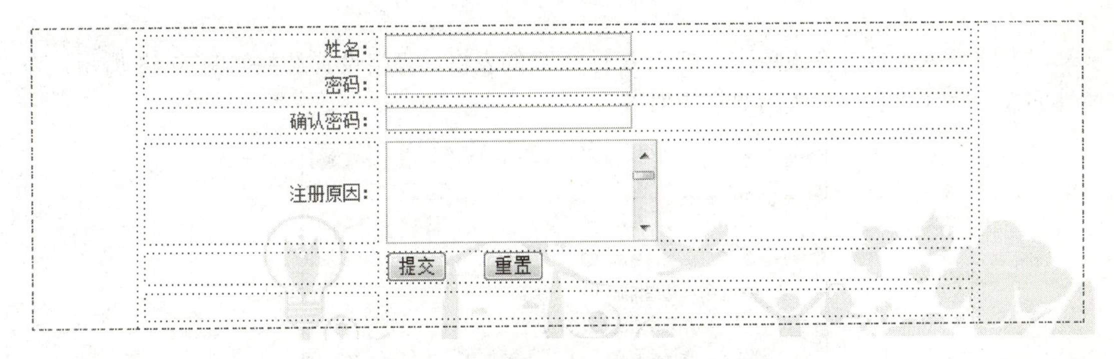

图 3-41 插入“表单按钮”对象

除以上这些常用的表单对象外，还有很多种表单对象，例如“单选按钮组”、“图像域”、“文件域”、“跳转菜单”等，其属性设置和使用方式与前面详细介绍的几种表单对象类似，在此请读者自行学习。

任务实施 3-2

交互式表单的作用是收集用户信息，将其提交到服务器，从而实现与浏览者的交互，如电子邮件提交表单等。一个完整的表单应该包括两个部分：一是在网页中进行描述的表单对象；二是应用程序，它可以是服务器端的，也可以是用户端的，用于对浏览者输入的信息进行分析处理。下面我们制作“在线咨询”页面，以便更好地为网友提供咨询服务。

（1）打开“在线咨询”网页文档（zy_demo/zxzx.html）。

（2）将插入点放置在相应的位置，选择【插入】→【表单】→【表单】命令，插入表单域，如图 3-42 所示。

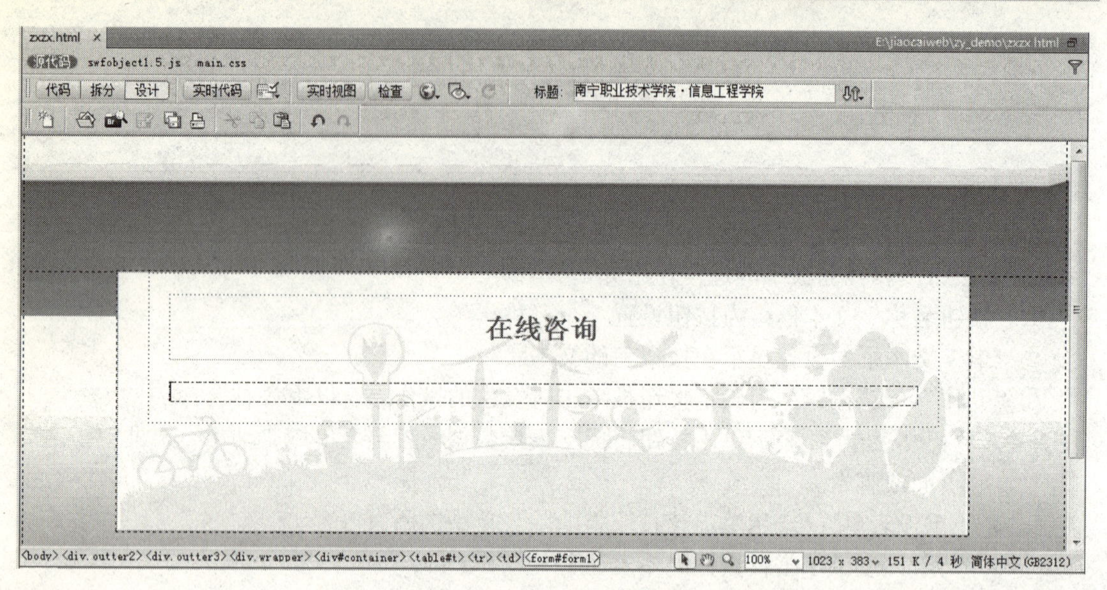

图 3-42　插入“表单域”

（3）将插入点放置在表单中，插入 6 行 2 列的表格，表格设置参数如图 3-43 所示，在属性面板中将“对齐”设置为“居中对齐”。

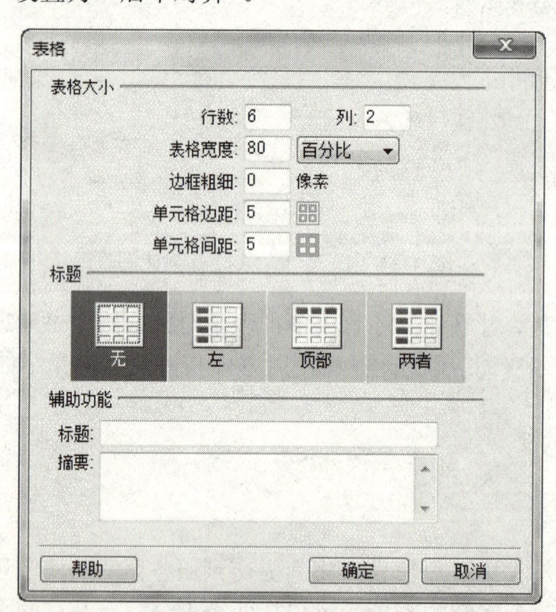

图 3-43　插入表格

（4）插入表格后，在表格的第一列中按顺序分别输入“姓名”、“性别”、“爱好”、“所属地区”、“个人简介”等文本，并设置水平右对齐，如图 3-44 所示。

（5）将插入点放置在第 1 行第 2 列单元格中，选择【插入】→【表单】→【文本域】命令，插入文本域，在属性面板中将“字符宽度”设置为 20，“最多字符数”设置为 20，“类型”设置为“单行”，如图 3-45 所示。

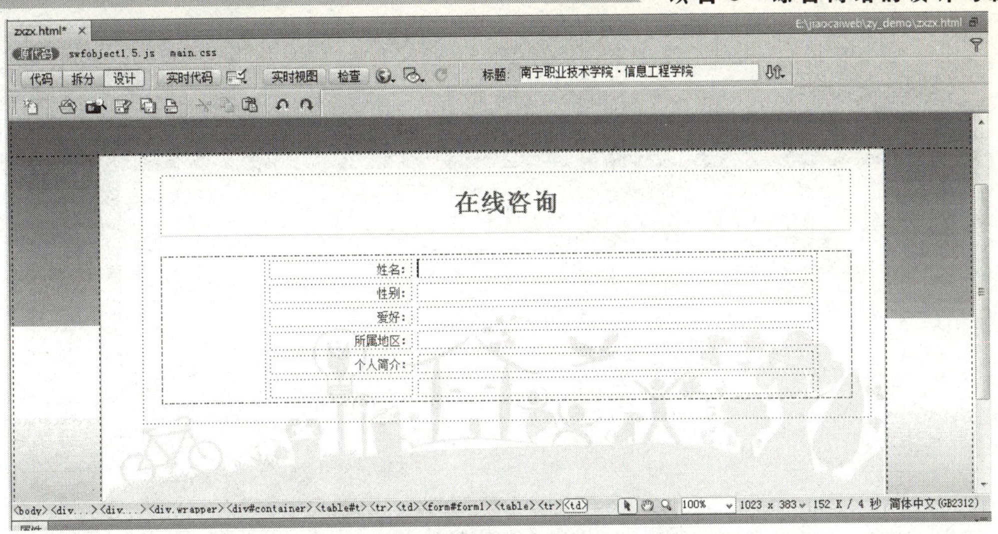

图 3-44　插入文本字段

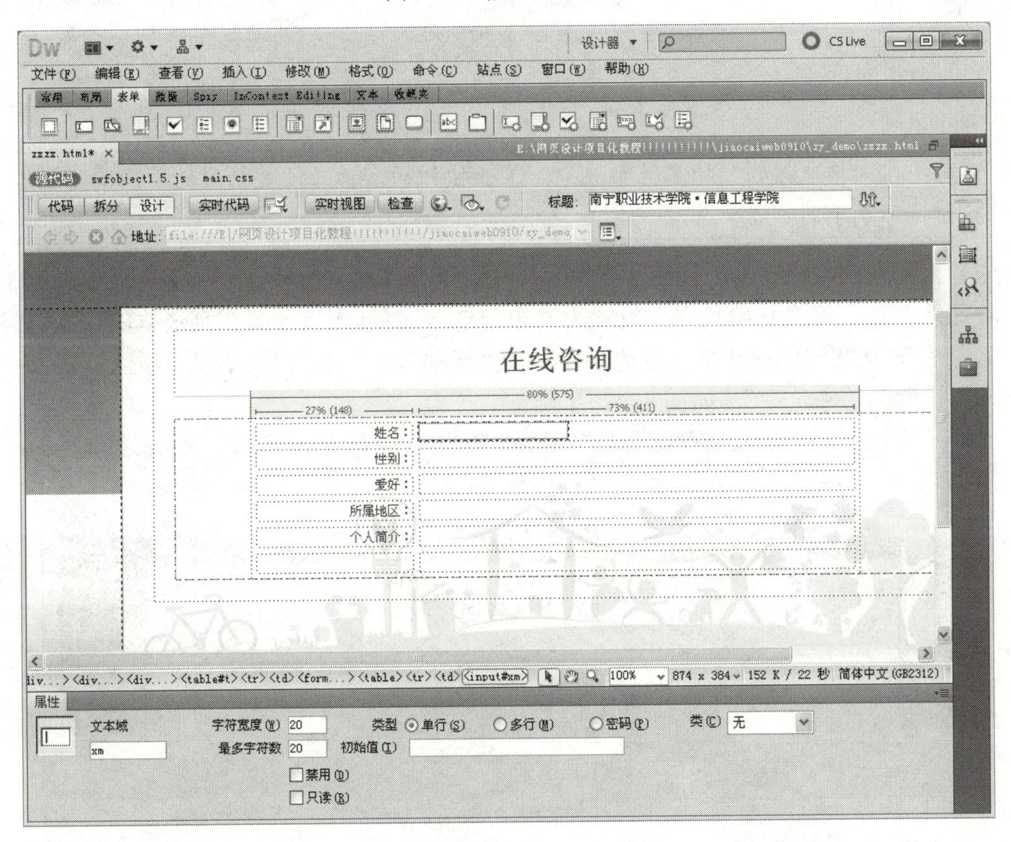

图 3-45　插入“姓名”文本域

（6）将插入点放置在第 2 行第 2 列单元格中，选择【插入】→【表单】→【单选按钮】命令，插入单选按钮。在属性面板中将“初始状态”设置为“未选中”，将插入点放置在单选按钮后，输入文字“男”，在文字之后再插入单选按钮，将“初始状态”设置为“未选中”，在单选按钮后输入文字“女”，如图 3-46 所示。

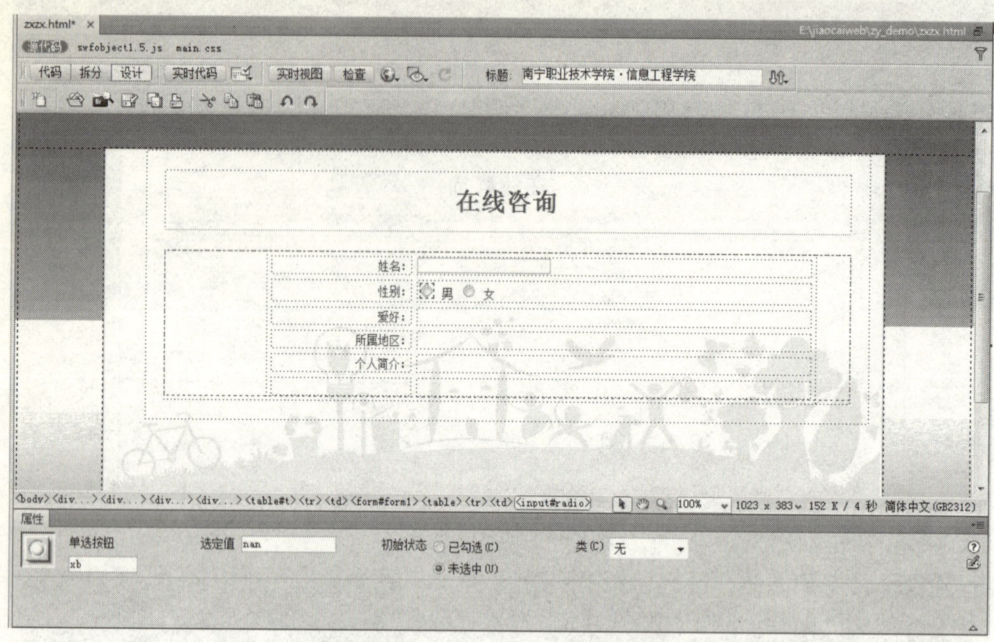

图 3-46　插入“性别”单选按钮

注意：在“单选按钮”的属性面板中，单选按钮的名称必须是相同的，否则所插入的单选按钮将不属于同一组。

（7）将插入点放置在第 3 行第 2 列单元格中，选择【插入】→【表单】→【复选框】命令，在属性面板中将“初始状态”设置为“未勾选”，将插入点放置在复选框的后面，输入文字“音乐”，按相同的方法插入复选框并输入“舞蹈”、“美术”、“游泳”等文字，并将“初始状态”设置为“未选中”，如图 3-47 所示。

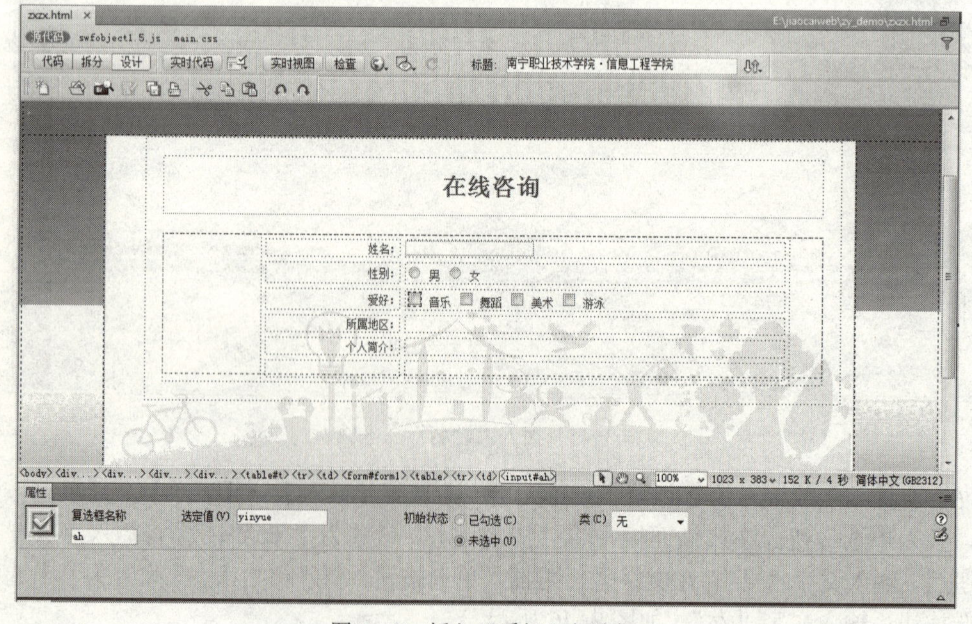

图 3-47　插入“爱好”复选框

（8）将插入点放置在第4行第2列单元格中，选择【插入】→【表单】→【列表/菜单】命令，在属性面板中将“类型”设置为“菜单”，单击“列表值…”按钮，在弹出的“列表值”对话框中添加项目标签，如图3-48所示。

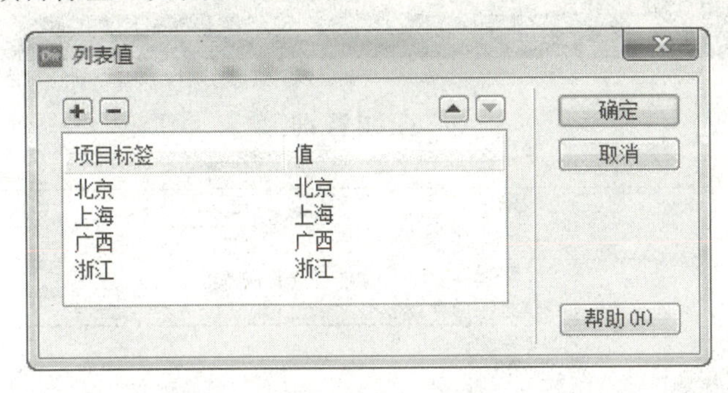

图3-48　插入列表值

单击【确定】按钮，就可以把“所属地区”的下拉列表插入到表单中，如图3-49所示。

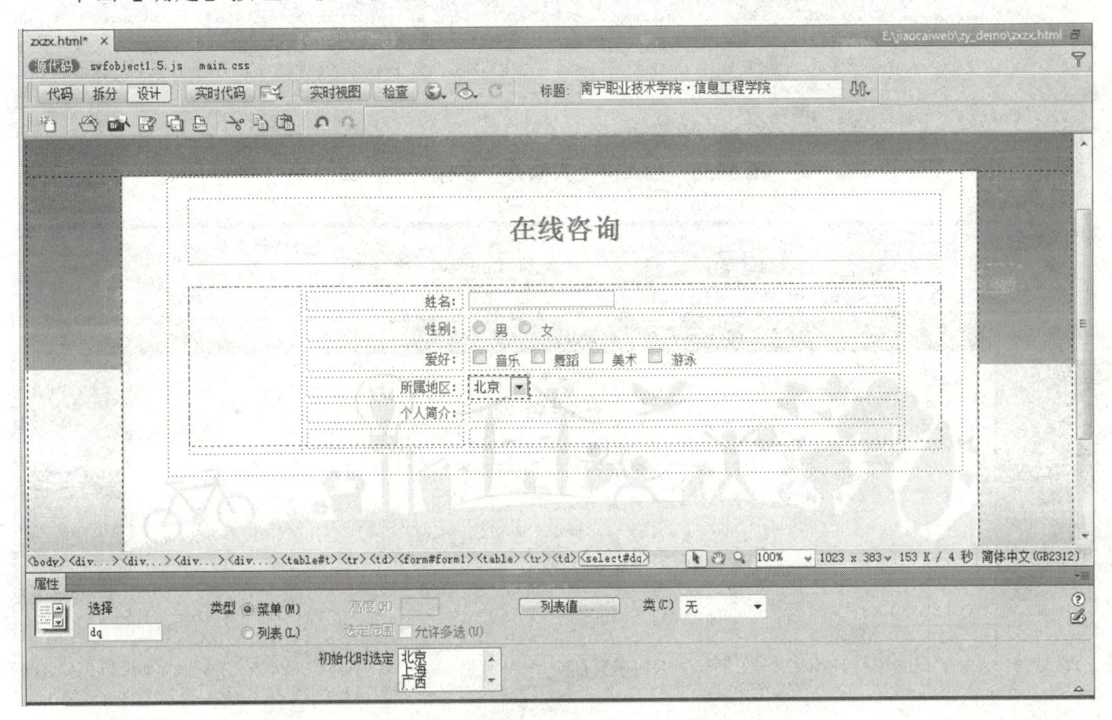

图3-49　插入“所属地区”下拉列表

（9）将插入点放置在第5行第2列单元格中，选择【插入】→【表单】→【文本区域】命令，在属性面板中将“字符宽度”设置为50，“行数”为5，“类型”设置为“多行”，如图3-50所示。

（10）将插入点放置在第6行第2列单元格中，选择【插入】→【表单】→【按钮】命令，在属性面板中将“动作”设置为“提交表单”，在“提交”按钮之后再插入表单按钮，将“动作”设置为“重置表单”，如图3-51所示。

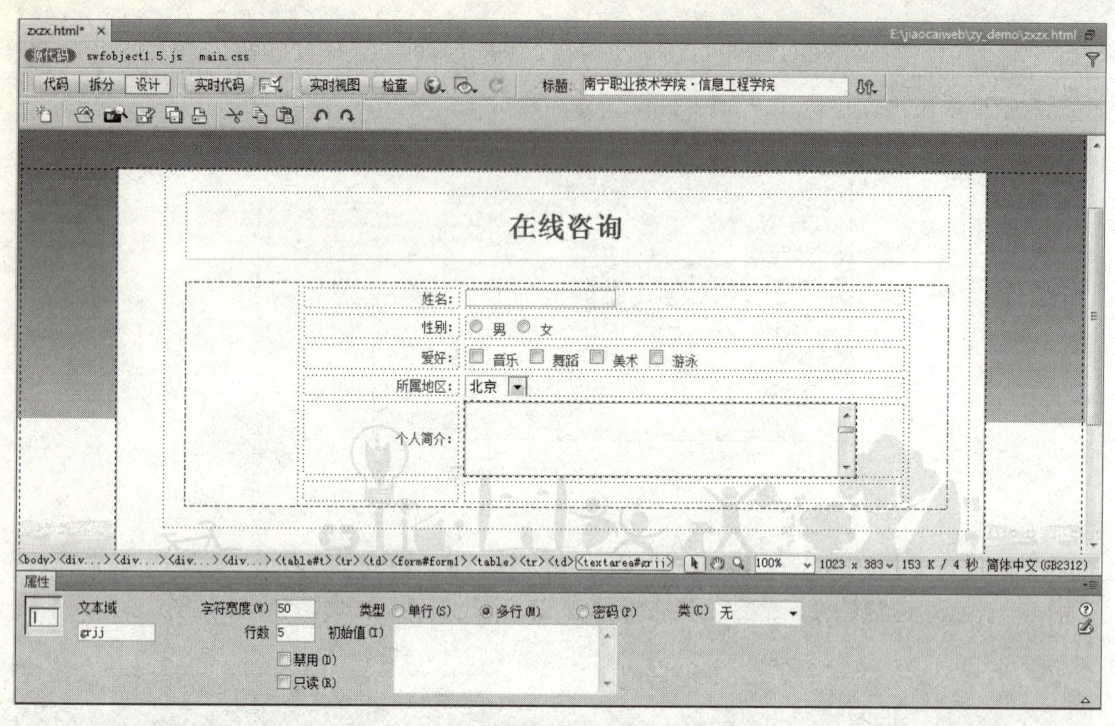

图 3-50　插入“个人简介”多行文本区域

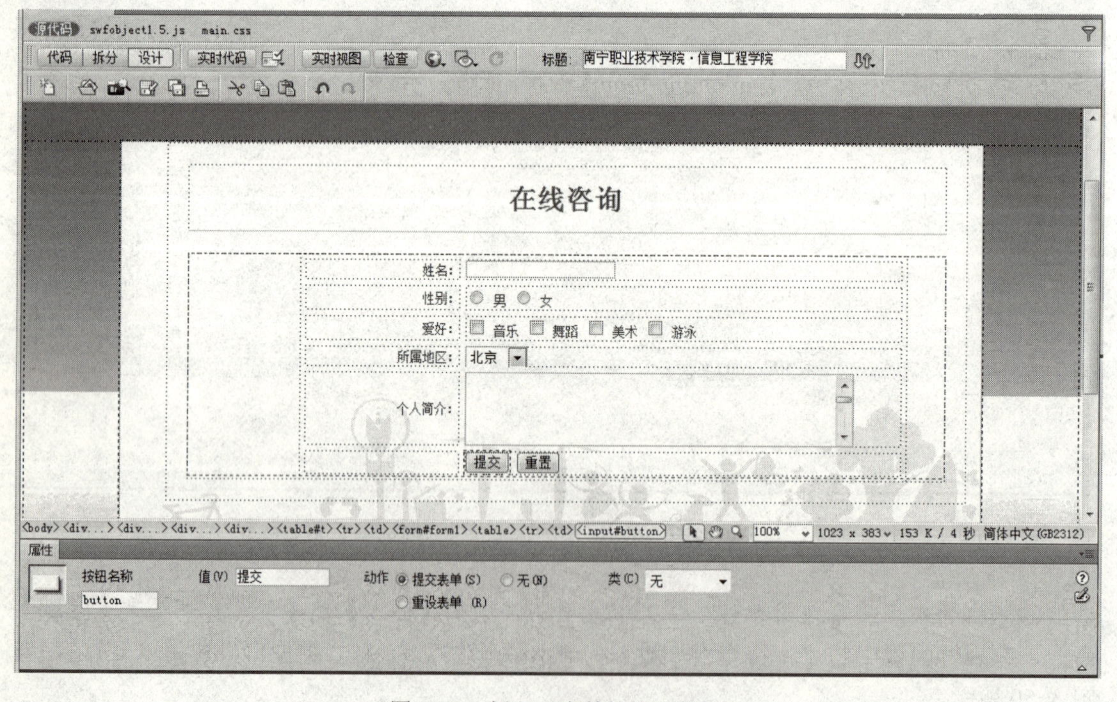

图 3-51　插入“表单按钮”按钮

（11）选中表单域，在属性面板的“动作”文本框中输入“mailto:ncvt_xxgcxy@163.com”，以电子邮件的方式提交表单，如图 3-52 所示。

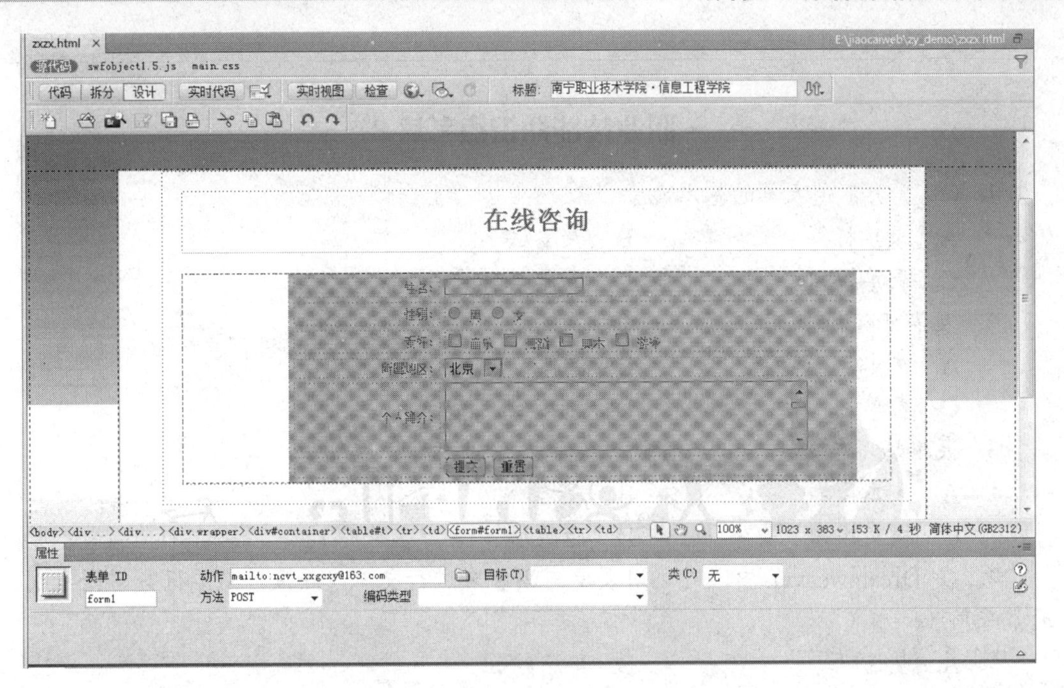

图 3-52　创建表单提交方式

任务扩展 3-2

运用所学知识，参照“QQ 邮件”等大型的门户网站设计一个邮箱注册申请表单，如图 3-53 所示。

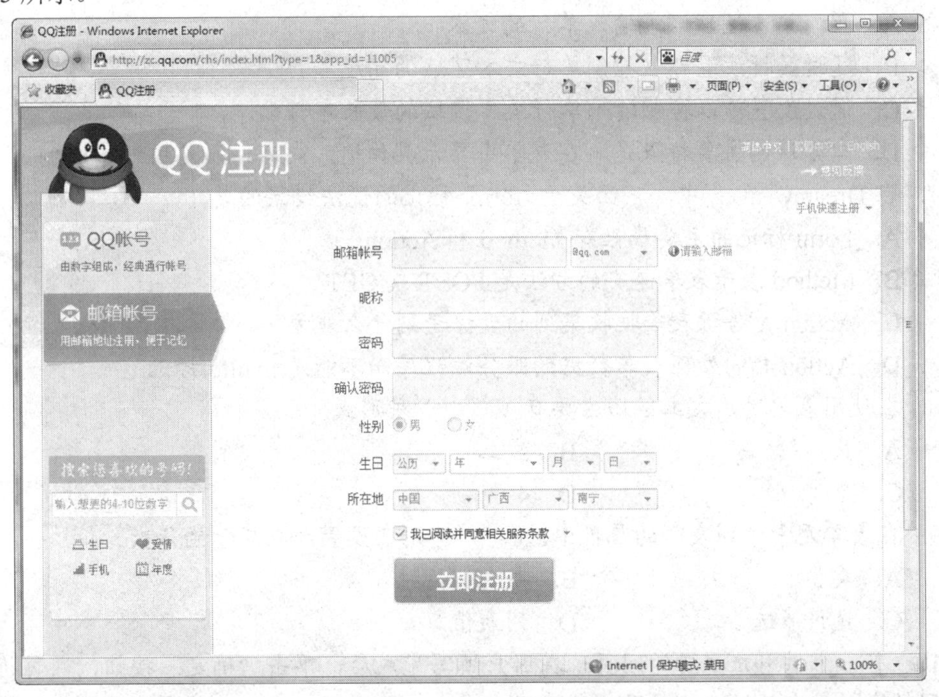

图 3-53　QQ 邮箱注册申请表单

职业技能知识点考核 8

1. （　　）不是表单的基本元素。

A. 表单标签　　B. 表单域

C. 表单按钮　　D. 表单名称

2. 表单可以和（　　）放在一行。

A. 文本　　B. 图像

C. 表单　　D. ABC 都不能

3. 表单域不包含（　　）元素。

A. 文本区域　　B. 表格

C. 提交按钮　　D. 隐藏域

4. 在 Dreamweaver 中，可利用表单与浏览者进行交流，在设计中要区分男女性别，通常采用（　　）。

A. 复选框　　B. 单选按钮

C. 单行文本区域　　D. 提交按钮

5. 在 Dreamweaver 中，最常用的表单处理脚本语言是（　　）。

A. C　　B. Java

C. ASP　　D. JavaScript

6. 下面关于设置文本区域属性的说法错误的是（　　）。

A. 单行文本区域只能输入单行的文本

B. 通过属性设置可以控制单行文本区域的高度

C. 通过设置可以控制输入单行文本区域的最长字符数

D. 口令域的主要特点是不在表单中显示具体输入内容，而是用*来替代显示

7. 在 Dreamweaver 中，下面关于<form>标记的说法错误的是（　　）。

A. Form 标记的主要属性有 Method 和 Action

B. Method 表示表单递交的方法是 POST 或 GET

C. Action 是告诉表单把收集到的数据送到什么地方

D. Action 指向处理表单数据的服务端程序而不能是 mailto 标记

8. 在使用表单时，文本区域主要有（　　）种形式。

A. 1　　B. 2

C. 3　　D. 4

9. 在表单元素“列表”的属性中，（　　）用来设置列表显示的行数。

A. 类型　　B. 高度

C. 允许多选　　D. 列表值

10. 有一个供用户注册的网页，在用户填写完成后，单击“确定”按钮，网页将检查所填写的资料的有效性，这是因为使用了 Dreamweaver 的（　　）事件。

A. 检查表单

B. 检查插件

C. 检查浏览器

D. 改变属性

11. 以下应用属于利用表单功能设计的有（ ）。

A. 用户注册

B. 浏览数据库记录

C. 网上订购

D. 用户登录

12. 对于文本字段的属性设置，以下提示正确的有（ ）。

A. 如果数据将被提交到数据库，那么字段名称应该与它们在数据库中的名称一样

B. 如果数据将被提交到数据库，“最多字符数”属性值应该与数据库中相应字段的长度一致

C. 密码域只在浏览器窗口中隐蔽密码

D. 提交表单时，密码作为纯文本进行传输，有可能被截获

13. 下面对表单的工作过程的说法错误的是（ ）。

A. 访问者在浏览有表单的网页时，填上必需的信息，然后单击“提交”按钮递交

B. 这些信息通过 Internet 传送到服务器上

C. 服务器上专门的程序对这些数据进行处理

D. 因为表单处理程序放在服务器，所以不管服务器的程序如何编写，我们都无法知道信息是否被成功递交到服务器

14. 创建表单的时候，可以在属性面板中选择将表单数据传输到服务器的方法，下列相关说法正确的是（ ）。

A. GET 方法将值附加到请求该页面的 URL 中

B. 默认方法使用浏览器的默认设置将表单数据发送到服务器。通常，默认方法为 GET 方法

C. 不要使用 GET 方法发送长表单。URL 的长度限制在 8192 个字符以内。如果发送的数据量太大，数据将被截断，从而导致意外的或失败的处理结果

D. 对于由 GET 方法传递的参数所生成的动态页，可添加标签，这是因为重新生成页面所需的全部值都包含在浏览器地址框中显示的 URL 中。与此相反，对于由 POST 方法传递的参数所生成的动态页，不可添加标签

3-3 行为

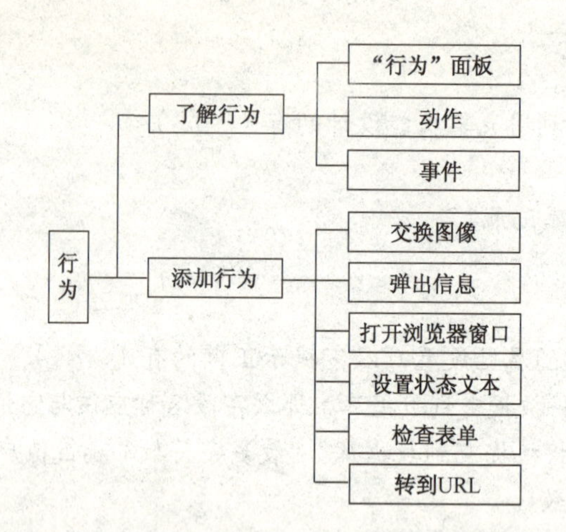

任务 3-3 应用行为实现"专业介绍"网页的动态效果

我们在浏览网页的时候，经常会看见一些动态效果和交互功能，例如图片交换、页面的调用与关闭、单击对象等，能实现用户与页面的简单交互的一些应用效果。这些效果都是通过 JavaScript 或基于 JavaScript 的 DHTML 代码来实现的，而 Dreamweaver 提供的"行为"机制，却不需要书写任何代码，在可视化环境中就可以实现丰富的动态页面效果，实现人与页面的简单交互。

本次任务就是应用行为事件制作窗口的弹出与关闭。

3.3.1 了解行为

Dreamweaver 中的行为是一系列 JavaScript 程序的集成，通过行为使得网页制作人员不用编程来实现动态效果。行为包括两部分的内容：一个部分是事件，另一个部分是动作。动作是特定的 JavaScript 程序，只要在事件发生后，该程序就会自动运行；行为是事件和该事件所触发的动作的结合，在 Dreamweaver 中主要通过"行为"面板来控制行为的使用。

1. "行为"面板

Dreamweaver 提供了丰富的内置行为，这些行为利用简单直观的语句设置，无需编写任何代码就可以实现一些强大的交互性和控制功能。

"行为"面板的作用是为网页元素添加动作和事件，使网页具有互动的效果，在介绍"行为"面板前先了解这三个词语：**事件、动作和行为**。

（1）事件：是浏览器对每一个网页元素的响应途径，与具体的网页对象相关。

（2）动作：是一段事先编辑好的脚本，可用来选择某些特殊的任务，如播放声音、打开浏览器窗口、弹出菜单等。

（3）行为：实质上是事件和动作的合成体。

下面让我们来打开“行为”面板：选择【窗口】→【行为】命令，打开“行为”面板，如图3-54所示。

图3-54　“行为”面板

在该面板中包含以下4种按钮。

①“添加行为”按钮：在该下拉菜单中选择其中的命令，会弹出一个对话框，在该对话框中设置选定动作或事件的各个参数。如果弹出的菜单中所有选项都为灰色，则表示不能对所选择的对象添加动作或事件。

②“删除事件”按钮：删除列表中所选的事件和动作。

③“增加事件值”按钮：向上移动所选的事件和动作。

④“降低事件值”按钮：向下移动所选的事件和动作。

2．动作

动作是最终产生的动态效果，动态效果可以是播放声音、交换图像、弹出提示信息、自动关闭网页等。下面是Dreamweaver中默认提供的动作种类，如图3-55所示，各项功能介绍如下。

（1）交换图像：发生设置的事件后，用其他图片来代替选定图片。

（2）弹出信息：在设置的事件发生后，显示警告信息。

（3）恢复交换图像：在运用交换图像动作后，显示原来的图片。

（4）打开浏览器窗口：在新窗口中打开URL。

（5）拖动AP元素：允许在浏览器中自由拖动AP元素。

（6）改变属性：改变选定对象的属性。

（7）显示-隐藏层：显示或隐藏特定层。

（8）检查插件：确认是否设有运行网页的插件。

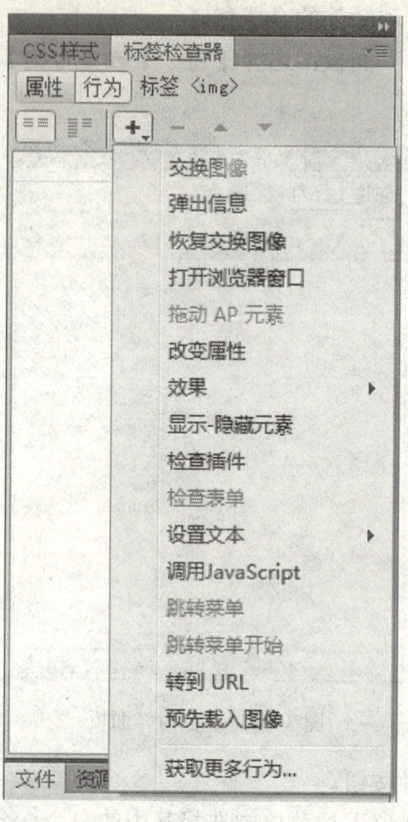

图 3-55 行为动作

（9）检查表单：表单文档在有效的时候才能使用。

（10）设置文本：在选定层上显示指定内容。

① 设置框架文本：在选定帧上显示指定内容。

② 设置文本域文字：在文本字段区域显示指定内容。

③ 设置状态栏文本：在状态栏中显示指定内容。

（11）调用 JavaScript：调用 JavaScript 特定函数。

（12）跳转菜单：可以建立若干个链接的跳转菜单。

（13）跳转菜单开始：在跳转菜单中选定要移动的站点后，只有单击 GO 按钮才可以移动到链接的站点上。

（14）转到 URL：可以转到特定的站点或者网页文档上。

（15）预先载入图像：为了在浏览器中快速显示图片，事先下载图片后显示出来。

3．事件

事件用于确定已选定行为动作发生的条件。例如想应用单击图像时跳转到特定网站的行为，则需要把事件指定为单击事件 onClick。下面根据使用用途分类介绍 Dreamweaver 中提供的事件种类，如图 3-56 所示。

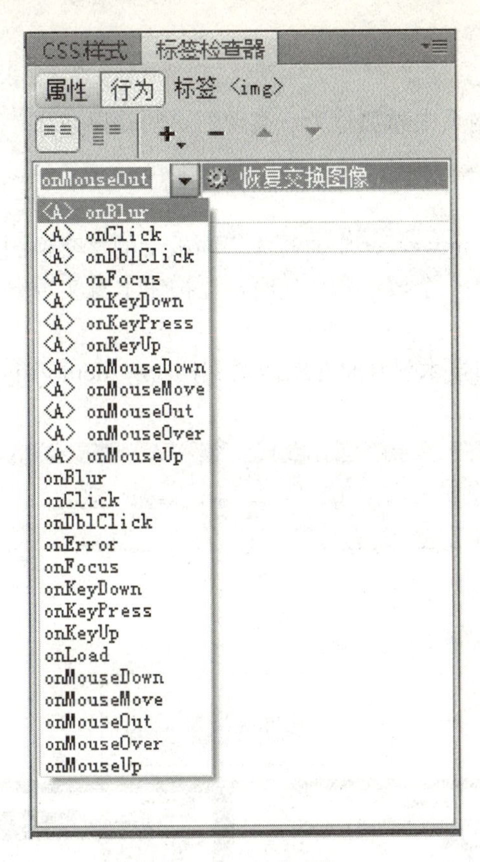

图 3-56　行为事件

（1）onBlur：鼠标光标移动到窗口或框架外侧时等非激活状态时发生的事件。
（2）onClick：用鼠标单击选定要素时发生的事件。
（3）onDblClick：用鼠标双击选定要素时发生的事件。
（4）onFocus：鼠标光标到窗口或框架中处于激活状态时发生的事件。
（5）onKeyDown：键盘上某个按键被按住时的触发事件。
（6）onKeyPress：键盘上的某个按键被按下又释放时的触发事件。
（7）onKeyUp：放开按下的键盘上指定键时发生的事件。
（8）onMouseDown：单击鼠标左键时发生的事件。
（9）onMouseMove：鼠标光标经过选定要素上面时发生的事件。
（10）onMouseOut：鼠标光标离开选定要素上面时发生的事件。
（11）onMouseOver：鼠标光标在选定要素上面时发生的事件。
（12）onMouseUp：放开按住的鼠标左键时发生的事件。
（13）onError：加载网页文档的过程中发生错误时发生的事件。
（14）onLoad：选定的对象出现在浏览器上时发生的事件。

3.3.2 添加行为

下面我们学习如何在网页中添加行为，实现网页的动感效果。

1. 交换图像

交换图像就是应用 Dreamweaver 中“行为”面板上的“交换图像”这一个工具，将它设置成为当鼠标光标悬停在某一个按钮图片上时，让按钮本身实现一个图像的交换动作，让网页增加一些动感效果。

（1）打开“计算机应用技术”专业介绍网页文档（zy_demo/jsjyy.html），选中“查看学生作品”图片，如图 3-57 所示。

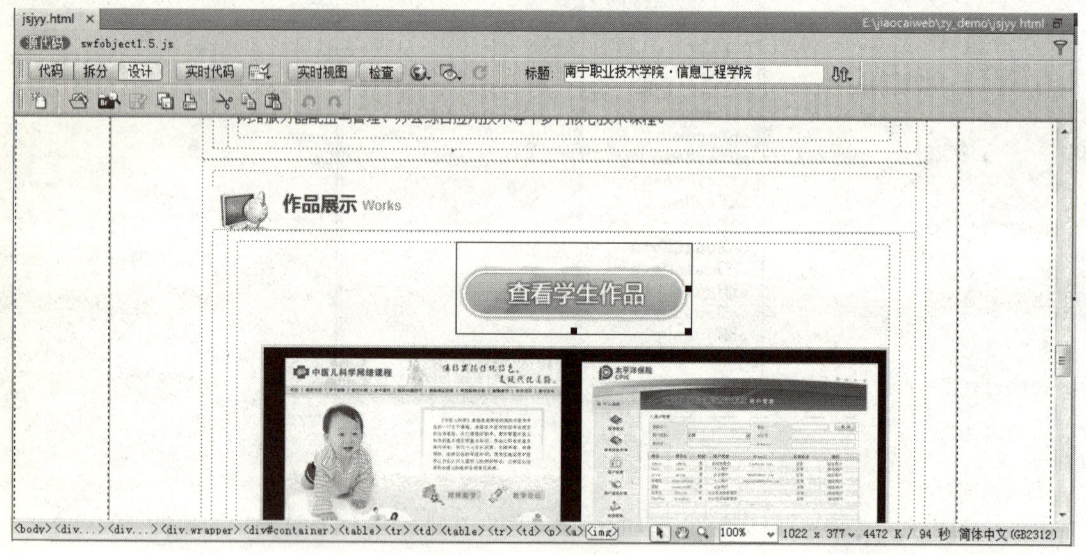

图 3-57　打开网页文档

（2）选择【窗口】→【行为】命令，打开“行为”面板，在“行为”面板中单击 + 按钮，在弹出的菜单中选择【交换图像】命令，打开“交换图像”对话框，在“设定原始文档为”文本框中选择要替换的图片，并且选中“预先载入图像”、“鼠标滑开时恢复图像”复选框，如图 3-58 所示。

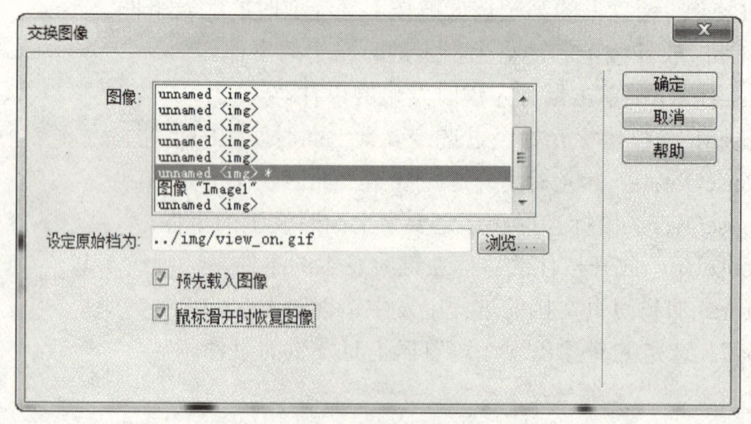

图 3-58　“交换图像”对话框

（3）保存文档，按F12键在浏览器中预览效果，当鼠标滑过“查看学生作品”图片时，图片立即替换为另一图片，如图3-59所示。

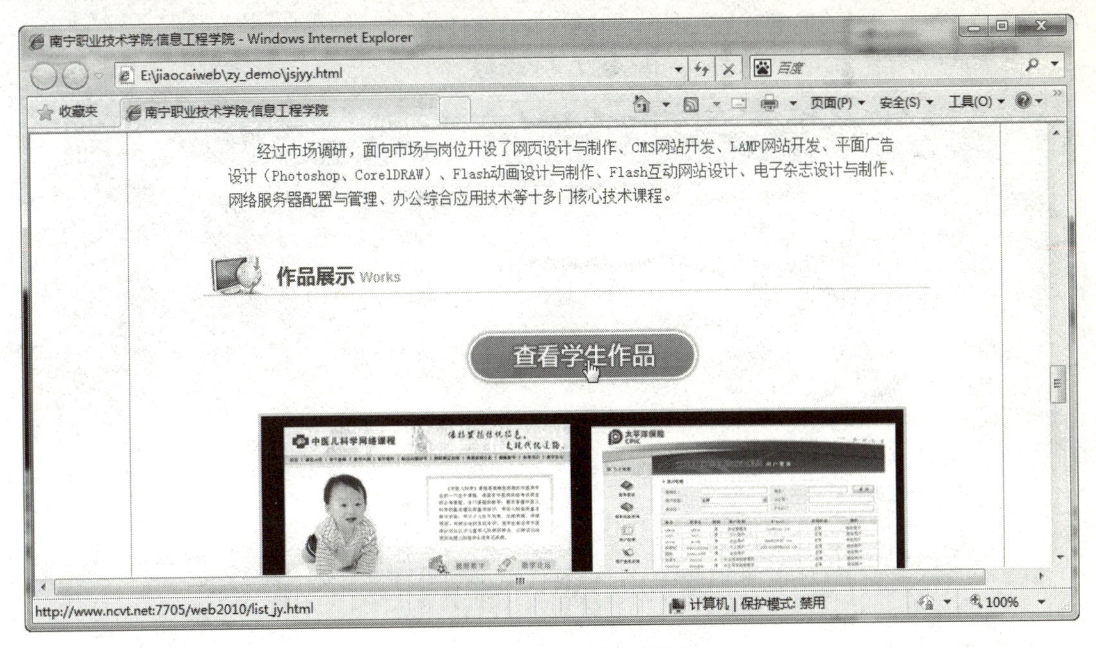

图3-59　交换图像网页效果

2. 弹出信息

“弹出消息”功能将显示一个带有指定消息的JavaScript警告，因为JavaScript警告只有一个按钮，所以使用此动作可以提供信息，而不能为用户提供选择，具体操作步骤如下。

（1）打开“计算机应用技术”专业介绍网页文档（zy_demo/jsjyy.html）。

（2）选择【窗口】→【行为】命令，打开“行为”面板，在“行为”面板中单击+按钮，在弹出的菜单中选择【弹出信息】命令，打开“弹出信息”对话框，在对话框中的“消息”文本框中输入“欢迎广大学子报读计算机应用技术专业！”，单击“确定”按钮即可添加行为，如图3-60所示。

图3-60　“弹出信息”对话框

（3）保存文档，按F12键在浏览器中预览效果，如图3-61所示。

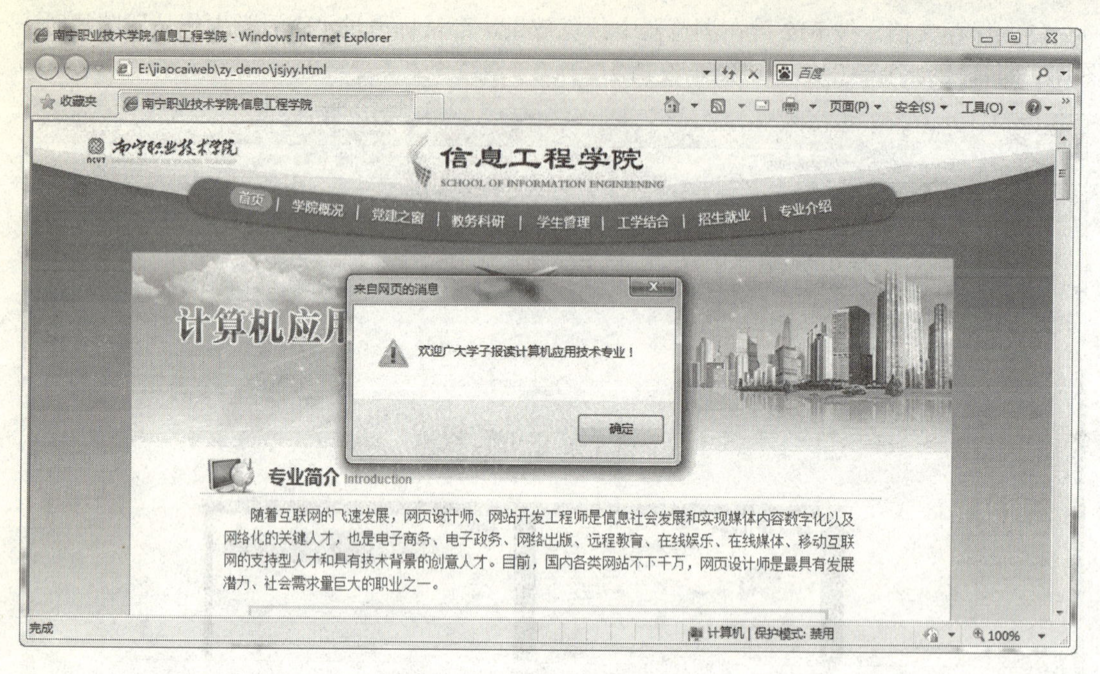

图 3-61　弹出信息网页效果

3. 打开浏览器窗口

使用“打开浏览器窗口”动作在打开当前网页的同时，还可以再打开一个新的窗口，同时还可以根据动作来编辑浏览窗口的大小、名称、状态栏和菜单栏等属性。创建“打开浏览器窗口”效果的具体操作步骤如下。

（1）打开“专业介绍”网页文档（zy_demo/index.html），并用鼠标选中“计算机应用技术”专业文字，如图 3-62 所示。

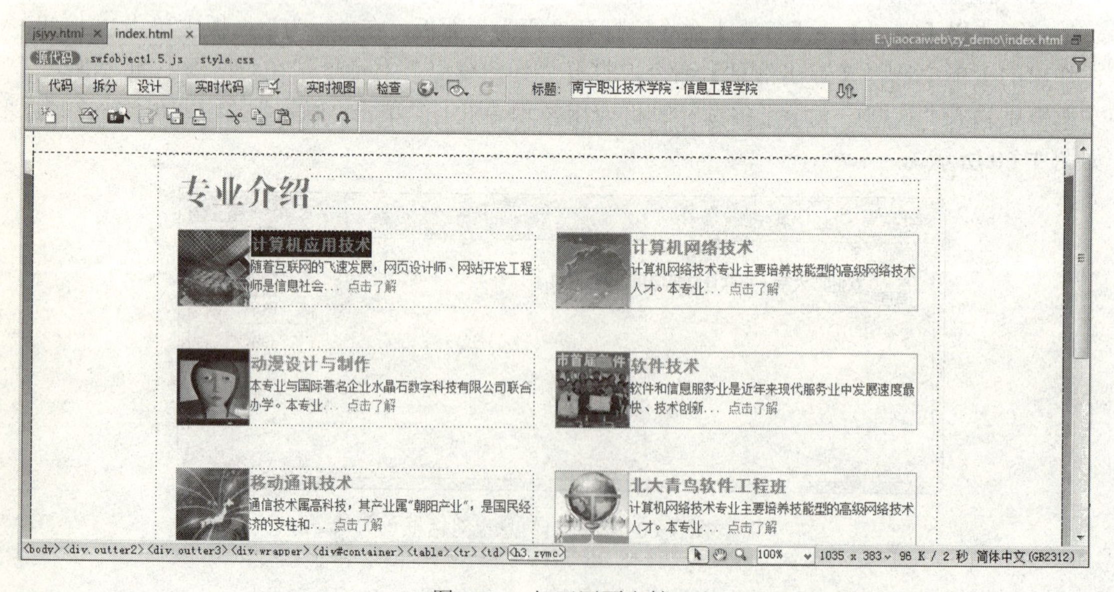

图 3-62　打开网页文档

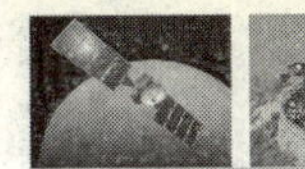

（2）选择【窗口】→【行为】命令，打开“行为”面板，在“行为”面板中单击+按钮，在弹出的菜单中选择【打开浏览器窗口】命令，弹出如图 3-63 所示的“打开浏览器窗口”对话框，在对话框中单击“要显示的 URL”文本框右边的“浏览”按钮选取文件，或者输入需要显示的 URL，设置窗口宽度、窗口高度。可根据需要勾选导航工具栏、地址工具栏、状态栏、菜单条、需要时使用滚动条、调整大小手柄复选框，单击“确定”按钮。

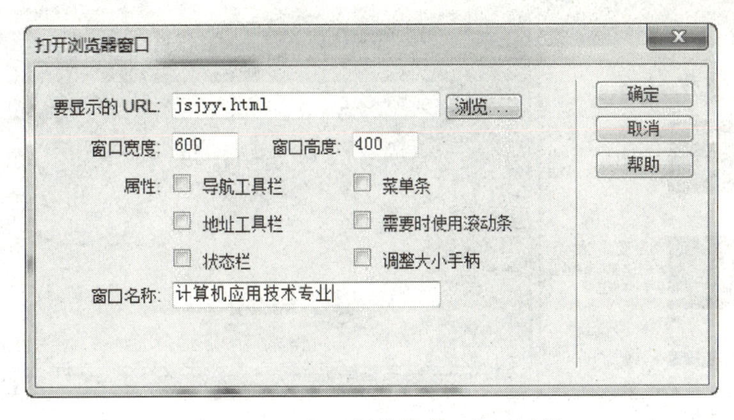

图 3-63　“打开浏览器窗口”对话框

（3）打开“行为”面板，把该动作的行为事件设置为单击事件“onClick”，如图 3-64 所示。

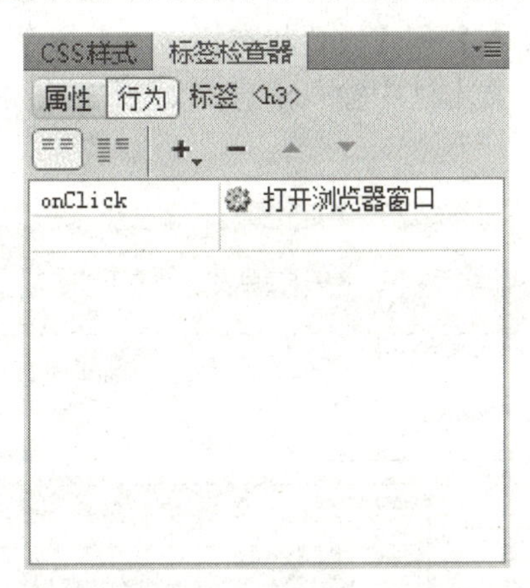

图 3-64　设置行为事件

（4）保存文档，按 F12 键在浏览器中预览，效果如图 3-65 所示。

4. 设置状态栏文本

“设置状态栏文本”功能用于设置状态栏显示的信息，当适当的触发事件触发后在状态栏中显示信息，“设置状态栏文本”动作的作用与弹出信息动作很相似，不同的是如果使用消息框来显示文本，访问者必须单击“确定”按钮才可以继续浏览网页中的内容，而在状态栏中显示的文本信息不会影响访问者的浏览速度。具体操作步骤如下。

（1）打开“信息工程学院网站首页”网页文档（index.html）。

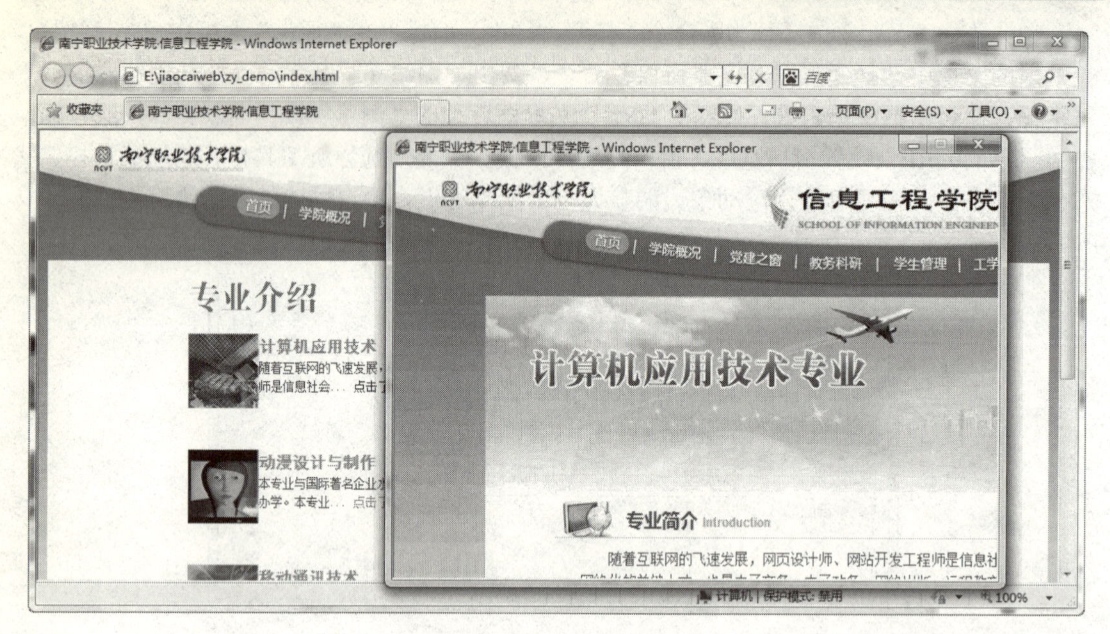

图 3-65　打开浏览器窗口

（2）选择【窗口】→【行为】命令，打开“行为”面板，在“行为”面板中单击+按钮，在弹出的菜单中选择【设置文本】→【设置状态栏文本】命令，弹出“设置状态栏文本”对话框，在对话框中的“消息”文本框中输入消息，如图 3-66 所示，单击“确定”按钮即可插入要在状态栏显示的信息。

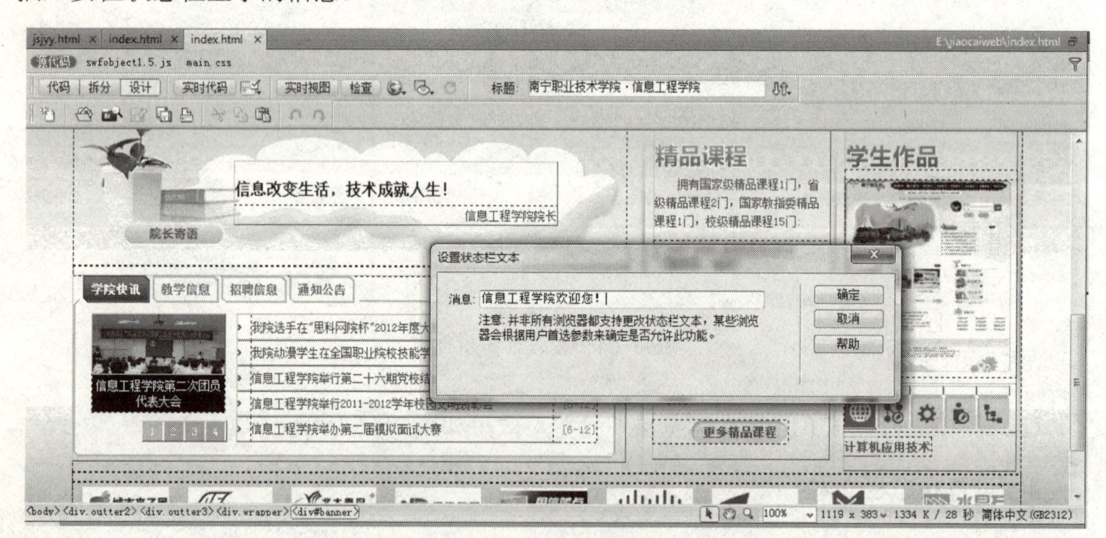

图 3-66　设置状态栏文本

（3）保存文档，按 F12 键在浏览器中预览，效果如图 3-67 所示，在浏览器窗口左下角的状态栏中显示消息。

图 3-67 设置状态栏文本信息效果

5. 检查表单

“检查表单”动作检查指定文本区域的内容，以确保用户输入了正确的数据类型。使用 onBlur 事件将此动作分别附加到各文本区域，在用户填写表单时对文本区域进行检查；或使用 onSubmit 事件将其附加到表单，在用户单击“提交”按钮时同时对多个文本区域进行检查。将此动作附加到表单，防止表单提交到服务器后任何指定的文本区域中存在无效的数据。

（1）打开“在线注册”网页文档（zy_demo/zxzc.html）。

（2）选择【窗口】→【行为】命令，打开“行为”面板，在“行为”面板中单击 + 按钮，在弹出的菜单中选择【检查表单】命令，弹出“检查表单”对话框，如图 3-68 所示，将“值”右边的“必需的”复选框选中。

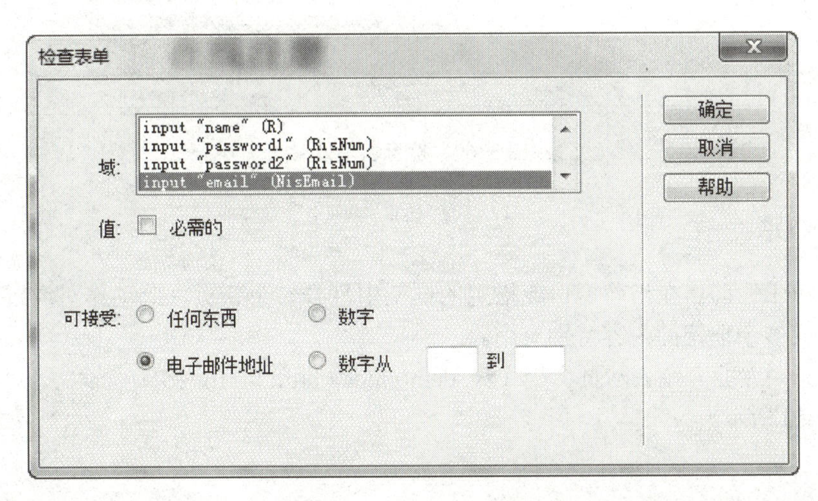

图 3-68 “检查表单”对话框

（3）该对话框的默认状态是将第 1 个文本区域选中，“可接受”选项组内共有以下几类参数。

①“任何东西”单选按钮：该文本域是必需的，但不需要包含任何特定类型的数据。

②“电子邮件地址”单选按钮：检查该区域是否包含一个@符号。

③“数字”单选按钮：检查该文本区域是否只包含数字。

④“数字从”单选按钮：检查该文本区域是否包含特定范围内的数字。

（4）选择“姓名”文本区域，“值”设置为“必需的”，“可接受”设置为“任何东西”；选择“密码”文本区域，“值”设置为“必需的”，“可接受”设置为“数字”；选择“电子邮件”文本区域，“值”设置为“必需的”，“可接受”设置为“电子邮件”。

（5）单击“确定”按钮确认添加的上述行为，将事件设置为“onSubmit”。

（6）保存文档，按 F12 键在浏览器中预览效果。当在“电子邮件”文本区域中输入不规则电子邮件地址时，表单将无法正常提交到后台服务器，这时会出现提示信息框，并要求重新输入，如图 3-69 所示。

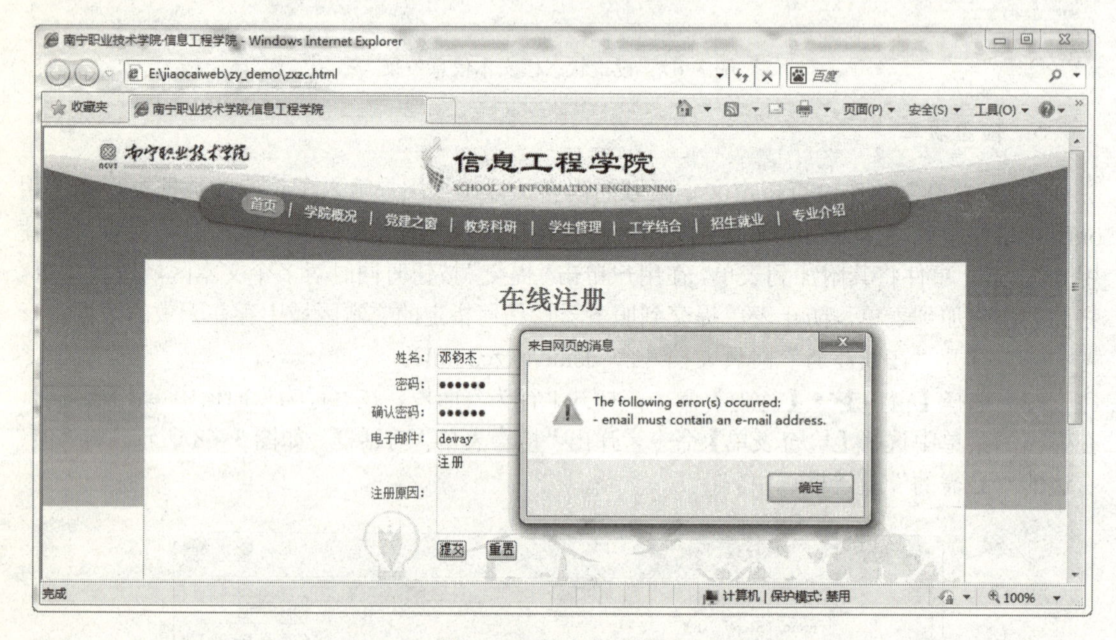

图 3-69　检查表单效果

6. 转到 URL

“转到 URL”动作在当前窗口或指定的框架中打开一个新页，此动作对通过一次鼠标单击更改两个或多个框架的内容特别有用。

（1）打开“专业介绍”网页文档（zy_demo/index.html），在网页中插入 “返回首页”按钮，如图 3-70 所示。

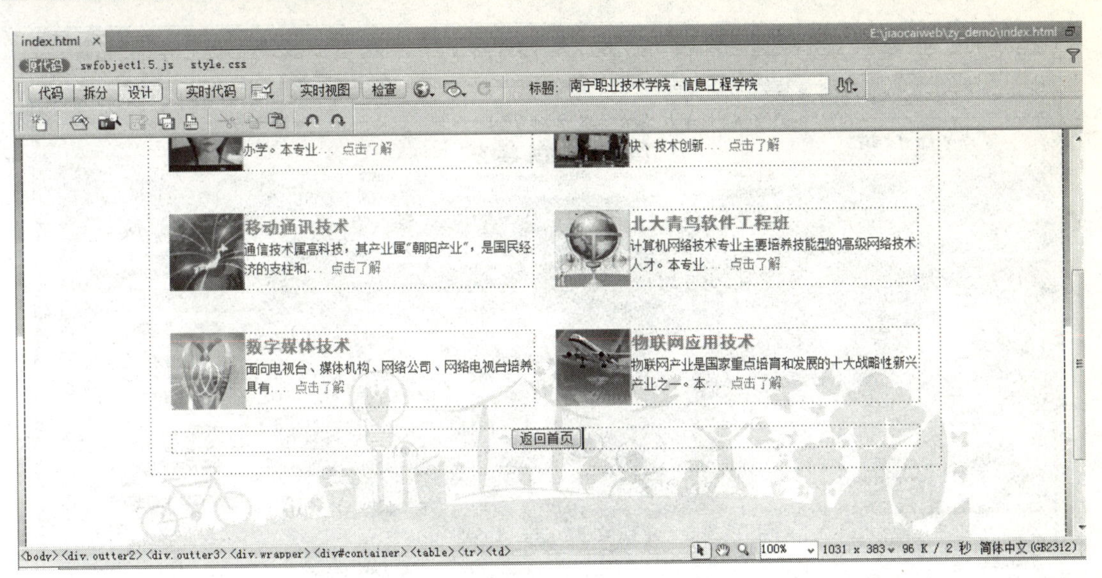

图 3-70　插入按钮

（2）选中“返回首页”按钮后，在“行为”面板中单击 +. 按钮，在弹出的菜单中选择【转到 URL】选项命令，弹出“转到 URL”对话框，在该对话框中单击“URL”文本框右边的“浏览”按钮，选择要打开的文档，或在“URL”文本框中直接输入该文档的路径和文件名，如图 3-71 所示。

图 3-71　“转到 URL”对话框

（3）单击“确定”按钮确认添加的行为。保存文档，按 F12 键在浏览器中预览效果，单击“返回首页”按钮，网页跳转后如图 3-72 所示。

任务实施 3-3

行为是通过 Dreamweaver 自动给网页添加了一些 JavaScript 代码，这些代码能实现网页的动感效果，提高了网站的可交互性。下面我们应用行为给网页添加 JavaScript 代码，实现网页的关闭窗口的效果。

图 3-72　跳转后显示的效果

（1）打开“物联网应用技术”专业介绍网页文档（zy_demo/wlwjs.html），在网页中插入“关闭窗口”按钮，如图 3-73 所示。

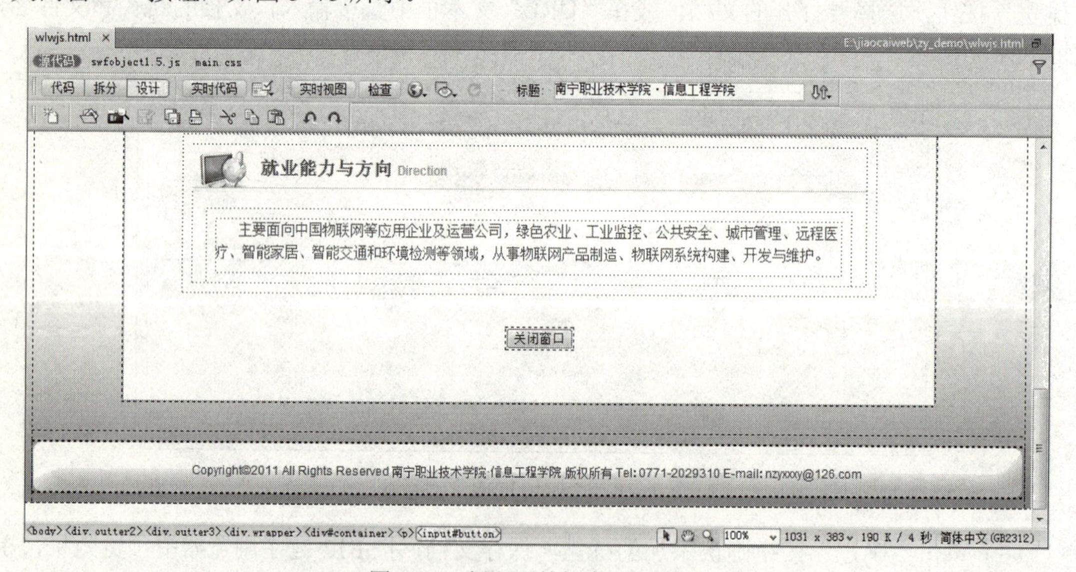

图 3-73　插入“关闭窗口”按钮

（2）选中“关闭窗口”按钮后，在“行为”面板中单击 +. 按钮，在弹出的菜单中选择【调用 JavaScript】选项命令，弹出“调用 JavaScript”对话框，在该对话框中输入 JavaScript 语句“window.close();”，如图 3-74 所示。

（3）单击“确定”按钮确认添加的行为。保存文档，按 F12 键在浏览器中预览效果，单击“关闭窗口”按钮，弹出窗口关闭提示对话框，单击“是”按钮，即可关闭窗口，效果如图 3-75 所示。

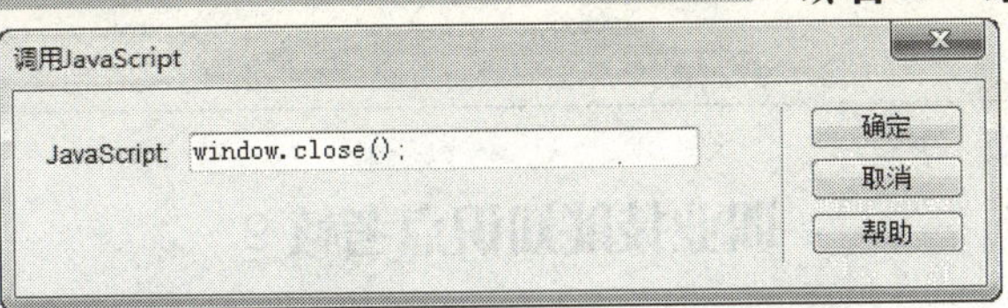

图 3-74　“调用 JavaScript”对话框

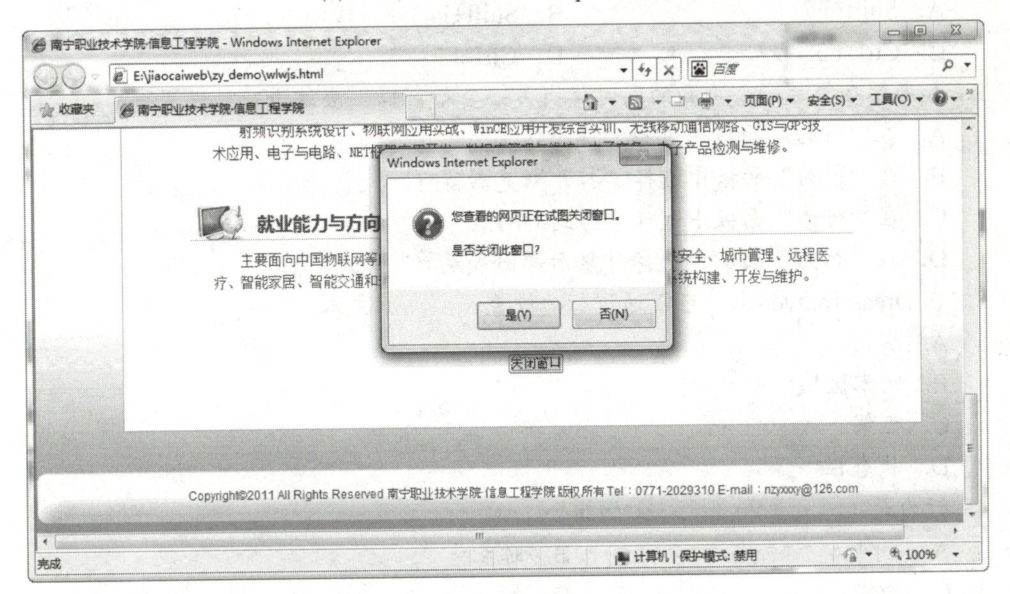

图 3-75　“网页关闭”动作预览效果

任务扩展 3-3

运用行为的“检查表单”动作，对“在线咨询”网页（zy_demo/zxzx.html）进行表单检查，如图 3-76 所示。

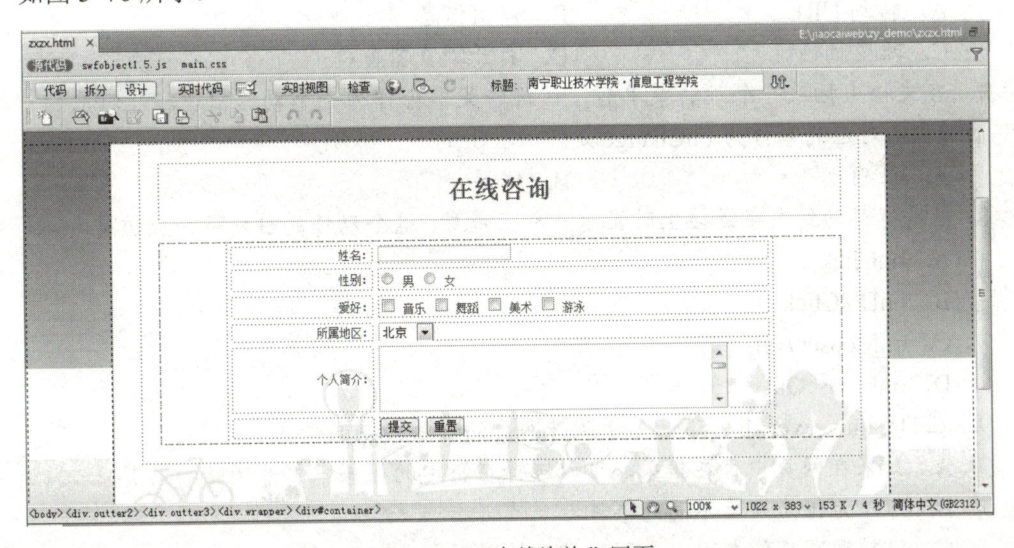

图 3-76　“在线咨询”网页

职业技能知识点考核 9

1. 快捷键（　　）可以使面板组显示“行为”面板。

A. Shift+F7　　B. Shift+F4

C. Ctrl+F3　　D. Ctrl+F7

2. 如果想在打开一个页面的同时弹出另一个新窗口，应该进行的设置是:

A. 在“行为”面板中选择“弹出信息”

B. 在“行为”面板中选择“打开浏览器窗口”

C. 在“行为”面板中选择“转到 URL”

D. 在“行为”面板中选择“显示弹出式菜单”

3. 在 Dreamweaver 中，可以通过行为设置（　　）文本。

A. 容器

B. 文本区域

C. 框架

D. 状态栏

4. 行为是（　　）和（　　）的组合。

A. 事件　　B. 对象

C. 动作　　D. 帧

5. 如果想在打开一个页面的同时打开一个新窗口，应使用的行为是（　　）。

A. 打开浏览器窗口　　B. 弹出信息

C. 转到 URL　　D. 改变属性

6. 在 Dreamweaver 中，若想在指定的窗口或框架打开指定的网页，可使用（　　）行为实现。

A. 转到 URL　　B. 弹出信息

C. 改变属性　　D. 打开浏览器窗口

7. 在文档中插入一个跳转菜单后，该跳转菜单会作为一个动作出现在其对应的“行为”面板中，对应的事件为 onChange 是（　　）的。

A. 正确　　B. 错误

8. 当鼠标移动到文字链接上时显示一个隐藏层，这个动作的触发事件应该是（　　）。

A. onClick

B. onDblClick

C. onMouseOver

D. onMouseOut

9. 在 Dreamweaver 中，下面关于跳转网页的说法错误的是（　　）。

A. 如果在网页中存在框架，可以选择在特定的框架中打开跳转的网页

B. 可以为行为设置不同的事件

C. 跳转网页只能在同一个网站中跳转网页

D. 可以同时跳转几个网页

10. 下面关于行为、事件和动作的说法正确的是（　　）。

A. 动作的发生是在事件的发生以后

B. 事件的发生是在动作的发生以后

C. 事件和动作是同时发生的

D. 以上说法都是错误的

11. 在 Dreamweaver 中，下面关于“行为”面板的说法错误的是（　　）。

A. 在“行为”面板左边的文字表示事件

B. 在“行为”面板右边的文字表示事件

C. 左上角的加号和减号表示添加和删除行为

D. 中间向下的小三角形表示对行为的顺序排列

12. 在 Dreamweaver 中，Behavior（行为）是有（　　）项构成的。

A. 事件

B. 动作

C. 初级行为

D. 最终行为

13. 在 Dreamweaver 中使用（　　）行为命令可以制作选择不同的下拉菜单选项，即可以跳转到不同的页面的效果。

A. 新开浏览器窗口

B. 跳转菜单

C. 跳转菜单开始

D. 弹出菜单

14. 当鼠标光标移动到图像上方时，图像发生变化，当鼠标光标移出图像时，图像还原，这通过（　　）动作可以实现。

A. 交换图像

B. 恢复交换图像

C. 预先载入图像

D. 不需要动作

15. 在打开页面时自动播放音乐，这种效果需要借助（　　）事件来实现。

A. onLoad

B. onUnLoad

C. onClick

D. onMouseOver

16. 在网页被关闭后，弹出警告消息框，这通过（　　）事件可以实现。

A. onLoad

B. onError

C. onClick

D. onUnLoad

3-4 动画和多媒体

知识分布网络

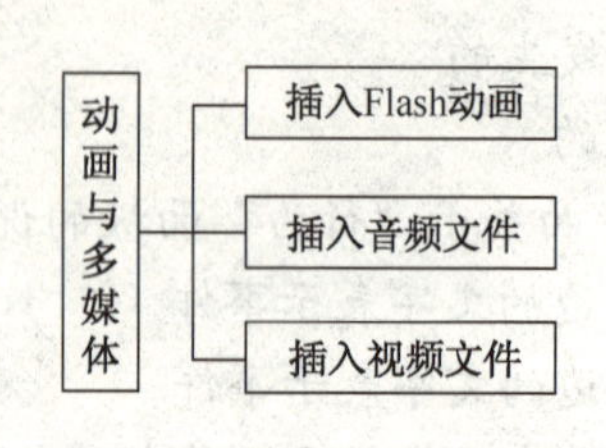

任务 3-4 给“计算机应用技术”专业介绍网页添加 Flash 动画

当我们在浏览一个制作精美的网页时，突然听到一段抒情的乐曲或者一部精美的视频时，会让人流连忘返。在网页中添加音乐和视频等多媒体应用，能让网站增添无穷的魅力。

本次任务的主要内容是制作“计算机应用技术”专业介绍页面，通过图文并茂以及多媒体应用，展现计算机应用技术的专业特色。

3.4.1 插入 Flash 动画

目前，Flash 动画是网页上最流行的动画格式，大量地用于网页中。在 Dreamweaver 中，Flash 动画也是最常用的多媒体插件之一，它将声音、图像和动画等内容加入到一个文件中，并能制作较好的动画效果，同时还使用了优化的算法将多媒体数据进行压缩，使文件变得很小，因此，非常适合在网络上传播。下面我们来学习如何在网页中插入 Flash 动画。

1. 插入 Flash SWF 文件

（1）执行【文件】→【新建】命令，新建一个空白文档。

（2）将光标置于要插入 Flash 文件的地方，选择“插入”面板的“常用”工具栏，单击“媒体”图标下的“SWF”命令按钮，如图 3-77 所示。

（3）弹出“选择 SWF”对话框，选择后缀名为“.swf”的 Flash 文件，如图 3-78 所示。

（4）保存文件，按 F12 键，在浏览器中浏览，效果如图 3-79 所示。保存时请将“swfobject_modified.js”和“expressInstall.swf”文件一同保存，并在将 SWF 文件上传到 Web 服务器时，一同上传这两个文件，否则浏览器无法正确显示插入的 SWF 文件。

2. 设置 SWF 文件的属性

在编辑窗口中单击 Flash 文件，可以在属性面板中设置该文件的属性，如图 3-80 所示。

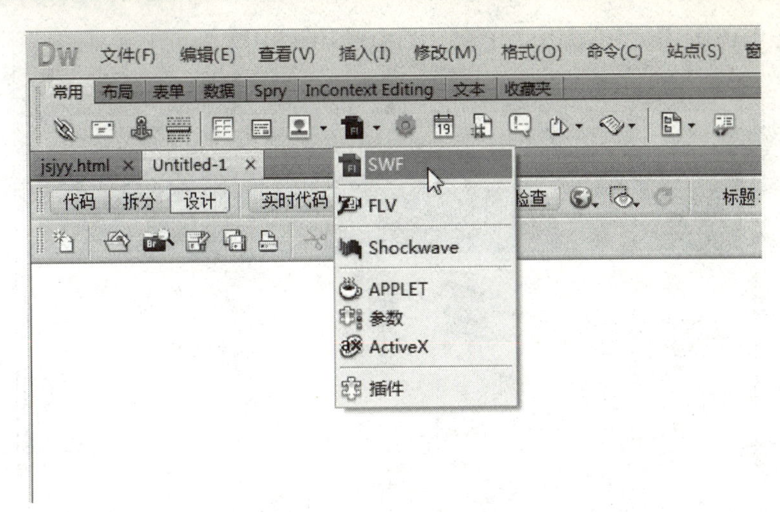

图 3-77 选择“SWF”菜单命令

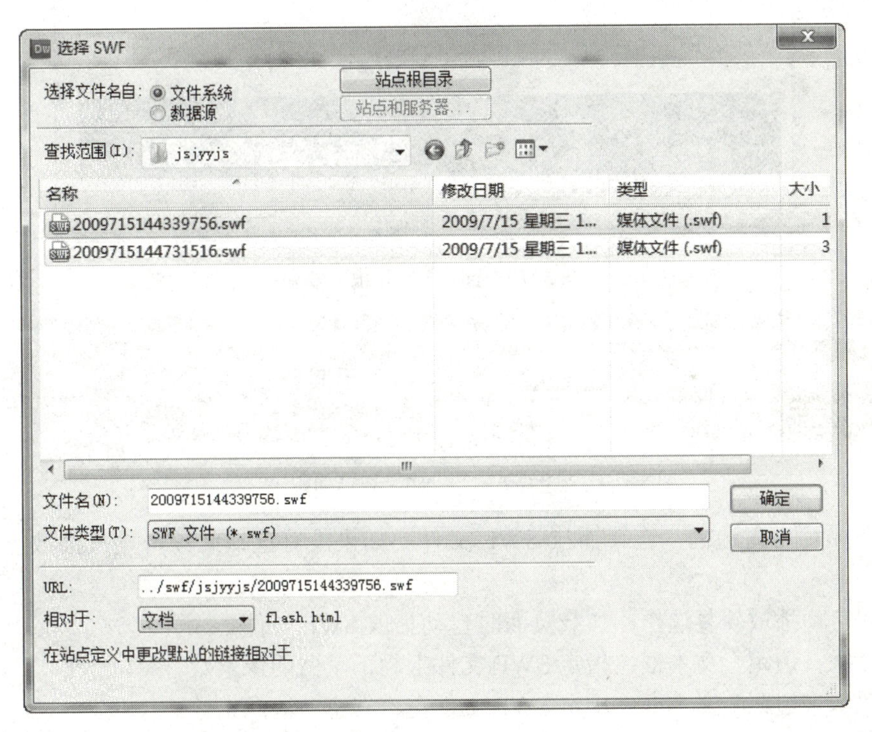

图 3-78 选择 swf 文件

“Flash”属性面板的参数设置如下。

(1)“SWF”文本框：在 SWF 下面的文本框中输入一个 ID 号。

(1)“宽”文本框：指定该 SWF 文件的宽度。

(3)“高”文本框：指定该 SWF 文件的高度。

(4)“文件”文本框：指定 SWF 文件的路径。单击“文件夹”图标来查找文件，或者直接输入路径。

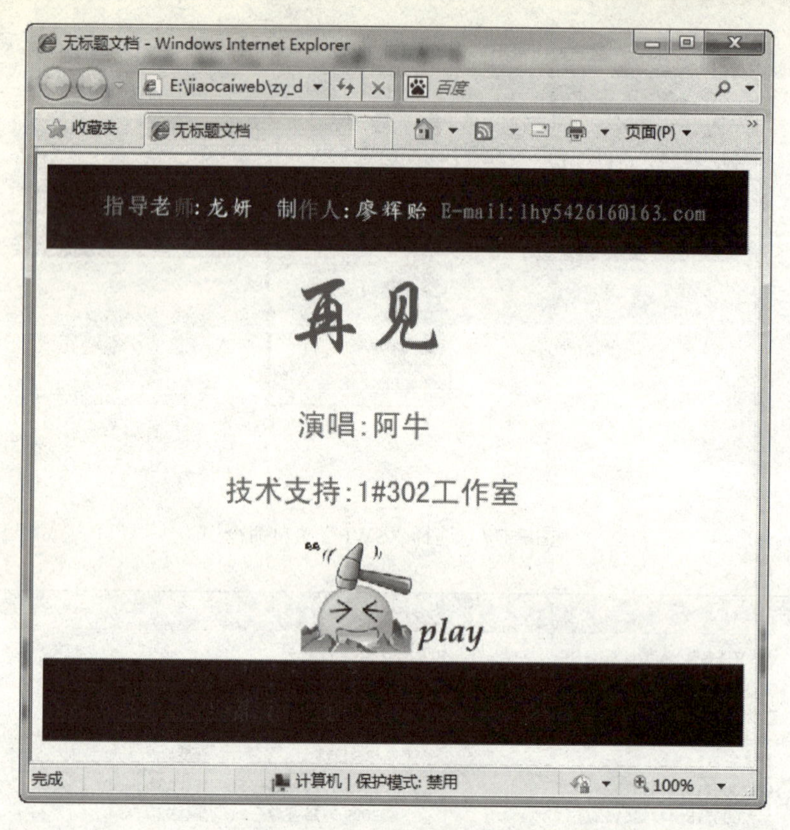

图 3-79 插入 Flash 预览效果

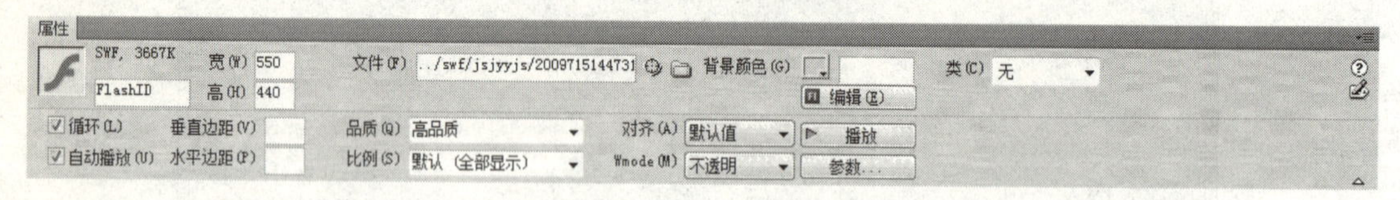

图 3-80 “Flash”属性面板

（5）“循环”复选框：连续播放 SWF 文件。如果没有选择此项，则只播放一次，然后停止。

（6）“自动播放”复选框：加载页面时自动播放 SWF 文件。

（7）“垂直边距”文本框：指定 SWF 文件上、下空白的像素数。

（8）“水平边距”文本框：指定 SWF 文件左、右空白的像素数。

（9）“对齐”下拉列表框：设置 SWF 文件在页面上的对齐方式。

（10）“Wmode”下拉列表框：设置 SWF 文件的 Wmode 参数，以避免与 DHTML 元素（例如 Spry Widget）相冲突，有以下 3 项。

- “不透明”：表示在浏览器中，DHTML 元素可以显示在 SWF 文件的上面。
- “透明”：表示 SWF 文件可以包括透明度，DHTML 元素显示在 SWF 文件的后面。
- “窗口”：可以从代码中删除 Wmode 参数，并允许 SWF 文件显示在其他 DHTML 元素的上面。

（11）“播放”按钮：在文档窗口中播放 SWF 文件。

3.4.2 插入音频文件

如果浏览一个制作精美的网页时，能够听到一段抒情的乐曲或者看到一部精美的视频时，会增加观赏网站的兴趣。在网页中添加音乐和视频能让网站增添无穷的魅力，接下来我们学习如何插入音频文件。

1. 插入音频文件

（1）执行【文件】→【新建】命令，新建一个空白文档。

（2）将光标置于要插入音乐的地方，选择“插入”面板的“常用”工具栏，单击“媒体”图标下的“插件”命令按钮，如图 3-81 所示。

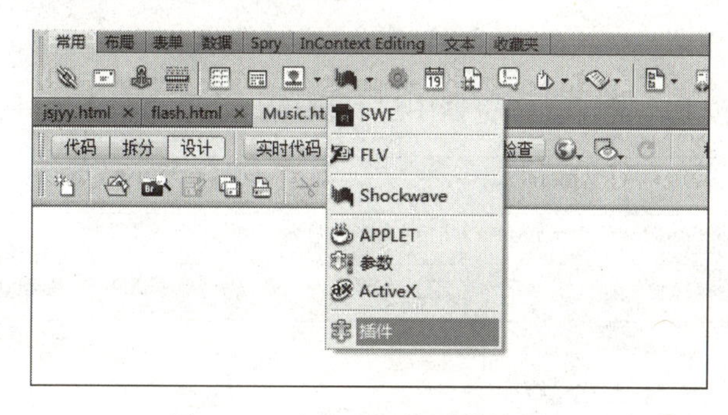

图 3-81 选择“插件”菜单命令

（3）弹出“选择 Netscape 插件文件”对话框，选择要插入的音频，如图 3-82 所示。

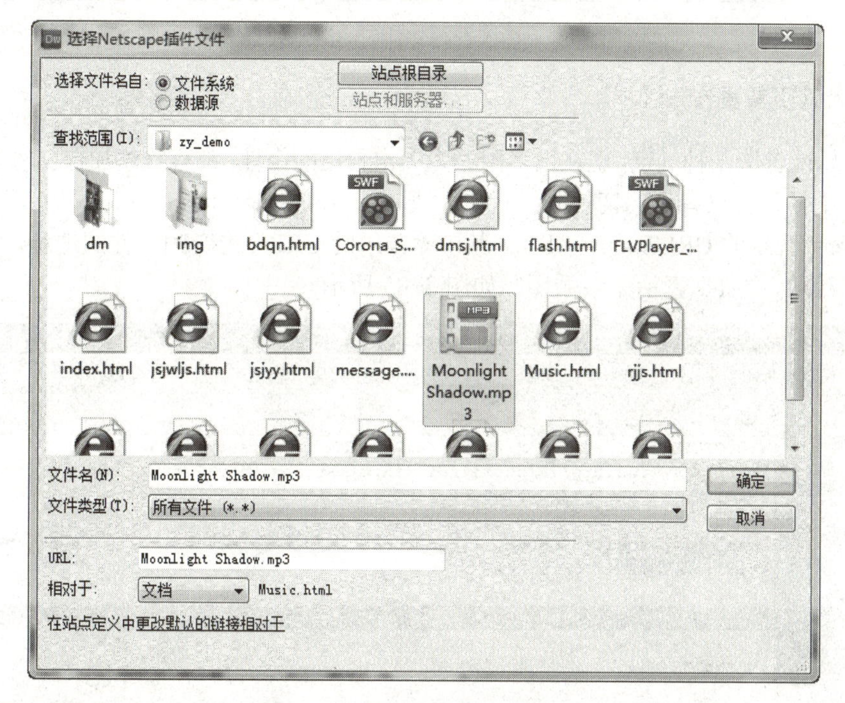

图 3-82 选择要插入的音频文件

（4）选择好音频文件后，单击“确定”按钮，音频文件已插入到页面中指定的位置上，如图 3-83 所示。

图 3-83　插入音频文件

（5）保存文件，按 F12 键，在浏览器中进行浏览，效果如图 3-84 所示。

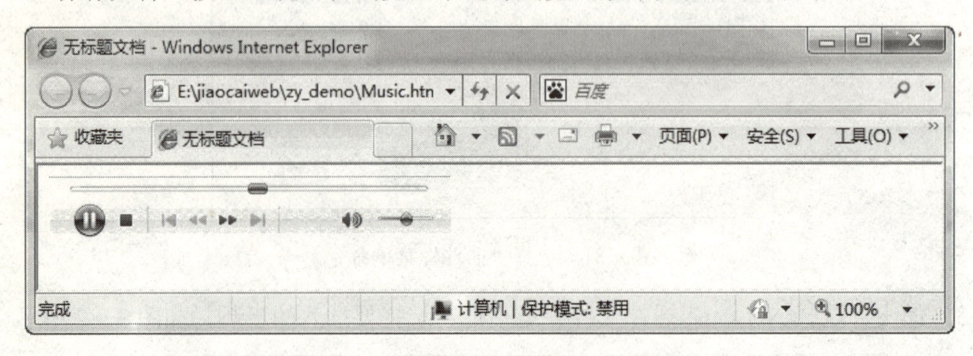

图 3-84　插入音频文件后的浏览效果

2. 插入网页背景音乐

背景音乐能营造一种气氛，现在很多网站为突出自己的个性，都喜欢添加自己喜欢的音乐。

在网页中插入背景音乐，切换到“代码”视图，在<head></head>标记间加入如下代码：<bgsound src="音乐的 URL"loop="-1">。其中“音乐的 URL”为音频文件的地址，“loop”的值为循环的次数，“-1”表示无限循环，如图 3-85 所示。

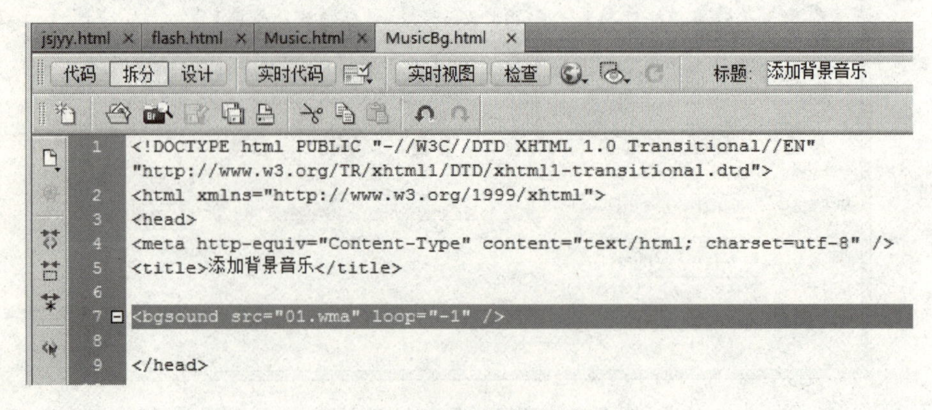

图 3-85　插入网页背景音乐

3.4.3 插入视频文件

很多网站都有可以让浏览者直接观看的视频，如视频直播、播放影像文件等。目前比较流行的网页视频文件的格式为 FLV、WMV、MPEG、RM、AVI、ASF、MOV 格式等。

视频文件可以直接插入到网页页面中，但只有在浏览者的浏览器安装了相应的插件后才可以播放，因而一般在网页中插入视频时，采用多数浏览器支持的 Windows Media Player 播放器以及 Adobe Flash Player 播放器支持的视频格式。

下面我们来介绍如何在网页中插入这两种播放器支持的视频文件。

1. 插入 FLV 视频文件

Flash 视频（也就是 Flash Video，FLV）是一种流媒体格式文件，其文件后缀名是“.flv”，使用 Flash Player 平台将视频整合到 Flash 动画中。也就是说，只要浏览器能看 Flash 动画就能看“.flv”格式的视频，所以无须再安装其他视频播放器。下面我们来学习如何插入 Flash 视频文件。

（1）执行【文件】→【新建】命令，新建一个空白文档。

（2）将光标置于要插入视频的地方，选择“插入”面板“常用”工具栏，单击“媒体”图标下的“FLV”命令按钮，如图 3-86 所示。

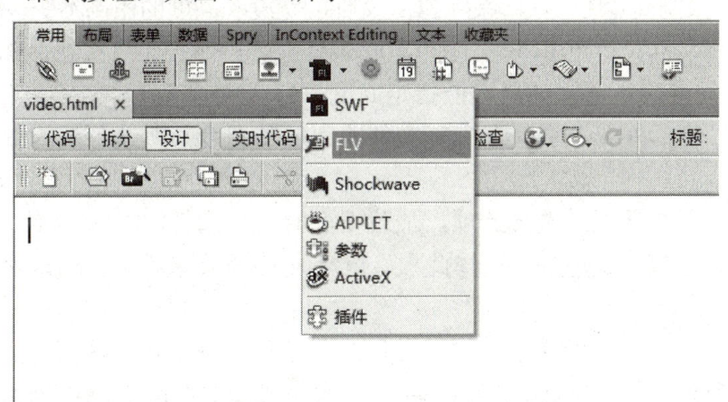

图 3-86 选择“FLV”菜单命令

（3）弹出“插入 FLV”对话框，在“URL”文本框中输入一个 FLV 文件的 URL 地址，或者单击“浏览”按钮，选择一个 FLV 文件，如图 3-87 所示。

“插入 FLV”对话框的参数设置如下。

①“视频类型”下拉列表框：选择“累进式下载视频”后，首先会将 FLV 文件下载到访问者的硬盘上，然后再进行播放。它允许在下载完成前就开始播放视频文件。

②“URL”文本框：输入一个 FLV 文件的 URL 地址，或者单击“浏览”按钮，选择一个 FLV 文件。

③“外观”下拉列表框：指定视频组件的外观。选择某一选项后，会在该下拉列表框的下方显示它的预览效果。

④“宽度”文本框：指定 FLV 文件的宽度。单击“检测大小”按钮，Dreamweaver 会自动指定 FLV 文件的准确宽度。如果不能指定宽度，那么必须手工输入宽度值。

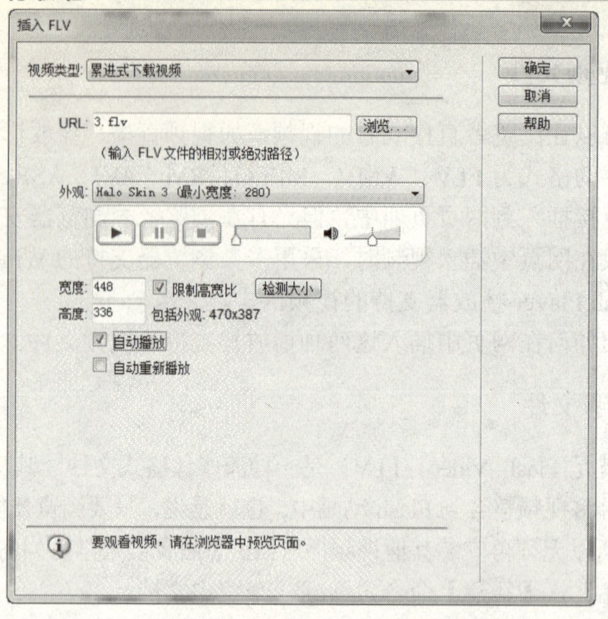

图 3-87 “插入 FLV”对话框

宽度右边的“限制高宽比”项：保持 FLV 文件的宽度和高度的比例不变。默认选择此选项。

⑤“高度”文本框：指定 FLV 文件的高度。单击“检测大小”按钮，Dreamweaver 会自动指定 FLV 文件的准确高度。如果不能指定高度，那么必须手工输入高度值。

高度右边的“包括外观”项：是 FLV 文件的宽度和高度与所选外观的宽度和高度相加得出来的。

⑥“自动播放”复选框：选择此项，加载页面时会自动播放 FLV 文件。

⑦“自动重新播放”复选框：选择此项，FLV 文件播放完后会自动返回到起始位置重新播放。

（4）设置完成后，单击“确定”按钮，Flash 视频就可以插入到网页中，如图 3-88 所示。

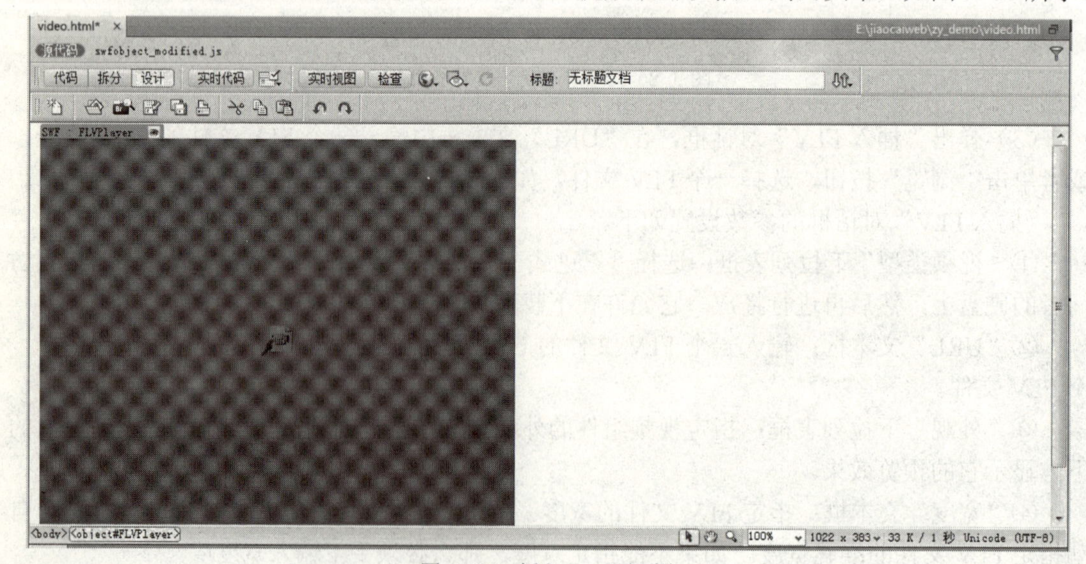

图 3-88 插入 Flash 视频

（5）设置 FLV 文件的属性，在文档的“设计”视图中单击 FLV 文件占位符选中 FLV 内容。打开 FLV 文件的属性面板，设置方法与“插入 FLV”参数的设置方法类似，这里就不进行介绍了。FLV 文件的属性面板如图 3-89 所示。

图 3-89　FLV 文件的属性面板

（6）保存文件，按 F12 键，在浏览器中浏览，效果如图 3-90 所示。

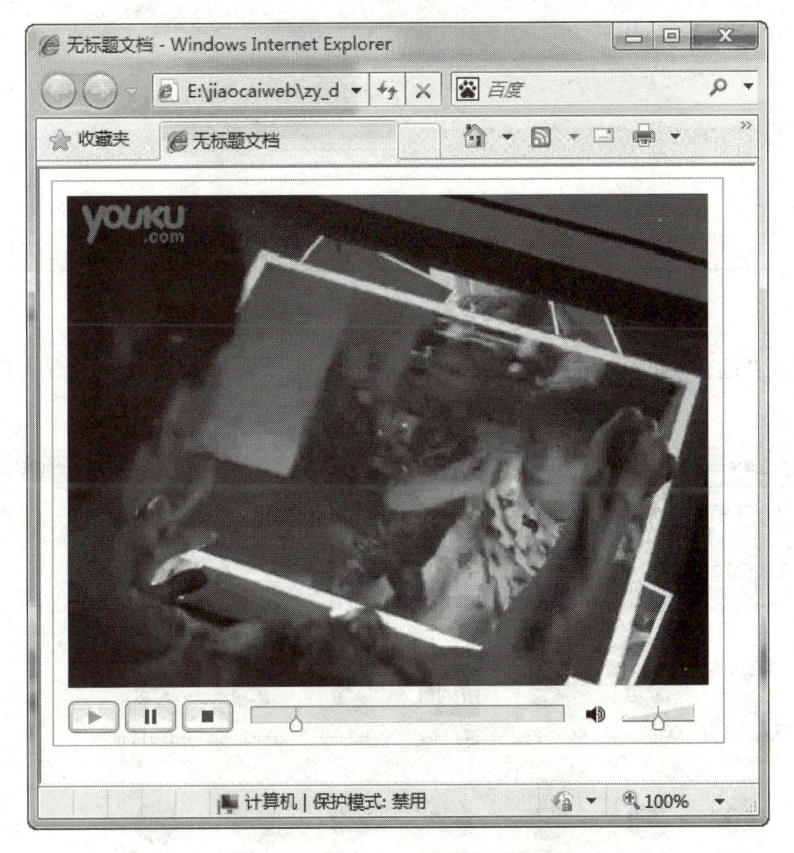

图 3-90　插入 Flash 视频预览效果

2．插入 MPG 等其他格式视频文件

与 FLV 视频不同的是，MPG、WMV、AVI 等格式的视频文件是基于 Windows Media Player 播放器的，在网页中也应用得非常广泛。下面我们来学习如何插入 MPG 格式视频文件。

（1）执行【文件】→【新建】命令，新建一个空白文档。

（2）将光标置于要插入视频的地方，选择“插入”面板“常用”工具栏，单击“媒体”图标下的“插件”命令按钮，如图 3-91 所示。

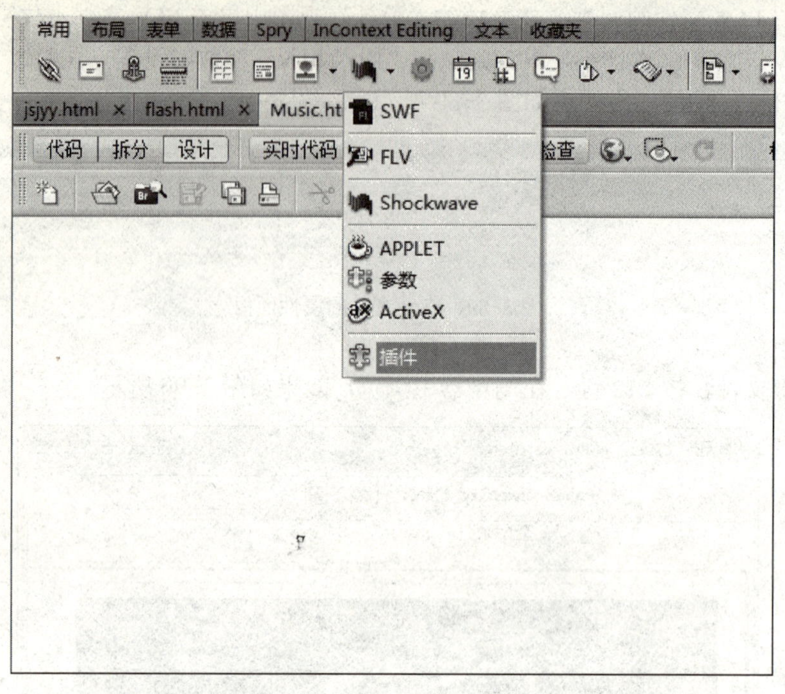

图 3-91　选择“插件”菜单

（3）弹出“选择 Netscape 插件文件”对话框，选择要插入的 MPG 格式视频文件，如图 3-92 所示。

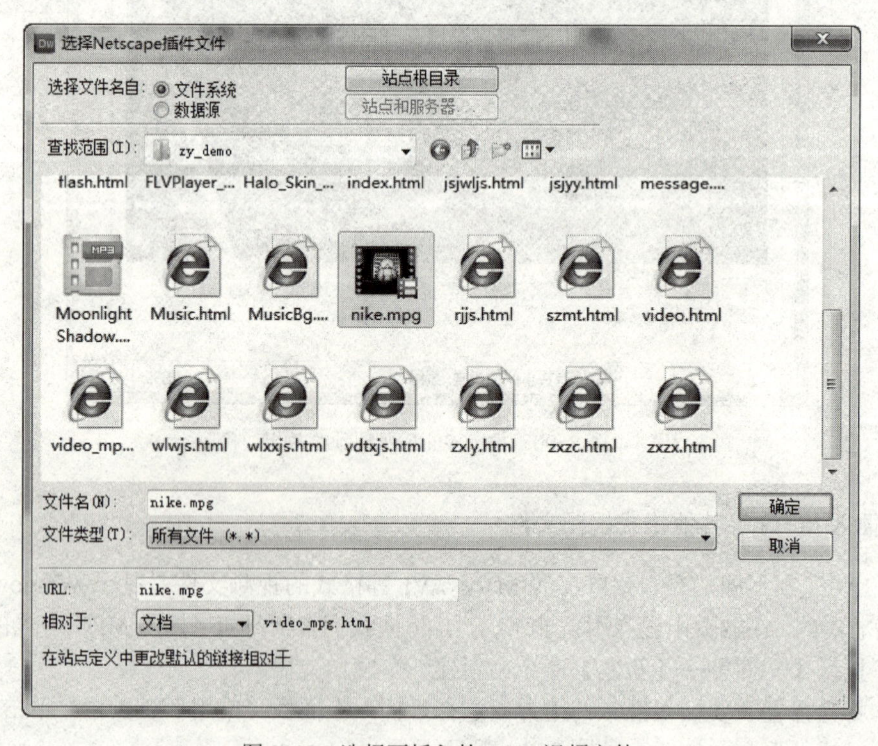

图 3-92　选择要插入的 MPG 视频文件

（4）选择好视频文件后，单击“确定”按钮，视频文件已插入到页面中指定的位置上，如图 3-93 所示。

图 3-93　插入视频文件

（5）选择要插入的视频文件，在属性面板中设置视频的宽度与高度，如图 3-94 所示。

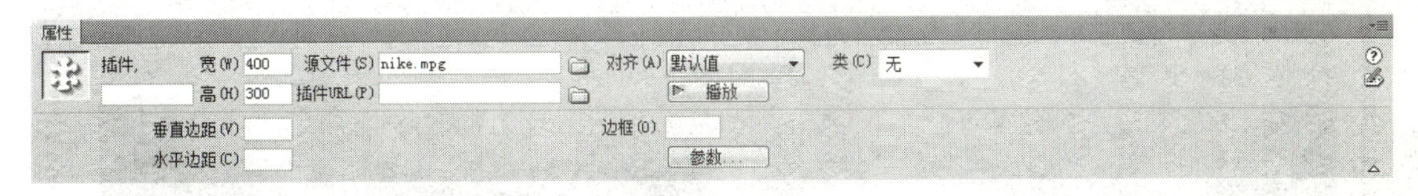

图 3-94　视频文件属性面板

（6）保存文件，按 F12 键，在浏览器中浏览，效果如图 3-95 所示。

图 3-95　插入 MPG 视频文件浏览效果

3．插入网络视频文件

国内视频网站行业的发展迅猛，各类视频网站的视频节目十分丰富，目前比较热门的视频网站有优酷、土豆、搜狐视频、腾讯视频等网络视频网站，这些网站的视频节目都提供有“转发”、“分享”的功能。

在网页中插入网络视频的前提条件：该视频必须经网站允许公开转载或者自己把视频上传到网站的原版视频。下面我们来学习如何在网页中插入优酷网在线的视频节目。

（1）在浏览器中打开优酷网（http://www.youku.com/），在优酷网搜索“印象桂林”在线视频（或者在网址中输入 http://v.youku.com/v_show/id_XNDE1NDg5NTI4.html），打开“印象桂林”视频页面，如图 3-96 所示。

图 3-96　优酷网在线视频页面

（2）单击视频底部的“转发到”文字链接，在出现的提示窗口中，单击“html 代码”右边的“复制”按钮，复制在线视频的 html 代码，如图 3-97 所示。

（3）执行【文件】→【新建】命令，新建一个空白文档，将视图设置为“代码”视图与“设计”视图模式。

（4）在“代码”视图中，在<body></body>标记间添加“印象桂林”的 HTML 代码，如图 3-98 所示。

（5）保存文件，按 F12 键，在浏览器中浏览，效果如图 3-99 所示。

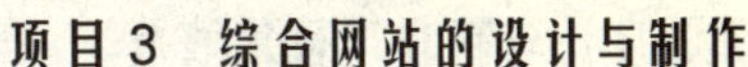

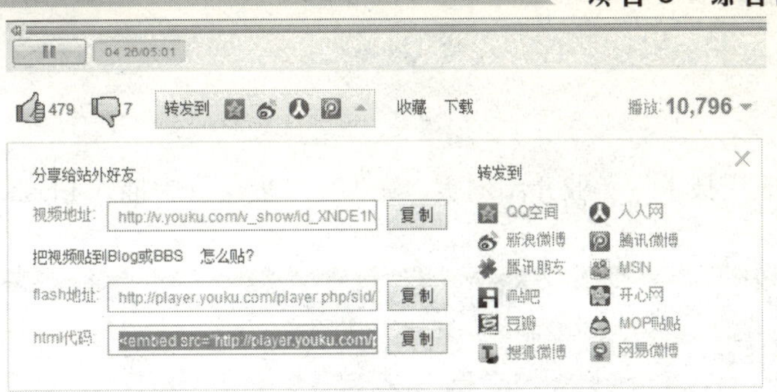

图 3-97　复制 html 代码

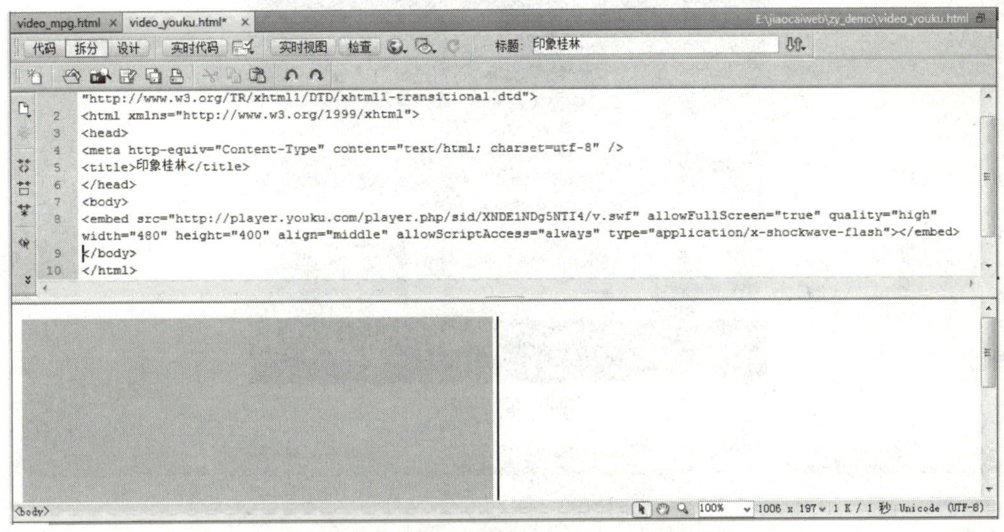

图 3-98　加入“印象桂林”的 HTML 代码

图 3-99　在线视频的网页预览效果

任务实施 3-4

制作“计算机应用技术”专业介绍网页，在“作品展示”中插入 Flash 作品，如图 3-100 所示。

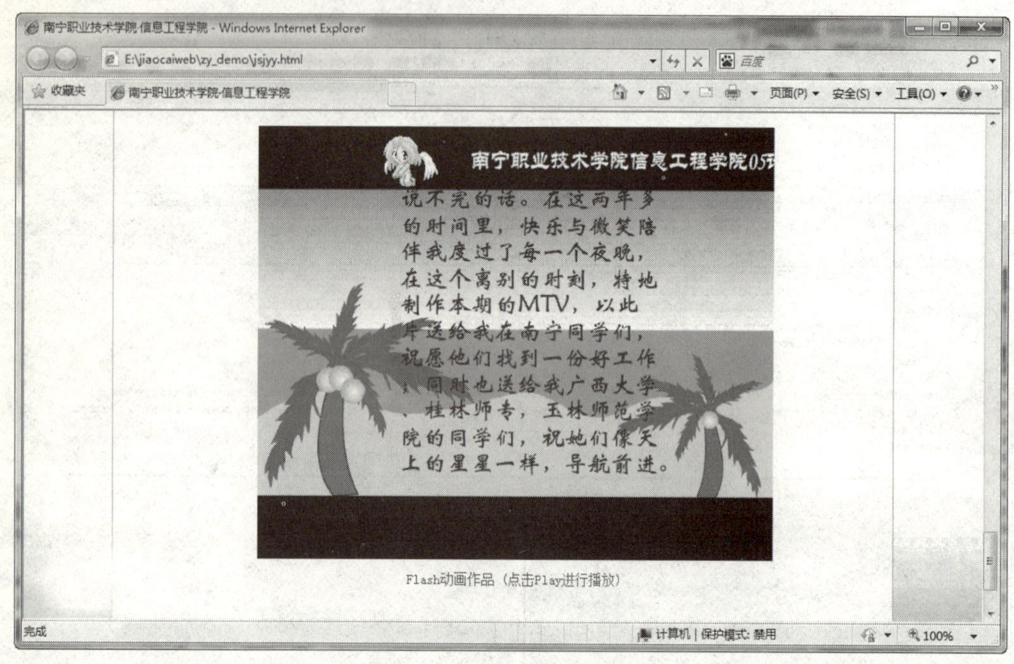

图 3-100　插入 Flash 文件

具体操作步骤如下：

（1）打开“计算机应用技术”专业介绍网页文档（zy_demo/jsjyy.html），把鼠标光标置于“作品展示”中“Flash 动画作品”文字前，如图 3-101 所示。

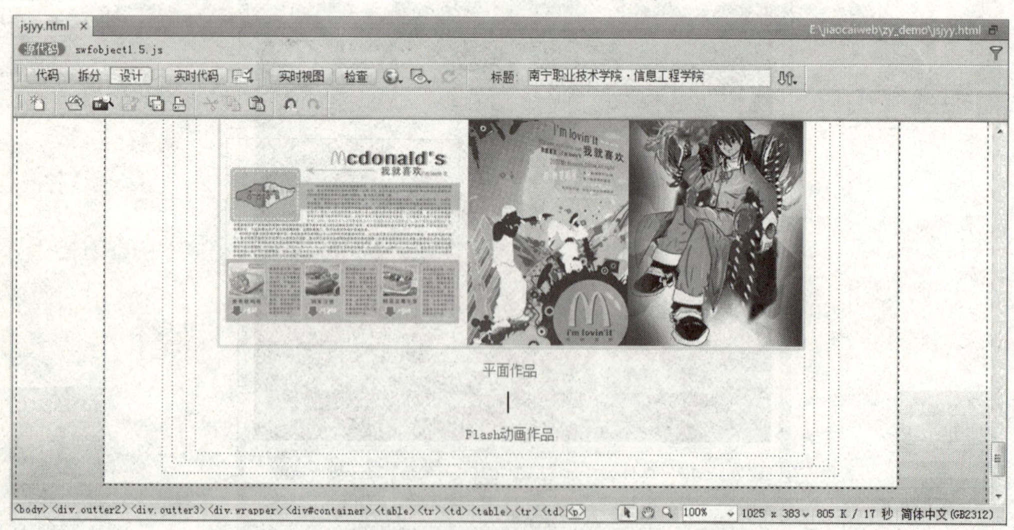

图 3-101　打开“计算机应用技术”专业介绍网页文档

（2）选择“插入”面板的“常用”工具栏，单击“媒体”图标下的“SWF”命令按钮，如图3-102所示。

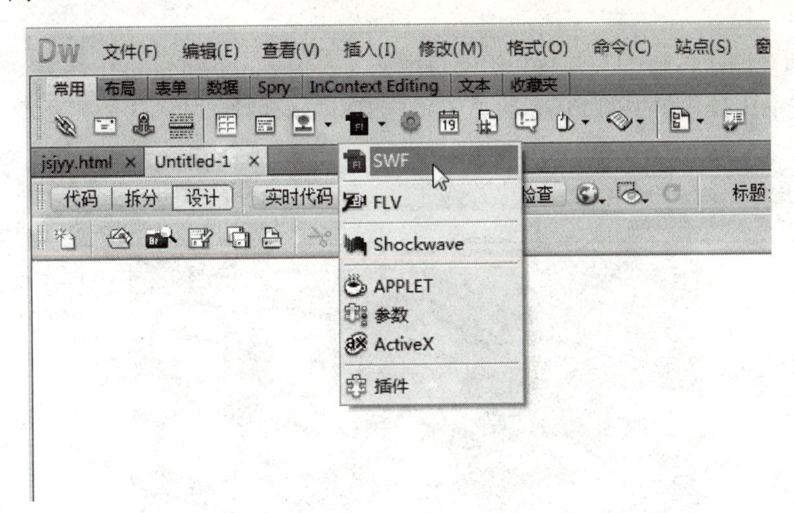

图3-102　选择“SWF”菜单

（3）弹出“选择SWF”对话框，选择后缀名为“.swf”的Flash文件，如图3-103所示。

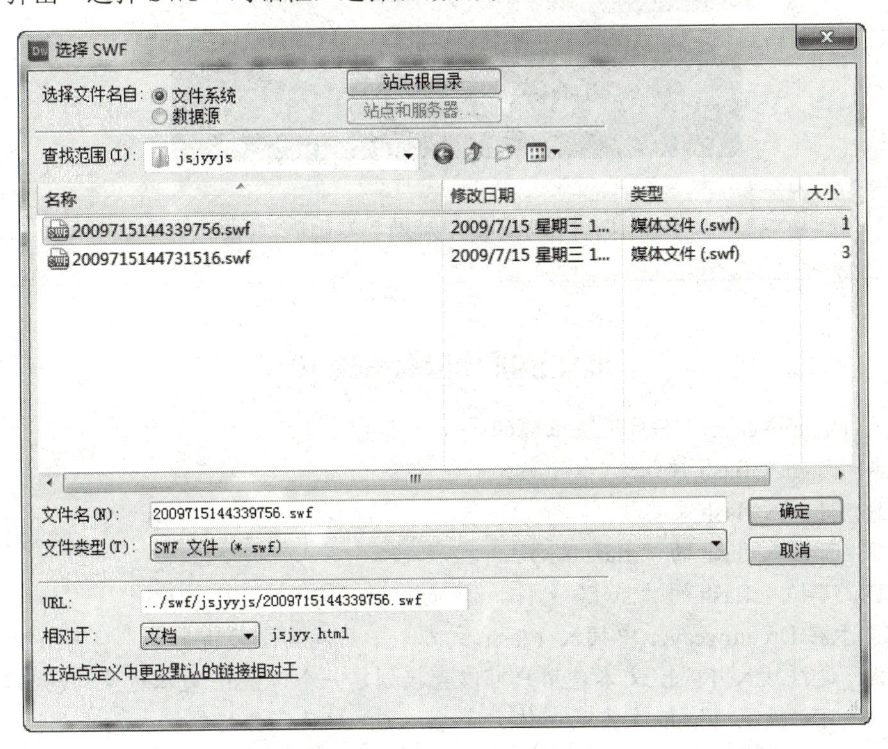

图3-103　选择SWF文件

（4）保存文件，按F12键，在浏览器中浏览，效果如图3-100所示。

任务扩展 3-4

打开“动漫设计与制作”专业介绍网页文档（zy_demo/dmsj.html），完善学生的作品素材，在学生作品中插入学生的 Flash 动画作品与 3D 动画视频，如图 3-104 所示。

图 3-104 “动漫设计与制作”专业介绍页面

职业技能知识点考核 10

1. 对 Dreamweaver, 下面说法正确的是（　　）。
   A. 可插入 flash 按钮
   B. 可插入 flash 文本
   C. 可插入 flash 的“.fla”文件
   D. 可插入 flash 的“.swf”文件
2. 关于在 Dreamweaver 中插入 Flash 文本，下面说法错误的是（　　）。
   A. 通过插入 Flash 文本，用户可以直接创建一个 Flash 文本对象的动画
   B. 可以设置 Flash 文本的字体、字号、文本颜色、鼠标转滚颜色等属性
   C. 可以设置 Flash 文本的动态效果，如淡入淡出等
   D. 可以为 Flash 文本设置链接
3. 在 Dreamweaver 中可以快速插入 Flash 视频文件，这种文件的特点包括（　　）。
   A. 跨平台　　　　　　　　B. 功耗低

C. 流媒体　　　　　　　　D. 压缩效率高

4. 控制 Shock 或 Flash 行为，不能实现是（　　）

A. 启动 Shockwave 和 Flash 影片

B. 终止 Shockwave 和 Flash 影片

C. 倒卷 Shockwave 和 Flash 影片

D. 编辑 Shockwave 和 Flash 影片

5. 常用的网页动画格式有（　　）。

A. gif 文件和 tiff 文件　　　　B. swf 文件

C. png 文件　　　　　　　　D. swf 文件和 png 文件

6. 如图 3-105 所示，是对插入网页中的 Flash 动画执行了下面的（　　）操作。

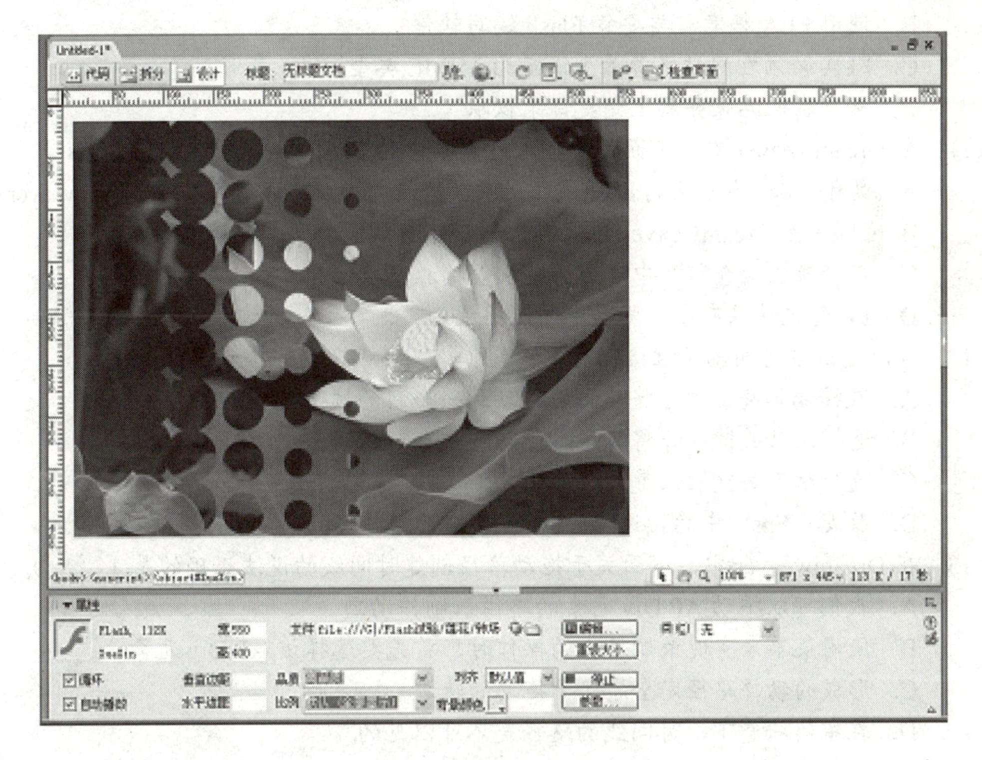

图 3-105

A. 选中文件中的 Flash 动画，然后按 Enter 键

B. 选中文件中的 Flash 动画，然后按 F12 快捷键

C. 选中文件中的 Flash 动画，然后点击属性面板中的“播放”按钮

D. 以上都可以

7. 对插入文件中的 Flash 动画，不能在属性面板中设置动画的（　　）属性。

A. 动画是否循环播放

B. 动画循环播放的次数

C. 动画播放时的品质

D. 是否自动播放动画

8. 利用时间轴做动画效果，如果想要一个动作在页面载入 4 秒后启动，并且是每秒 15 帧的效果，那么起始关键帧应该设置在时间轴的（　　）。

A. 第 60 帧　　B. 第 1 帧

C. 第 75 帧　　D. 第 5 帧

9. 以下可以在 Dreamweaver 中插入到网页页面的文件包括（　　）。

A. Flash 动画　　B. FlashPaper

C. Flash 视频　　D. Flash 元素

10. 有一个 Flash 源文件（FLA）必须传送到网站服务器上，但在网站同步化时却略过了这个档案，下列（　　）是最可能的原因。

A. FLA 档案在 Dreamweaver 中被屏蔽起来

B. 使用 FLA 档案需要安装 Flash 编写软件

C. FLA 必须在网站服务器上设定为 MIME 类型

D. 必须在网站服务器上变更目录权限

11. 在 Dreamweaver 中，下面关于插入到页面中的 Flash 动画说法错误的是（　　）。

A. 具有“.fla”扩展名的 Flash 文件尚未在 Flash 中发布，不能导入到 Dreamweaver 中

B. Flash 在 Dreamweaver 的编辑状态下可以预览动画

C. 在“属性检查器”中可为影片设置播放参数

D. Flash 文件只有在浏览器中才能播放

12. 可以通过在时间轴属性检测器中设置（　　）来改变一个动画的长度。

A. 选择起始关键帧并将其向右拖动到一个新的帧上

B. 选择结束关键帧并将其向左拖动到一个新的帧上

C. 选择结束关键帧来覆盖附加帧

D. 改变“Fps”中的帧速率

13. 在 Dreamweaver 中，下面关于拖动路径创建时间线的说法正确的是（　　）。

A. 我们可以拖动 AP Div 元素的路径来制作动画

B. 使用菜单来实现录制路径的操作时，首先要选择该 AP Div 元素

C. 形成的动画路径完全忠实于拖动的轨迹

D. 在编辑状态下，时间线的路径是不可以见的

14. 在 Dreamweaver 中，下面关于帧的说法正确的是（　　）。

A. KeyFrame（关键帧）是动画效果中的标志点，但对其是不可以编辑的

B. 关键帧之间的帧称为过渡过程，这些帧是不可编辑的

C. 过度帧是自动生成的，但是可以调整其状态

D. 以上说法都是错误的

15. 下面关于插入 Flash 按钮设置对话框的说法错误的是（　　）。

A. 可以设置按钮上的文字

B. 链接栏中可以设置按钮的链接地址

C. 在目标栏中可以设置弹出的目标窗口

D. 遗憾的是目前版本不支持中文

16. 在浏览下面（　　）元素时，我们不使用 Check Plugin（检测插件）动作来检测

访问者是否安装了必需的插件。

A. Flash 文件　　B. Quicktime 文件
C. 图片文件　　D. Shockwave 文件

17. 在 Dreamweaver 的【插入】菜单中，Flash 表示（　　）。
A. 插入一个 ActiveX 占位符
B. 打开“可以输入或浏览的插入 Applet”对话框
C. 打开“插入插件”对话框
D. 打开“插入 Flash 影片”对话框

18. 下面的文件可以在网络上播放的视频文件为（　　）。
A. 以“.mov”为扩展名的文件
B. 以“.asp”为扩展名的文件
C. 以“.ra”为扩展名的文件
D. 以“.rm”为扩展名的文件

19. 下面的文件在网络上不可以播放的视频文件是（　　）。
A. 以“.mpg”为扩展名的文件
B. 以“.avi”为扩展名的文件
C. 以“.ra”为扩展名的文件
D. 以“.gif”为扩展名的文件

知识梳理与总结

本项目是以信息工程学院网站中专业介绍的部分页面为案例，在制作过程中应用了 CSS 样式表、行为、表单、多媒体动画等应用技术，这些技术能让“专业介绍”更富有说服力，并增加了与用户的交互性。

原来，Dreamweaver 拥有这些能使网站更加美观、更加动感的功能，那么，我们在以后的设计与制作网站的过程中要选择性地加以应用，为网站添彩。

项目扩展

在本项目中，我们学会了如何在应用 CSS 样式表美化网页文件，并学会了在网页中插入多媒体动画与视频文件，结合我们所学的知识，制作一个“多媒体工作室”网站，主要内容是介绍一个多媒体工作室的主要业务、作品展示、业务联系等，要求如下：

（1）应用样式表美化网页文件；

（2）首页插入背景音乐，并在状态栏中显示欢迎信息；

（3）制作“作品展示”栏目时，应该包含有 Flash 作品及视频短片展示；

（4）制作“业务联系”栏目时，设计一个联系表单，并应用行为检测表单项，提交以电子邮件的方式发送。

项目4 中国少儿网之“庆祝第十一个记者节”专题网站的设计与制作

1．项目目的

通过实践进一步了解网页设计的流程，了解如何对网页的设计进行可行性分析、需求分析以及总体设计、素材的搜集与整理、详细设计及后期的运行和调试，最终制作出一个完整的网站，将所学的知识应用于实践。

2．项目描述

使用 Dreamweaver 软件设计制作一个静态网站，将前面所学的知识和技能融会贯通。

1）技术要求

（1）以每个人为单位进行网页设计与制作。

（2）使用 Dreamweaver 软件制作网页，并可以使用图形图像处理软件（例如 Photoshop、Fireworks 等）、动画制作软件（例如 Flash）辅助制作。

2）工作内容

以《中国少儿网之“庆祝第十一个记者节”专题网站的设计与制作》为主题，围绕该主题，设计并制作网页，素材自行搜集和处理，创意并设计、制作网站。

3）具体要求

（1）本地站点的创建要规范、合理。

（2）主题应突出，内容要充实、健康向上，布局合理，结构清晰、规范。

（3）色彩搭配要合理、美观，设计应新颖，有创意。

（4）能对所选素材进行处理，制作图片或动画，技术运用全面，技术含量高。

（5）网页中涉及的所有“路径”必须使用“相对路径”。

（6）网站至少包含 5 个页面，其中 1 个首页、4 个二级页面，该要求为最低要求，不足该要求将扣分。具体评分以网页结构为依据，不以网页的多少而论。显示分辨率以 1024×768 状态为准。作品的总大小不超过 10 MB。

（7）网页包括 logo、banner、导航、内容（文字、图片、动画、超链接等）、页尾（版权、联系信息等）。

（8）对首页的要求：

① 首页统一命名为“index.html”。

② 要应用表格或框架来进行网页布局。

③ 在首页中有按钮、表单域的应用。

④ 应用 CSS 设置文字大小、颜色、超级链接等的样式。

（9）对于二级网页的要求：

① 与主页面的风格相一致。

② 应用 CSS 设置文字大小、颜色、超级链接等样式。

（10）各页面间能正确、方便地进行链接。

3. 项目计划

（1）通过仔细研究网站主题以及上网参考相关主题的网站等方式，对该网站的需求先进行仔细分析，构思并创意页面，再进行总体设计。

（2）针对网站主题，通过因特网、光盘等途径收集素材，可以使用 Photoshop、Fireworks、Flash 等工具加工处理素材。

（3）在 Dreamweaver 中，使用表格、布局表格、框架、模板等方法布局页面。

（4）在 Dreamweaver 中，完成对网站的详细设计，并预览、调试。

（5）撰写网站使用说明文档。

4. 成果及形式

（1）完整的网站源文件。

（2）网站的使用说明文档。

5. 成绩评定

每个人成绩按下表进行评定。

项目	子项目	分值
站点的组织（15 分）	站点创建合理、规范	5 分
	首页文件名称和保存位置正确	5 分
	不同类型的文件分别保存到站点的对应文件夹内；站点内文件夹或文件名称不为中文	5 分
网页布局及技术含量（50 分）	使用表格或框架布局；布局紧凑；版块结构合理	20 分
	技术全面，能综合运用所学知识；CSS 使用合理；有按钮、表单域的应用；不使用超出给定范围的资源	20 分
	配色合理，创意独到，表现力强	10 分
网站工作量及信息量（20 分）	网站至少包含 5 个页面，其中 1 个首页、4 个二级页面；网页内容完整，图文结合；作品的总大小不超过 10 MB	10 分
	主题突出，内容健康向上	10 分
网页是否正常浏览（15 分）	网页元素的定位准确，无错位；图片正常显示；文本无乱码等	5 分
	链接正确	5 分
	人机操作流畅，路径正确	5 分
总　分		100 分

参考文献

[1] 陈承欢. 网页设计与制作案例教程. 北京：人民邮电出版社，2007.
[2] 刘艳丽. 网页设计与制作实用教程. 北京：高等教育出版社，2008.

读者意见反馈表

书名：网页设计与制作项目化教程　　主编：胡　平　李知菲　　首席策划：陈健德

谢谢您关注本书！烦请填写该表。您的意见对我们出版优秀教材、服务教学，十分重要。如果您认为本书有助于您的教学工作，请您认真地填写表格并寄回。**我们将定期给您发送我社相关教材的出版资讯或目录，或者寄送相关样书。**

个人资料

姓名＿＿＿＿＿年龄＿＿＿联系电话＿＿＿＿＿＿＿＿（办）＿＿＿＿＿＿＿＿＿＿（手机）

学校＿＿＿＿＿＿＿＿＿＿＿＿＿＿＿＿专业＿＿＿＿＿＿职称/职务＿＿＿＿＿＿＿＿＿＿

通信地址＿＿＿＿＿＿＿＿＿＿＿＿＿＿＿邮编＿＿＿＿＿＿E-mail＿＿＿＿＿＿＿＿＿＿＿

您校开设课程的情况为：

本校是否开设相关专业的课程　□是，课程名称为＿＿＿＿＿＿＿＿＿＿＿＿＿＿　□否

您所讲授的课程是＿＿＿＿＿＿＿＿＿＿＿＿＿＿＿＿＿＿＿＿课时＿＿＿＿＿＿＿＿

所用教材＿＿＿＿＿＿＿＿＿＿＿＿＿＿＿＿出版单位＿＿＿＿＿＿＿＿＿＿使用册数＿＿＿

本书可否会作为您校的教材？

□是，会用于＿＿＿＿＿＿＿＿＿＿＿＿＿＿课程教学　　□否

影响您选定教材的因素（可复选）：

□内容　□作者　□封面设计　□教材页码　□价格　□出版社

□是否获奖　□上级要求　□广告　□其他＿＿＿＿＿＿＿＿＿＿＿＿＿＿＿＿＿＿

您对本书质量满意的方面有（可复选）：

□内容　□封面设计　□价格　□版式设计　□其他＿＿＿＿＿＿＿＿＿＿

您希望本书在哪些方面加以改进？

□内容　□篇幅结构　□封面设计　□增加配套教材　□价格

可详细填写：＿＿＿＿＿＿＿＿＿＿＿＿＿＿＿＿＿＿＿＿＿＿＿＿＿＿＿＿＿＿＿＿＿＿

＿＿

您还希望得到哪些专业方向教材的出版信息？

＿＿

谢谢您的配合，请将该反馈表寄至以下地址。如果需要了解更详细的信息或有著作计划，请与我们直接联系。

通信地址：北京市万寿路 173 信箱　电子工业出版社　职业教育分社　　邮编：100036

http://www.hxedu.com.cn　　E-mail:chenjd@phei.com.cn　　电话：010-88254585

反侵权盗版声明

举报电话：（010）88254396；（010）88258888
传　　真：（010）88254397
E-mail：　dbqq@phei.com.cn
通信地址：北京市万寿路 173 信箱
　　　　　电子工业出版社总编办公室
邮　　编：100036